U0389247

海洋经济可持续发展丛书

教育部人文社会科学重点研究基地重大课题（16JJD790021）
国家自然科学基金项目（41201114）
国家自然科学基金项目（41571127）

人海关系地域系统脆弱性与适应性
——理论、方法与实证

李　博／著

科学出版社
北京

内 容 简 介

脆弱性和适应性是全球变化，以及环境与发展研究的热点和前沿领域，是多个科学计划的重要研究内容。人海关系地域系统是沿海城市可持续发展的核心问题，探究其脆弱性和适应性问题具有丰富人地系统理论和引导海洋可持续发展的双重价值。本书采用脆弱性分析的研究思路，分析人海关系地域系统脆弱性的内涵、特征、形成机理及关键过程；构建人海关系地域系统测度模型，定量评估人海关系地域系统脆弱性，分析其脆弱性的区域差异并进行类型分异；探究人海关系地域系统脆弱性形成的动力机制，进而揭示人海关系地域系统脆弱性的调控机制及调控途径。同时，本书采用适应性研究范式，基于敏感性、稳定性、响应三要素构建评估框架，应用熵权 TOPSIS 法和协整检验分析人海经济系统环境适应性的时空差异和影响因素；并运用 ARIMA-BP 组合和灯显机制进行中国人海经济系统环境适应性的预警研究。

本书可供地理科学、环境学、城市与区域规划等相关领域的高校师生及研究人员阅读，也可为政府有关部门的决策人员提供参考。

图书在版编目（CIP）数据

人海关系地域系统脆弱性与适应性：理论、方法与实证 / 李博著. —北京：科学出版社，2018.3

（海洋经济可持续发展丛书）

ISBN 978-7-03-056684-3

Ⅰ. ①人… Ⅱ. ①李… Ⅲ. ①海洋经济-区域经济发展-研究-中国 Ⅳ. ①P74 ②F127

中国版本图书馆 CIP 数据核字（2018）第 040563 号

责任编辑：石 卉 李世霞 / 责任校对：孙婷婷
责任印制：张欣秀 / 封面设计：有道文化

科学出版社 出版
北京东黄城根北街 16 号
邮政编码：100717
http：//www.sciencep.com

北京建宏印刷有限公司 印刷
科学出版社发行 各地新华书店经销

*

2018 年 3 月第 一 版 开本：B5（720 × 1000）
2018 年 3 月第一次印刷 印张：15 1/2
字数：300 000

定价：95.00 元

（如有印装质量问题，我社负责调换）

“海洋经济可持续发展丛书”
专家委员会

丛书序

浩瀚的海洋，被人们誉为生命的摇篮、资源的宝库，是全球生命保障系统的重要组成部分，与人类的生存、发展密切相关。目前，人类面临人口、资源、环境三大严峻问题，而开发利用海洋资源、合理布局海洋产业、保护海洋生态环境、实现海洋经济可持续发展是解决上述问题的重要途径。

2500 年前，古希腊海洋学者特米斯托克利（Themistocles）就预言："谁控制了海洋，谁就控制了一切。"这一论断成为 18～19 世纪海上霸权国家和海权论者最基本的信条。自 16 世纪地理大发现以来，海洋就被认为是"伟大的公路"。20 世纪以来，海洋作为全球生命保障系统的基本组成部分和人类可持续发展的宝贵财富而具有极为重要的战略价值，已为世人所普遍认同。

中国是一个海洋大国，拥有约 300 万平方千米的海洋国土，约为陆地国土面积的 1/3。大陆海岸线长约 1.84 万千米，500 平方米以上的海岛有 6500 多个，总面积约 8 万平方千米；岛屿岸线长约 1.4 万千米，其中约 430 个岛有常住人口。沿海水深在 200 米以内的大陆架面积有 140 多万平方千米，沿海潮间带滩涂面积有 2 万多平方千米。辽阔的海洋国土蕴藏着丰富的资源，其中，海洋生物物种约 20 000 种，海洋鱼类约 3000 种。我国滨海砂矿储量约 31 亿吨，浅海、滩涂总面积约 380 万公顷，0～15 米浅海面积约 12.4 万平方千米，按现有科学水平可进行人工养殖的水面约 260 万公顷。我国海域有 20 多个沉积盆地，面积近 70 万平方千米，石油资源量约 240 亿吨，天然气资源量约 14 亿立方米，还有大量的可燃冰资源，就石油资源来说，仅在南海就有近 800 亿吨油当量，相当于全国石油总量的 50%。我国沿海共有 160 多处海湾、400 多千米深水岸线、60 多处深水港址，适合建设港口来发展海洋运输。沿海地区共有 1500 多处旅游景观资源，适合发展海洋旅游业。此外，在国际海底区域我国还拥有分布在太平洋的 7.5 万平方千米多金属结核矿区，开发前景十分广阔。

虽然我国资源丰富，但我国也是一个人口大国，人均资源拥有量不高。据统计，我国人均矿产储量的潜在总值只有世界人均水平的 58%，35 种重要矿产资源的人均占有量只有世界人均水平的 60%，其中石油、铁矿只有世界人均水平的 11%和 44%。我国土地、耕地、林地、水资源人均水平与世界人均水平相比差距更大。陆域经济的发展面临着自然资源禀赋与环境保护的双重压力，向海洋要资源、向海洋要空间，已经成为缓解我国当前及未来陆域资源紧张矛盾的战略方向。开发利用海洋，发展临港经济（港）、近海养殖与远洋捕捞（渔）、滨海旅游（景）、石油与天然气开发（油）、沿海滩涂合理利用（涂）、深海矿藏勘探与开发（矿）、海洋能源开发（能）、海洋装备制造（装）以及海水淡化（水）等海洋产业和海洋经济，是实现我国经济社会永续发展的重要选择。因此，开展对海洋经济可持续发展的研究，对实现我国全面、协调、可持续发展将提供有力的科学支撑。

经济地理学是研究人类地域经济系统的科学。目前，人类活动主要集聚在陆域，陆域的资源、环境等是人类生存的基础。由于人口的增长，陆域的资源、环境已经不能满足经济发展的需要，所以提出“向海洋进军”的口号。通过对全国海岸带和海涂资源的调查，我们认识到必须进行人海关系地域系统的研究，才能使经济地理学的理论体系和研究内容更加完善。辽宁师范大学在 20 世纪

70 年代提出把海洋经济地理作为主要研究方向，至今已有 40 多年的历史。在此期间，辽宁师范大学成立了专门的研究机构，完成了数十项包括国家自然科学基金、国家社会科学基金在内的研究项目，发表了 1000 余篇高水平科研论文。2002 年 7 月 4 日，教育部批准“辽宁师范大学海洋经济与可持续发展研究中心”为教育部人文社会科学重点研究基地，这标志着辽宁师范大学海洋经济的整体研究水平已经居于全国领先地位。

辽宁师范大学海洋经济与可持续发展研究中心的设立也为辽宁师范大学海洋经济地理研究搭建了一个更高、更好的研究平台，使该研究领域进入了新的发展阶段。近几年，我们紧密结合教育部基地建设目标要求，凝练研究方向、精炼研究队伍，希望使辽宁师范大学海洋经济与可持续发展研究中心真正成为国家级海洋经济研究领域的权威机构，并逐渐发展成为“区域海洋经济领域的新型智库”与“协同创新中心”，成为服务国家和地方经济社会发展的海洋区域科学领域的学术研究基地、人才培养基地、技术交流和资料信息建设基地、咨询服务中心。目前，这些目标有的已经实现，有的正在逐步变为现实。经过多年的发展，辽宁师范大学海洋经济与可持续发展研究中心已经形成以下几个稳定的研究方向：①海洋资源开发与可持续发展研究；②海洋产业发展与布局研究；③海岸带海洋环境与经济的耦合关系研究；④沿海港口及城市经济研究；⑤海岸带海洋资源与环境的信息化研究。

党的十八大报告提出，要提高海洋资源开发能力，发展海洋经济，保护海洋生态环境，坚决维护国家海洋权益，建设海洋强国。当前，我国经济已发展成为高度依赖海洋的外向型经济，对海洋资源、空间的依赖程度大幅提高，今后，我国必将从海洋资源开发、海洋经济发展、海洋科技创新、海洋生态文明建设、海洋权益维护等多方面推动海洋强国建设。

“可上九天揽月，可下五洋捉鳖”是中国人民自古以来的梦想。“嫦娥”系列探月卫星、“蛟龙号”载人深潜器，都承载着华夏子孙的追求，书写着华夏子孙致力于实现中华民族伟大复兴的豪迈。我们坚信，探索海洋、开发海洋，同样会激荡中国人民振兴中华的壮志豪情。用中国人的智慧去开发海洋，用自主创新去建设家园，一定能够让河流山川与蔚蓝的大海一起延续五千年中华文明，书写出无愧于时代的宏伟篇章。

"海洋经济可持续发展丛书"专家委员会主任
辽宁师范大学校长、教授、博士生导师
韩增林

2017年3月27日于辽宁师范大学

前　言

脆弱性和适应性是全球变化，以及环境与发展研究的热点和前沿领域，是多个科学计划的重要研究内容，并与可持续性研究紧密相关。人海关系地域系统的研究是在人地关系地域系统的基础上演化发展的，是沿海城市可持续发展的核心问题。我国著名人文地理学家吴传钧院士早在 1979 年底于中国地理学会第四次全国代表大会上所作的《地理学的昨天、今天和明天》讲话中就明确提出地理学研究的核心是人地关系地域系统。目前人类活动聚集在陆域系统，但是随着人口的增长、环境的破坏，陆域系统已经不能满足经济发展的需要。因此，地理学的研究从陆域系统向海域系统进发，人海关系是人地关系的一个重要组成部分和延伸，促进人海关系乃至整个人地关系的良性循环是海洋经济地理研究中一个重点内容，其不但可以充实海洋经济地理自身的研究内容，而且可以将人地关系研究及区域可持续发展研究推向纵深。探究其脆弱性和适应性问题具有丰富人地系统理论和引导海洋可持续发展的双重价值。

党的十八大做出了建设海洋强国的重大战略部署。习近平同志在哲学社会科学工作座谈会上，提出了面对中国经济发展进入新常态、国际发展环境深刻变化的新形势，加快转变经济发展方式、提高发展质量和效益是迫切需要解决的问题。这表明我们需要彻底地对接到海洋经济的提升且打造尽可能长久的中高速增长平台，我们党对经济社会发展规律认识的深化，为本书提供了时代背景和实践意义的支撑。

我国沿海地区以13.5%的土地承载了43.4%的人口，创造着55%以上的国民生产总值，沿海城市的发展关系到整个国家的发展态势。在世界经济持续低迷和国内增速放缓的大环境下，我国海洋经济继续保持总体平稳增长势头，2011年我国海洋生产总值的增速为10.0%，2012年为8.1%，2013年为7.7%，2014年为7.7%，2015年为7.0%，2016年为6.8%，海洋生产总值占国内生产总值比重始终保持在9.3%以上。海洋经济三次产业结构由2010年的5.1∶47.8∶47.1，调整为2016年的5.1∶40.4∶54.5，三次产业结构进一步优化。2015年国务院《政府工作报告》中提出“协调推动经济稳定增长和结构优化”“要编制实施海洋战略规划，发展海洋经济，保护海洋生态环境，提高海洋科技水平，强化海洋综合管理……向海洋强国的目标迈进”。随着“一带一路”倡议的提出，国家已将海洋经济开发及沿海地区的发展提升到一个前所未有的战略高度。但是随着劳动、资金、技术等生产要素不断向沿海地区集聚，人与海、陆与海之间的矛盾日益凸显，人口集聚和沿海工业发展造成陆源污染物入海量剧增，海洋污染加重，海洋灾害频繁，海平面上升导致滨海地区海水入侵，以及沿海湿地和海洋保护区面积日益萎缩等生态破坏导致近海资源环境承载力不断降低；海洋资源过度开发且未能有效寻求新的可替代资源导致可利用资源匮乏；过度依赖海洋资源而形成单一的产业结构，新型多样性经济结构未成熟，海洋科技创新不足，基础设施支撑力不足等威胁着沿海地区经济的稳定性和持续性。根据过去积累的海洋资源环境状况信息和知识制定出来的经济体系对海洋产业布局等是否还能适用？如何调整这些体系来适应已经和未来将可能发生的各种变化，从而达到趋利避害的目的？对此，本书对人海关系地域系统进行深入剖析，采用脆弱性和适应性研究范式，从各个尺度和维度进行人海关系地域系统脆弱性分析和人海经济系统环境适应性研究。

全书分为七章。第一章阐述人海关系地域系统脆弱性与适应性研究的背景、脆弱性和适应性的相关研究进展以及海洋经济脆弱性研究热点与前沿的可视化。第二章梳理人海关系地域系统相关理论基础和方法。第三章剖析人海关系地域系统的研究内涵及特征、功能结构和尺度选择，以及人海关系地域系统的相关研究进展，捕捉人海关系地域系统面临的问题。第四章分析人海关系地域系统脆弱性及特点、人海关系地域系统脆弱性影响因素判定及因素耦合，进而阐述区域脆弱性与区域可持续性的关系、脆弱性与适应性的关系。第五章构建人海关系地域系统脆弱性分析框架，分别从宏观、中观、微观三个尺度分析人海关系地域系统脆弱性的时空演变及类型分异，并探究人海资源环境系统、人海社会系统、人海经济系统三个子系统的脆弱性相关问题。第六章基于 VAR 模型的海洋经济增长与海洋环境污染关系，综合测度人海经济系统环境适应性，并探究其影响因素。第七章研究人海经济系统环境适应性的预警问题。

辽宁师范大学的史钊源、潘晗、杨智、王子玥在第一章、第五章、第六章和第七章的撰写过程中做了很多工作，金校名、韵楠楠、周高波参与了本书的校对工作，田闯、张帅、张志强在数据搜集、数量计算方面提供了许多帮助，在此一并感谢。

本书是国家自然科学基金项目（41201114）和教育部人文社会科学重点研究基地重大项目（16JJD790021）及国家自然科学基金项目（41571127）的相关研究成果。本书引用了许多专家学者的研究成果，书中虽有标注和说明，但是难免挂一漏万，敬请谅解！由于本人水平有限，书中难免有不足之处，衷心期望学界同人及读者批评指正！

李 博

2018 年 1 月

目　　录

第一章

人海关系地域系统脆弱性与适应性研究的若干基本问题

第一节 时代背景

一、海洋强国战略使得海洋经济发展达到新的高度

海洋经济是21世纪经济发展的重中之重，是保障国家安全、缓解陆域资源紧张、拓展国民经济和社会发展空间的重要支撑系统。21世纪是开发海洋的世纪，党的十八大明确提出海洋强国战略。我国“十三五”规划纲要中也提出要坚持陆海统筹，发展海洋经济，建设海洋强国。习近平同志在哲学社会科学工作座谈会上，提出了面对中国经济发展进入新常态、国际发展环境深刻变化的新形势，加快转变经济发展方式、提高发展质量和效益是迫切需要解决的问题。这表明我们需要彻底地对接到海洋经济的提升且打造尽可能长久的中高速增长平台。国家对经济社会发展规律认识的深化，为本书提供了时代背景和实践意义的支撑。

随着世界技术革命的不断深入和陆域资源的日益枯竭，在人口不断增长的状态下，开发海洋资源、发展海洋经济是解决人类所面临的资源匮乏、空间紧张、环境恶化等问题的有效途径。沿海城市是依托海洋资源而逐渐发展起来的，海洋产业在城市发展中占有重要地位。我国沿海地区以13.5%的土地承载了全国43.4%的人口，创造着55%以上的国民生产总值，沿海城市的发展关系到整个国家的发展态势。2012～2016年，沿海地区海洋生产总值占地区生产总值的比重从15.9%上升到16.8%，沿海地区海洋经济是沿海地区乃至整个国民经济的重要增长极。同时，涉海产业带动就业作用突出，涉海就业形势总体稳定。近五年来，涉海就业人数年均增长1.2%。2016年，涉海就业人数为3624万人。海洋经济对沿海地区经济的贡献越发凸显。

二、海洋经济的健康发展是沿海城市可持续发展理念的延伸

1972年6月，联合国在瑞典首都斯德哥尔摩召开的人类环境会议是一次具有划时代意义的盛会，世界各国代表第一次聚集在一起共同讨论环境问题。会

议通过的《联合国人类环境会议宣言》呼吁各国政府和人民为维护和改善人类环境、造福全体人民、造福后代而共同努力。可持续发展是全人类面临的涉及人口、资源、经济、社会、环境等方方面面的一个重大理论与实践问题。我国是人口众多、资源相对贫乏、经济发展不平衡的国家，海洋经济发展中的问题也略显端倪。2011 年之后，我国海洋经济告别两位数增长状态而进入潜在增长率“下台阶”的新态势，2012 年我国海洋生产总值的增速为 8.1%，2013 年增速为 7.7%，2014 年增速为 7.7%，2015 年增速为 7.0%，2016 年增速为 6.8%，保持略高于同期国民经济增速但逐年放缓的态势。我国海洋经济发展中仍存在一些突出问题，主要体现在：①人口集聚和沿海工业发展造成陆源污染物入海量剧增、海洋污染加重、海洋灾害频繁，海平面上升导致滨海地区海水入侵，以及沿海湿地和海洋保护区面积日益萎缩等生态破坏导致近海资源环境承载力不断降低；重化工密集布局在滨海地区，加剧了海洋资源环境压力和安全隐患。②海洋资源过度开发且未能有效寻求新的可替代资源导致可利用资源匮乏；部分行业产能结构性过剩，缺乏核心技术支撑；过度依赖海洋资源而形成单一的产业结构，新兴产业或业态发展的新动力和培育机制尚未成型。③海洋科技创新不足，基础设施支撑力不足等威胁着沿海地区经济的稳定性和持续性。④根据过去积累的海洋资源环境状况信息和知识制定出来的经济体系对海洋产业布局等是否还能适用？如何调整这些体系来适应已经和未来将可能发生的各种变化，从而达到趋利避害的目的？

第二节　理 论 背 景

一、脆弱性和适应性是全球变化，以及环境与发展研究的热点和前沿领域，是多个科学计划的重要研究内容

20 世纪 60 年代的国际生物学计划（International Biological Programme，IBP）、70 年代的人与生物圈计划（Man and the Biosphere Programme，MAB）、80 年代开始的国际地圈生物圈计划（International Geosphere Biosphere Programme，IGBP）以及国际全球环境变化人文因素计划（International Human

Dimensions Programme on Global Environmental Change，IHDP）都把脆弱性和适应性作为重要的研究领域（Eakin and Luers，2006；Sanchez-Rodriguez et al.，2005；Smit and Wandel，2006）。伴随着脆弱性和适应性应用领域的不断拓展和理论方法的逐渐完善，脆弱性和适应性研究已成为全球环境变化及可持续性科学领域一种新的研究视角和重要的分析工具（IPCC，2001；Cutter，2001；Cutter et al.，2000），并出现了自然系统脆弱性和适应性与人文系统脆弱性和适应性综合集成研究（陆大道，2002）。与此同时，脆弱性和适应性研究凭借其独特的理论与方法论价值和广阔的实践应用前景，成为当代地理学和相关学科诠释人类活动的生态与环境效益，以及人地（海）相互作用机制的重要科学研究途径和学科前沿的重大科学问题。随着脆弱性和适应性研究的不断深入，一些学者甚至把脆弱性和适应性作为一个基础性的学科体系（史培军等,2006）。Downing 在 IHDP 第三份报告中已经明确提出了脆弱性科学这一研究方向，总结了脆弱性和适应性科学研究的基本特点和主要研究任务（Downing，2000）。Cutter 也从地理学角度提出了建立脆弱性学科体系的设想（Cutter，2003）。根据 SSCI 数据检索，2000～2016 年关于适应性主题的文献呈现出年约 365%的增长率。目前这个源于生态学领域的概念，被应用到经济、社会、环境等各个学科领域，地理学相关学科也参与其中（Swanstrom，2008；Brooks，2003）。联合国政府间气候变化专门委员会（Intergovernmental Panel on Climate Change，IPCC）第三次气候变化评估报告中指出，要提高对气候变化的影响和系统脆弱性及适应能力的评价水准，发展评价各种适应变化的方法，特别是对适应科学知识在决策过程、风险管理以及可持续发展中的可能应用（IPCC，2001）。2007 年 IPCC 发布的第四次评估报告《气候变化 2007：气候变化的影响、适应和脆弱性》中，把气候变化对自然系统、人工系统，以及人-环境耦合系统的影响及其适应能力和脆弱性作为报告的主要内容。适应的基础性和重要性得到广泛认可（Pielke et al.，2007）。2013 年 IPCC 第五次评估第二工作组报告从新的视角对气候变化的影响、适应和脆弱性进行了系统的评估，探讨了适应和减缓的关系，为如何平衡适应和减缓提供了理论依据；证实气候变化的影响已经产生，强化了采取适应行动的迫切性，并强化了适应的区域特征；八类关键风险中两类是关于海洋的，即海平面上升、沿海洪涝、风暴潮和提供沿海生计的海洋生态系统和服务丧失的风险（IPCC，2013；Kintisch，2013）。

二、脆弱性和适应性与可持续性研究紧密相关

2001 年 4 月《科学》杂志上刊登的《可持续科学》把"特殊地区的自然社会系统的脆弱性、适应性和恢复力"研究列为可持续科学七大核心问题之一（Kates et al.，2001）。2005 年，IHDP 发布了"城市化与全球环境变化的科学计划"，指出城市系统脆弱性和适应性成为城市化与全球环境变化耦合系统研究的核心问题和基本框架。2006 年颁布的《国家中长期科学和技术发展规划纲要（2006—2020 年）》把"生态脆弱区域生态系统功能的恢复重建"列为全国 62 个优先主题之一，同年 11 月发布的《国家"十一五"科学技术发展规划》将典型脆弱生态系统重建技术及示范作为环境领域的重大项目之一。这些均表明，在全球可持续发展的目标下，了解城市系统的脆弱性和适应性，不仅是可持续性研究的重要内容，而且其成果可为科学与政治决策间的对话提供良好的平台。

三、人海关系地域系统的研究是在人地关系地域系统的基础上演化发展的，是沿海城市可持续发展的核心问题

目前，学界对于人海关系地域系统还没有一个统一的定义。韩增林和刘桂春（2007）把人海关系地域系统理解为由各种自然人文要素组成的，且要素间通过非线性作用相互联系而形成的功能实体。我国著名人文地理学家吴传钧院士早在 1979 年底于中国地理学会第四次全国代表大会上所作的《地理学的昨天、今天和明天》讲话中就明确提出地理学研究的核心是人地关系地域系统（张耀光，2008）。目前人类活动聚集在陆域系统，但是随着人口的增长、环境的破坏，陆域系统已经不能满足经济发展的需要（赵宗金，2011）。因此，地理学研究从陆域系统向海域系统进发，深刻认识人海经济地域系统的研究，才能使经济地理理论和研究内容臻于完善。IGBP 把海岸带陆地-海洋的相互作用（land-ocean interactions in the coastal zone，LOICZ）列为其核心计划，研究全球变化、土地利用等自然和人类活动影响下，海岸环境和生态系统变化及其反馈作用的规律性，可见人与海的关系已经得到了广泛的关注。吴传钧院士主编的《中国海岸带土地利用》是其从人地关系、人地关系地域系统向人海关系、人海关系地域系统研究的拓展和延伸，形成了完整的海陆人地（海）关系地（海）

域系统（张耀光，2008）。由此可见，人海关系是人地关系的一个重要组成部分和延伸，促进人海关系乃至整个人地关系的良性循环是今后海洋经济地理研究中一个重点内容，其不但可以充实海洋经济地理自身的研究内容，而且可以将人地关系研究及区域可持续发展研究推向纵深（韩增林和刘桂春，2007；韩增林等，2004）。

四、沿海城市中存在的经济问题逐渐凸显且具有明显的脆弱性特性

随着世界技术革命的不断深入和陆域资源的日益枯竭，在人口不断增长的状态下，开发海洋资源、发展海洋经济是解决人类所面临的资源匮乏、空间紧张、环境恶化等问题的一条有效途径。沿海城市是依托海洋资源而逐渐发展起来的，海洋产业在城市发展中占有重要地位。但是沿海城市中存在的经济问题逐渐凸显，并且具有明显的脆弱性。降低脆弱性，已成为实现沿海城市可持续发展的必要条件，而科学评价测度人海经济系统的脆弱性则成为科学发展观背景下，准确把握沿海城市开发方向与目标、统筹人海和谐发展的关键所在。目前尚未有关于人海经济系统脆弱性的理论体系，也缺乏从多要素、多角度综合测度人海经济系统脆弱性的科学性与实用性方法，分析判断人海经济系统的动态变化规律，对于丰富脆弱性理论研究与指导海洋经济发展实践都具有十分重要的意义。

五、调整适应模式，开辟新思路

在世界经济持续低迷和国内经济增速放缓的大环境下，我国海洋经济在“十二五”期间继续保持总体平稳增长势头。2011 年我国海洋生产总值的增速为10.0%，2012 年为 8.1%，2013 年为 7.7%，2014 年为 7.7%，2015 年为 7.0%，2016 年为 6.8%，海洋生产总值占国内生产总值比重始终保持在 9.3%以上。海洋经济三次产业结构由 2010 年的 5.1：47.8：47.1，调整为 2016 年的 5.1：40.4：54.5，三次产业结构进一步优化[①]。2015 年国务院《政府工作报告》中提出“协调推动经济稳定增长和结构优化”“要编制实施海洋战略规划，发展海

① 数据来源于《中国海洋经济统计公报》（2010～2016 年）。

洋经济，保护海洋生态环境，提高海洋科技水平，强化海洋综合管理……向海洋强国的目标迈进”。随着“一带一路”倡议的提出，国家已将海洋经济开发及沿海地区的发展提升到一个前所未有的战略高度。

随着国家总体规划布局及沿海地区区域经济发展的实施，发展海洋经济已经成为沿海城市发展的重要方向。但是沿海城市中存在的人海经济和环境问题逐渐凸显，选取恰当的适应模式进行调整则为区域可持续发展提供新的研究思路。

第三节　脆弱性的相关研究进展

一、国内外相关研究进展

（一）国外研究进展

20 世纪 90 年代以来，关于脆弱性的研究大量涌现，Janssen 等对环境变化人文因素领域 1967～2005 年的 2286 份出版物进行调查发现，其中有 939 份出版物与脆弱性有关，并且自 20 世纪 90 年代以来呈快速增长的趋势（Janssen et al.，2006）。由于学科视角和研究对象的差异，脆弱性的概念也不尽相同（Gallopin，2006；Holling，1986），包括“风险”“敏感性”“恢复力”等一系列相关概念，既考虑系统内部条件对系统脆弱性的影响，也包含系统与外界环境的相互作用特征（方修琦和殷培红，2007）。目前，国外学术界已将脆弱性研究应用到灾害管理、生态学、土地利用、气候变化、公共健康、可持续性科学、经济学等不同研究领域，从已有的脆弱性研究来看，生态环境脆弱性（刘燕华和李秀彬，2001；徐广才等，2009）、气候变化脆弱性（方一平等，2009）、自然灾害脆弱性（郝璐等，2003；Ziad and Amjad，2009）等自然科学领域一直在脆弱性研究中占据主导地位，但近年来随着 IHDP、IGBP 等国际性研究计划越来越强调人类社会对全球环境变化的影响及人类社会对全球变化的响应与适应问题，人文系统及人-环境耦合系统脆弱性研究逐渐成为脆弱性研究领域新的研究趋势（Briguglio，1995；陈萍和陈晓玲，2010）。在研究对象和应用领域不断拓展的过程中，脆弱性研究在概念探讨（O'Brien et al.，2004；Calvo and Dercon，2005；Gallopin，2006）、评价方法（Luers et al.，2003）和分析框架（Cutter，1996；Bohle，2001；Turner et al.，2003b）等方面取得了较快的进展，美国国际开发署（United States Agency for International Development，USAID）资助的早期饥荒预警系统研究就利用综合指数法计算了非洲大陆不同地区粮食安全的脆弱性程度（O'Brien et al.，2004）。南太平洋应用地学委员会利用50个指标构建了环境脆弱性指数，用来反映一国自然环境容易受到损害及发生退化的程度（Chazal et al.，2008）。但是目前，有关经济系统脆弱性及其评价方法的研究仍然是相关学科的前沿课题和难题（陈香，2008），既表现在理论与方法的薄弱方面，也反映出实证案例的缺乏。

（二）国内研究进展

1. 内涵

国内对脆弱性的研究起步较晚，但发展较快。表1-1总结了国内学者在不同领域提出的具有代表性的脆弱性的定义。

表1-1 不同领域的脆弱性的定义

研究领域	内涵
灾害学	①脆弱性是在灾害事件发生时，资源环境所产生的不利的响应程度；②脆弱性是指系统由于暴露于灾害（扰动或压力）而可能遭受损害的程度，强调系统面对不利扰动（灾害事件）的结果（刘雪华，1992）
人类生态学	脆弱性是指人的个体或群体预测、处理、抵抗不利影响（气候变化），并从不利影响中恢复的能力（王晓丹和钟祥浩，2003）
气候学	主要解释目前社会或生态系统对气候灾害的脆弱性，通过已经发生的和可能发生的灾害情景识别脆弱人群和灾害危险地带（于江龙，2012）
食物安全学	解释粮食歉收和食物短缺对饥饿问题的影响，把脆弱性描述为权利丧失和缺乏能力，着重于对灾害产生的潜在影响进行分析（孙良书，2006）
可持续研究	解释人们变得贫困的原因，重点突出社会和经济等人文因素对脆弱性的影响（王红毅，2012）
人文视角	脆弱性是度量系统在遭受损失或灾害事件发生时产生不利响应的程度以及抵御外界危害的能力（于长永和何剑，2011）

资料来源：转引自Adger W N. 2006. Vulnerability. Global Environmental Change，16：268-281，有改动。

总结国内政府机构和专家学者关于脆弱性的定义，归纳起来主要有以下几点。

（1）脆弱性是一个相对的概念。脆弱性是暴露于灾害时，遭受损失的可能性或遭受威胁的程度。

（2）脆弱性是一个综合性的概念。脆弱性构成要素主要涉及系统对外部扰动或冲击的暴露、系统的敏感性、系统对外部扰动或冲击的应对能力等。脆弱性是系统的内在属性，只会在系统受到扰动时显现出来。

（3）脆弱性是承灾体抵御灾害的能力，是系统固有的特性，强调系统遭受灾害的后果。

（4）脆弱性的研究内容由最初单纯针对自然生态系统方面的脆弱性逐渐向自然、经济、社会与环境等维度的脆弱性拓展。

2. 研究领域

国内已开展的脆弱性研究仍主要集中在生态环境脆弱性、灾害脆弱性等方面，在生态环境脆弱性评估、脆弱生态环境类型区划及自然灾害脆弱性发生机制方面研究进展较快（张俊香等，2010；程翠云等，2010），也有一些研究尝试探讨社会经济系统的内在脆弱性及其在特定扰动作用下的脆弱性（刘毅等，2010）。人文科学领域的脆弱性研究，侧重探讨导致人类社会或团体容易受到损害的经济、政治、制度和文化因素以及重建自然环境系统和经济社会系统恢复力的人文机制和对策。此外，张平宇等著的《矿业城市人地系统脆弱性——理论·方法·实证》从人地关系地域系统理论视角出发，采用脆弱性研究范式，对我国矿业城市可持续发展面临的共性问题进行了系统研究(张平宇等,2011)。李博针对人海关系地域系统的耦合机制进行研究，构建沿海城市脆弱性指标体系，建立脆弱性评价模型，将全国53个沿海城市的脆弱性划分为六种类型（李博和韩增林，2010b），并且选取大连市为典型案例区，进行耦合系统的脆弱性分析，分别从资源环境子系统、经济子系统和社会子系统三个方面进行总结(刘淑芬和郭永海，1996）。

（1）自然灾害产生的脆弱性研究。其研究内容主要是对特定区域的致灾因子发生的强度、频率、持续时间、空间分布等特征及特定灾害事件引发的影响等方面。周永娟等（2010）利用地理信息系统（GIS）研究了三峡库区消落带崩塌滑坡产生的脆弱性。陈香（2008）和张俊香等（2010）对福建和广东地区台风灾害产生的脆弱性进行评价。程翠云等（2010）和刘毅等（2010）对在自然灾害产生的区域脆弱性进行分异的基础上对我国洪涝灾害产生的脆弱性进行了评价。

（2）区域生态环境脆弱性研究。国家“八五”重点科技攻关项目“生态环境综合整治和恢复技术研究”是大规模研究生态环境脆弱性及其整治的开始(田亚平和常昊，2012)。许多学者对不同典型生态环境区域脆弱性进行实证研究，其研究集中在华北平原、西南石灰岩山地、南方丘陵、华北平原等区域的生态脆弱性方面。研究方法上，前期多结合 GIS 技术进行定量研究，随后普遍应用 GIS 技术和遥感（RS）技术（李朝奎等，2012）。

（3）水资源脆弱性研究。水资源脆弱性的研究起步于 20 世纪 90 年代，刘淑芬和郭永海（1996）及孙才志等（孙才志等，2007；孙才志和潘俊，1999；孙才志和刘玉玉，2009；孙才志和奚旭，2014）在阐述地下水水质脆弱性基础上，分别对河北平原和下辽河平原地下水脆弱性进行了研究。宋承新和邹连文（2001）在分析山东省地表水资源脆弱性的基础上，提出水资源可持续利用的方案。目前学者们越来越多地关注气候变化下的水资源脆弱性。王国庆等（2005）研究在全球气候变化下我国淡水资源对气候变化的敏感性和脆弱性的问题。总体上，国内水资源脆弱性研究侧重于地下水脆弱性方面，而水资源脆弱性与区域可持续发展、水资源系统的风险分析及气候变化下水资源脆弱性研究仍处于起步阶段（陈攀等，2011；储毓婷和苏飞，2013）。

（4）经济脆弱性研究。研究对象包括区域经济系统和特殊类型城市。区域经济系统以冯振环和赵国杰（2005）、张炜熙（2006）为代表，他们通过区域经济发展的稳定性和对外部经济条件改变反映的敏感性，以及外部干扰下遭受损失的程度三方面对区域经济发展的脆弱性进行分析。对特殊类型城市经济脆弱性的研究主要是分析城市经济发展中的瓶颈因素。如苏飞和张平宇（2010）、王士君等（2010）分别从不同角度对大庆市经济系统的脆弱性进行定量评估；孙平军和修春亮（2010）、辛馨和张平宇（2009）对我国的矿业城市经济系统脆弱性进行了综合评价和分类。

（5）城市脆弱性研究。主要研究城市内部脆弱性和城市外部脆弱性。城市内部脆弱性研究将城市看作一个有机体，将人类经济社会活动作为城市生长的外界扰动，研究城市系统内部各子系统及要素的结构特征。城市外部脆弱性主要研究城市人群和城市区域对于灾害的脆弱性及脆弱性的空间分布特征。李鹤和张平宇（2011）对资源型城市、梁增贤和解利剑（2011）对旅游城市、李博等（李博和韩增林，2010a；李博和韩增林，2010b；李博等，2012）对沿海城市等城市外部脆弱性进行了研究。

（6）其他领域脆弱性研究。孙才志等（2014）将脆弱性用于景观格局的研究；秦正和张艺露（2009）将脆弱性用于“地质遗迹资源”的研究；王建军和杨德礼（2010）及王航等（2010）分别采用不同的网络脆弱性评价方法对计算机网络安全领域的网络脆弱性进行评价；方琳瑜和王智源（2009）将脆弱性概念应用到了我国中小企业自主知识产权研究中。

但总体来看，人文系统的脆弱性研究相对滞后，并且由于研究起步较晚，相关学科对脆弱性研究的重视不够，缺乏对脆弱性理论和评价方法的深入探讨。

二、研究方法

随着脆弱性描述的对象由简单到复杂，由外在现象到内部机制，脆弱性综合测度与量化方法相应地由单一到复合，由描述到数学建模，体现出多角度、系统化、机制化、多元化的特色，主要的脆弱性评价方法分为五类。第一类是综合指数法，从脆弱性表现特征、发生原因等方面建立评价指标体系，利用统计方法或其他数学方法综合成脆弱性指数，表示评价单元脆弱性程度的相对大小，是目前脆弱性评价中较常用的一种方法（于瑛英，2011），其主要方法有加权求和（平均）法、主成分分析法（principal component analysis，PCA）、层次分析法（analytic hierarchy process，AHP）、模糊综合评价法、综合指数法等。该方法简单、容易操作，在脆弱性评价中被广泛应用，但其对于脆弱性的评价缺乏系统的观点，与脆弱性内涵之间缺乏相互对应的关系，同时在指标的选择和权重的确定上缺乏有效的方法。第二类是图层叠置法，是基于 GIS 技术发展起来的一种脆弱性评价方法，根据其评价的思路可分为两种叠置方法：一种是脆弱性构成要素图层间的叠置，比较适用于区域在极端灾害事件扰动背景下的脆弱性评价；另一种是针对不同扰动的脆弱性图层间的叠置，但是该方法没有考虑各种扰动的风险及其对系统整体脆弱性影响程度的差异（靳毅和蒙吉军，2011）。第三类是脆弱性函数模型评价法（陶鹏和童星，2011；蔡运龙和 Smit，1996），该方法基于对脆弱性的理解，对脆弱性的各构成要素进行定量评价，然后从脆弱性构成要素之间的相互作用关系出发，建立脆弱性评价模型。但目前关于脆弱性的概念、构成要素及其相互作用关系尚无统一的认识，并且脆弱性构成要素的定量表达较困难。第四类是模糊物元评价法（林冠慧和吴佩瑛，2004），通过计算各研究区域与一个选定参照状态（脆弱性最高或最低）

的相似程度来判别各研究区域的相对脆弱程度。但是其评价结果只能反映各研究区域脆弱性的相对大小，难以反映脆弱性空间差异的决定因素及脆弱性特征等方面的信息。第五类是危险度分析法（刘继生和陈彦光，2002），该方法多用于生态环境脆弱性评价，能够反映研究单元的生态危险程度。但其不能反映系统脆弱性达到何种程度时，系统结构和功能就会发生根本性改变，没有确定的脆弱性阈值。

从以上国内外最新研究进展来看，脆弱性研究的概念体系与量化方法有待深入挖掘，人海经济系统脆弱性研究尚为薄弱环节。整体来看：①缺乏一种通用的脆弱性概念框架。由于研究主题、研究视角的不同，不同研究领域及国内外学者之间对于脆弱性概念、构成及其分析框架尚未完全达成共识，这是阻碍脆弱性研究进展的重要因素。②脆弱性评价主要采用综合指数法和脆弱性函数模型评价法，因而导致对经济系统的深层次相互作用机理考虑不足；面向多重扰动的脆弱性综合测度仍然处在探索阶段；关于经济系统脆弱性综合测度的研究尚未取得突破性进展。③区域脆弱性主要偏重于现状的静态评价、分析，对区域调控管理角度的研究尚不充足。④针对海洋的特殊性及其人海经济系统脆弱性的系统研究比较有限，定量研究较少；从多要素综合视角探讨人海经济系统脆弱性问题，进而得出为经济社会发展实践提供切实可行的依据的研究尚未全面展开；还没有能够指导海洋经济开发实践活动的可行性与实用性定量测度方法，进而影响了对沿海城市可持续发展能力的总体判断与认识。

三、海洋经济脆弱性研究热点与前沿的可视化分析

以 Web of Science（WOS）核心数据库中 1990～2017 年收录的主题为“ocean”（海洋）和“vulnerability”（脆弱性）的文献为基础，应用可视化分析软件 CiteSpace Ⅲ，采取关键词共现分析、文献共被引分析、突现词分析等方法对海洋经济脆弱性研究现状进行可视化分析。研究发现：①海洋经济脆弱性研究文献数量呈现逐年上升趋势，研究领域扩大，研究区域广泛。美国、澳大利亚、英国、加拿大、法国五国具有较强的研究实力。②J. E. Cinner、M. Byrne、A. Suppasri、F. Imamura、R. A. Feely 在海洋脆弱性研究领域做出了突出贡献。③海洋、气候变化、生态系统等是海洋经济脆弱性的研究热点与前沿领域。

（一）研究方法与数据来源

科学知识图谱是以科学知识为计量研究对象，采用引文分析和信息可视化技术，将科学发展规律绘制成二维、三维知识图谱，知识地图等图形。近年来，以 CiteSpace 为分析工具，依托文献数据库，如 CSSCI 和 WOS，科学知识图谱已经被广泛应用于信息科学、安全科学、生态安全、社区规划、旅游研究等诸多领域。

鉴于 WOS 收录期刊具有很高的学术质量和国际通行性，以 WOS 核心库为数据源，文献分布时间为 1990～2017 年，文献语言为英语，以“ocean”和“vulnerability”为条件，检索国际上海洋经济脆弱性研究的相关文献，检索时间为 2017 年 4 月 25 日。文献信息包括作者、标题、来源出版物、摘要和引用的参考文献。为了保证分析的客观性和准确性，进一步通过文献梳理及数据标准化处理，剔除与研究主题不相关的文献，合并相似字段，最终获得 1066 篇海洋经济脆弱性研究文献记录样本。利用 WOS 数据库中自带的“创建引文报告”功能得到其年度分布情况（图 1-1）。

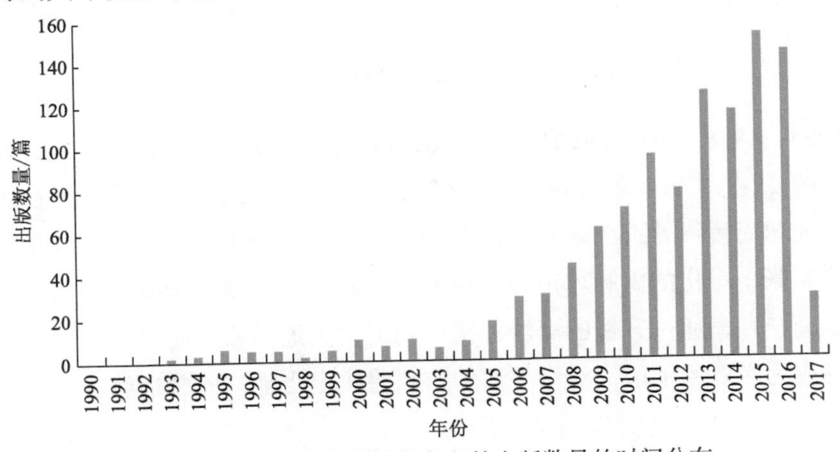

图 1-1　海洋经济脆弱性研究文献出版数量的时间分布

由图 1-1 可知，国际海洋经济脆弱性研究的相关文献大体上不断增长（2017 年仅有部分数据），表明对海洋经济脆弱性研究的重视程度在不断上升。从研究的区域分布来看，世界各地都有对海洋经济脆弱性的研究，从文献出版数量由多到少来看，排第一位的是美国，占样本的 37.9%；第二位是澳大利亚，占 19.4%；第三位是英国，占 13.9%；第四位是加拿大，占 11.8%。可见发达国家在此方面的研究投入较多，而发展中国家的研究投入相对较少。

（二）海洋经济脆弱性研究前沿与知识基础

1. 脆弱性研究前沿演进过程与特征

在 CiteSpace Ⅲ中，利用 Kleinberg 的突变检测法来确定前沿中的概念，其基本原理是统计相关领域论文的标题、摘要、关键词和文献记录的标识符中的词汇频率，根据这些词频的增长率来确定哪些是研究前沿的热点词汇。从关键词的突现词（图 1-2）中可以看出，在不同的时间段，学者关注的重点是不断变化的。

关键词	年份	强度	起始	结束	1990～2017 年
ocean	1990	3.73	**1994**	1998	
climate	1990	3.393	**2000**	2007	
model	1990	7.242	**2001**	2009	
Indian Ocean	1990	3.9752	**2006**	2008	
tsunami	1990	5.2758	**2007**	2010	
ecosystem	1990	4.0873	**2008**	2010	
sea level rise	1990	8.1379	**2012**	2013	
management	1990	12.3838	**2014**	2015	

图 1-2　海洋经济脆弱性研究中的突现词

1994～1998 年的突现词是海洋（ocean）。从 1994 年开始，研究者开始关注海洋的变化。Gornitz（1995）认为全球平均海平面是气候变化的潜在敏感性指标。全球变暖将导致全球海平面上升（sea level rise），海平面上升是由海洋水的热膨胀、融化的山脉冰川和极地冰盖引起的。然而由于海平面上升预测的巨大不确定性，通过升级的潮汐计网络和卫星大地测量来监测未来海平面变化趋势将成为必要的手段。对海平面的监测将决定当地的脆弱性研究。

2000～2001 年的突现词是气候（climate）。在气候变化影响下，自然生态系统、渔业捕捞和水产养殖、旅游航运、人类健康、食物供应和海事安全、能源和资源的利用等方面表现出较高的脆弱性（蔡榕硕和齐庆华，2014）。Hulme 等（2001）研究了非洲大陆 1900～2000 年的气候变化，并预测了 2000～2100 年气候的变化趋势。他们通过对温室气体、气温及降水的观测建立气候模型来对非洲国家和地区的脆弱性和适应性评估。Muller 和 Stone（2001）提出了一个海岸左右两侧的热带风暴和飓风的风暴中心的简单模型，并将其用来评估风暴袭击的“点位置”沿美国副热带海岸的时空分布。

2006～2010 年的突现词是模型（model）、印度洋（Indian Ocean）、海啸（tsunami）和生态系统（ecosystem）。2004 年印度洋海啸带来的影响是深远的，印度、泰国、斯里兰卡等沿岸许多国家受到冲击。Papadopoulos 等（2006）在海啸发生后对斯里兰卡和马尔代夫进行的现场调查和测量表明，海啸传播的主导波峰在西侧。Grebmeier 等（2006）认为生态系统对环境变化的脆弱性影响很大。研究结果表明，由于短食物链和许多食物链顶端的捕食者对海冰的依赖，受太平洋暖流影响的北极地区海冰的减少有可能导致其生态系统重组。

2014 年的突现词是管理（management）。Werry 等（2014）对大型鲨鱼的栖息地使用和迁移模式的掌握对于评估渔业和环境脆弱性是很重要的。Green 等（2014）研究认为精心设计和有效管理的海洋储备网络可以减少当地的威胁，并有助于实现多个目标，包括渔业管理、生物多样性保护等。

2. 海洋经济脆弱性的研究热点与发展趋势

关键词是作者对文献的高度概括，也是其研究核心思想的浓缩和提炼。图 1-3 中圆圈的大小表示出现关键词的频率，高频率出现的关键词反映该领域的研究热点。某个词与其他词的连线越多，则表示这个词代表的生计越复杂，越被不同研究方向的学者所共同关注，越具有学科交叉性。对海洋经济脆弱性的研究文献进行关键词分析，在图谱中气候变化（climate change）一词处于中心位置，其频次（frequency）和中心性（centrality）均处于前列，其他出现频次和中心性较高的词汇涵盖了海洋经济脆弱性研究的主题、内容、方法等。

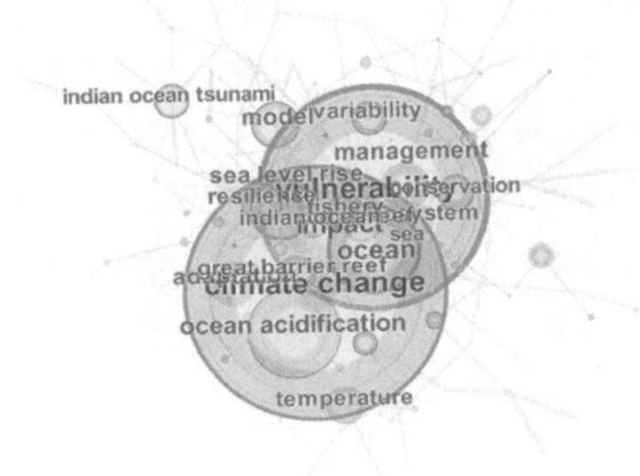

图 1-3　关键词共现图谱

本书是以“ocean”和“vulnerability”为主题来进行检索，两者出现的频次分别为255和113。除了这两个词，对出现频次较高的关键词进行如下分类。

（1）生态环境类。主要包括气候变化（climate change）、生态系统（ecosystem）和温度（temperature）。全球气候变化，温度升高，导致生态系统的不稳定与不平衡，严重危害到了海洋环境。沿海地区依赖海洋资源生存发展，海洋生态系统的改变必然会给这些地区的经济带来不可忽视的创伤。

（2）海洋灾害类。这一类主要包括海平面上升（sea level rise）、海洋酸化（ocean acidification）、海啸（tsunami）、渔业（fishery）。近年来，人类对海洋资源的开发程度越来越高，然而从某种意义上来说，海洋灾害是制约海洋资源开发的重要因素之一。海洋灾害影响海洋经济的发展。

（3）应对能力类。这一类主要包括管理（management）、适应性（adaptation）、弹性（resilience）、可变性（variability）。适应性、弹性、可变性都与脆弱性有着密切关系。在研究脆弱性的时候，需要建立相关的评价模型对其进行分析。

（4）重点地区类。这一类主要包括印度洋（Indian Ocean）、大堡礁（great barrier reef）。印度洋有着丰富的鱼类、海水及矿产资源，带动着沿岸经济带的发展，但印度洋也有很严重的海洋灾害。关键词中还有印度洋海啸（Indian Ocean tsunami），说明印度洋的海洋开发过程面临着灾害的威胁。

3. *海洋经济脆弱性研究的知识基础*

由共被引文献共现图谱（图1-4）可知，重要文献主要集中出现在2003～2014年，这是海洋经济脆弱性研究的黄金时期。其中共被引频率最高的文献是Hoeghguldberg等（2007）的《在快速的气候变化和海洋酸化影响下的珊瑚礁》。这篇文章介绍了珊瑚礁的发展趋势，预计珊瑚礁相关的渔业、旅游、海岸保护的发展和人类将面临越来越严重的后果。网络中心性最高的是《海洋酸化：另一个二氧化碳难题》（*Ocean Acidification: The Other* CO_2 *Problem*），其认为海洋酸化影响海洋生物的光合作用及固碳能力提高，海洋生物适应不断增加的二氧化碳和二氧化碳对海洋生态系统的更广泛影响的潜力是不为人知的，这两者都是未来研究的重中之重。

图 1-4　共被引文献共现图谱

Halpern 等（2008）的《人类对海洋生态系统影响的全球地图》（*A Global Map of Human Impact on Marine Ecosystems*）和 Fabry 等（2008）的《海洋酸化对海洋生物和生态系统过程的影响》（*Impacts of ocean acidification on marine fauna and ecosystem processes*）开发了一个具体的、多尺度的空间模型，用来合成 20 个海洋生态系统生态变化的人类驱动因素的 17 个全球数据集，从而为海洋空间规划、教育和基础研究提供了信息。Allison 等（2009）的《气候变化带来的渔业经济脆弱性》一文中用指标法将 132 个国家经济的脆弱性与潜在的气候变化对其渔业的影响进行了比较。

（三）海洋经济脆弱性的研究力量与社会网络

1. 研究者及其社会网络结构

研究人员及其团队是一个研究领域蓬勃发展的基础要素，通过文献作者共现图谱可以挖掘联系紧密的学者群。从图 1-5 可以看出共现图谱中聚类节点比较多，作者合作网络也有所形成，其中规模较大的是以 J. E. Cinner 为核心的合作小组，以及以 M. Byrne、A. Suppasri 为核心的研究小组，F. Imamura 和 R. A. Feely 在海洋脆弱性研究领域做出了突出贡献，他们小组的合作网络也很突出。J. E. Cinner 是詹姆斯 · 库克大学（James Cook University）的研究者，他主要研究在海洋生态系统影响下沿海地区的脆弱性，并提出了一种空间上明确的、多学科的脆弱性分析。M. Byrne 从事海洋环境变化对海洋生物的脆弱性研究。

F. Imamura 结合 GIS 技术以定量的方法研究地区脆弱性与海啸的关系。R. A. Feely 是美国国家海洋和大气管理局太平洋海洋环境实验室的研究者，她的研究主要集中在解决海洋气候系统变化和脆弱性的问题。

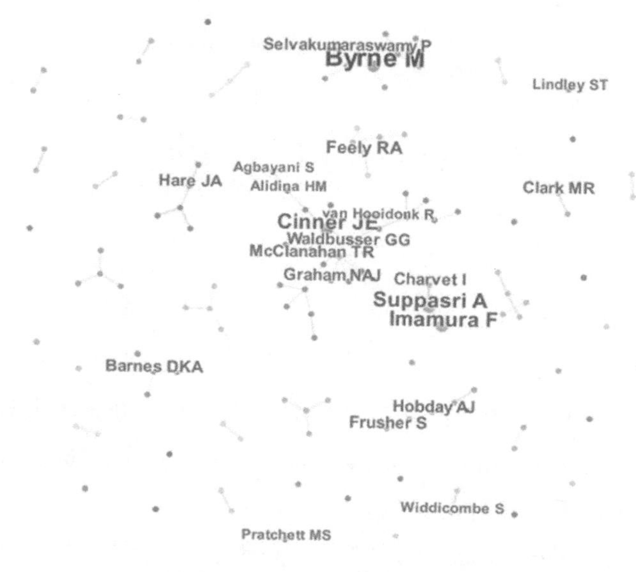

图 1-5 文献作者共现图谱

2. 研究机构及其合作关系

从研究机构共现图谱（图 1-6）可以看出，大部分研究机构都处于相互交错、紧密联系的网络中。其中组织规模最大的是美国国家海洋和大气管理局（National Oceanic and Atmospheric Administration，NOAA），它处于网络中心。加利福尼亚大学圣迭戈分校（University of California，San Diego）中心性最高。M. Byrne 教授所在的悉尼大学（University of Sydney）也是图中最显著的节点，其在海洋经济脆弱性方面的研究历史悠久，研究成果丰硕，是非常重要的研究力量。其中研究力量排名前 10 的科研机构为美国国家海洋和大气管理局、詹姆斯·库克大学、塔斯马尼亚大学（University of Tasmania）、加利福尼亚大学圣迭戈分校、英国南极调查局（British Antarctic Survey）、华盛顿大学（University of Washington）、英属哥伦比亚大学（University of British Columbia）、悉尼大学、达尔豪斯大学（Dalhousie University）、加利福尼亚大学圣塔芭芭拉分校（University of California，Santa Barbara）。

图 1-6　研究机构共现图谱

3. 研究力量的空间分布及其合作关系

从国家及地区共现图谱（图 1-7）可知，海洋经济脆弱性研究的主要力量来自 56 个国家和地区，它们主要分布在大洋洲、北美洲和欧洲等地区。其中，欧洲国家在海洋经济脆弱性研究领域有密切的合作，美国和加拿大所在的北美地区以及澳大利亚，也是该领域的核心研究力量分布区。研究力量排名前 10 的国家依次是美国、澳大利亚、英国、加拿大、法国、德国、西班牙、葡萄牙、新西兰和瑞典。

图 1-7　国家及地区共现图谱

（四）结论

选自 WOS 核心数据库中收录的主题为“ocean”和“vulnerability”的文献，借助 WOS 数据库中自带的文献数据分析功能和 CiteSpaceⅢ的可视化分析功能，对国外海洋经济研究概况及发展脉络进行了统计与可视化分析，得出如下结论。

（1）海洋经济脆弱性研究热点从单一维度转向多维度。从时间、学科及地域维度看，研究成果呈现逐年稳定增加、学科范围不断拓展和研究力量在地域上较为集中的特点。海洋经济脆弱性的研究领域主要是海洋气候、生态及经济等领域。研究力量来源广泛，发达国家占主要地位，而发展中国家在这方面研究较为薄弱。

（2）海洋经济脆弱性研究从零碎转向系统。在海洋经济脆弱性知识演进的过程中，研究的前沿侧重于海洋生态环境的脆弱性，而对于人文海洋耦合系统脆弱性的研究较少，且缺乏理论基础。

（3）通过关键词聚类图谱发现，海洋经济脆弱性研究在海洋、气候、模型、印度洋等前沿研究领域取得了突破。

（4）通过关键词共现分析得到，海洋经济脆弱性研究主要关注气候变化、生态系统、温度、适应性、印度洋等热点问题。

第四节　适应性的相关研究进展

一、适应性的内涵

适应性研究的是主体与周围环境等的相互作用关系，具有普遍性。适应性在多个学科中都有应用，不同学科对适应性有各自不同的理解。实际上，学术界对适应性研究可以划分为两种研究范式，即早期适应性和新兴适应性。早期“适应”一词起源于自然科学，尤其是种群生物学和进化生态学。Dobzhansky（1968）认为适应是一种状态，是生物在适应环境的过程中表现出的结构、功能或行为的特征。这种适应性特征与人类系统十分相似，人类可以通过学习（吸取经验教训）和技术进步不断进行适应，它包括社会和经济活动的活力及人类生活的质量等。人类社会对适应能力的要求远远超出“生存和繁殖”的范畴，于是人类学家和文化生态学家首次将适应的概念应用到人类系统中。Basso

（1972）用“文化适应”的概念来描述“文化核心”（cultural cores）对自然环境的调整。Denevan（1983）认为，文化适应是响应自然环境变化、人文内在环境变化（如人口、经济和组织）的过程，因此，大大拓宽了人文系统适应生物、物理环境压力的范畴。随着对气候变化本身不断地关注，适应性研究在全球气候变化领域不断涌现。从2001年IPCC对适应性进行界定到2013年IPCC第五次评估报告对适应性提出新认知，适应性研究得到了越来越多的关注。水资源、社会–生态系统、景观建筑学等领域也出现了较早的适应性研究。20世纪90年代以后，学者们先后开展了不同尺度下自然环境系统和社会经济系统等综合视角的适应性问题研究，且从中衍生出了许多新兴适应性研究，在海洋生态、港口交通、农户生计、产业系统等视角下都对适应性进行了概念的界定，不同学科在使用这些概念时对其所赋予的含义有很大的差异（表1-2）。

表1-2 适应性概念的发展

研究阶段	研究视角	概念范畴
早期适应性	进化生态学	生物在面临一系列环境变化时的适应（即能够生存和繁殖）能力（Denevan，1983）
	社会学、人类学	组织、群体增进环境与文化磨合能力的方法，是在变化环境中通过文化实践而产生的行为选择结果（Gallopin，2006）
	全球变化科学	自然、人文系统对现状、未来气候变化的响应和调整（O'Brien and Holland，1992） 为了应对实际发生或预计到的气候变化及其各种影响（不利的或有利的），而在自然或人类系统内进行调整
	水资源	水资源适应性系统响应现实或预计的气候、环境变化及经济、人文变化及其影响，旨在减轻危害或抓住有利机会以调整自身的行为（IPCC，2001）
	社会–生态系统	是社会–生态系统影响恢复力的能力和潜力（Holling，1978） 人类对复杂社会–生态系统弹性的调控机制与管理，即通过学习对环境变化带来的影响进行修复与调节，进而使系统处在一个适当的状态（Walker，2006；Nelson，2007）
	建筑学	是一种普遍性的调节能力，主体与客体均具有该能力，通过尽可能微小的付出应对可能产生的环境变化（Folke，2006）
新兴适应性	海洋生态	由海洋生态系统具有的地质、地貌、水文、气象、景观等自然属性和人口、经济、文化、区位等社会属性所决定的，对特定、持续性用途的生态需求的满足程度（Lynch，1958）
	港口交通	港口适应地区经济的变化，与地区经济发展的各个方面保持相互一致、协调、可持续发展的能力（向芸芸和杨辉，2015）
	农户生计	农民协会为应对移民搬迁所带来的各种影响，通过调整土地、劳动力等资源的使用以保持当前或更好的生存状态（严治，2012）
	产业系统	是以资源环境承载力为依据，通过对不同产业与生态环境之间物质能量输入与输出关系的度量所表征出的产业系统的生态亲和状态（黎洁，2016）

二、国内外研究进展

（一）国外研究进展

1. 适应性要素

适应性分析通常要考虑四个关键性问题，即适应谁（who）、对什么（what）适应、适应性是如何发生的、适应效果如何（Smit et al.，1999）。其中“适应性是如何发生的”反映了适应者与适应对象之间相互作用的过程与机理。

2. 评价方法

适应性描述了对组织变化、资源分配等方面应对外界变化的能力（Korhonen and Seager，2008），是系统所具有的长期或更为持续的调整能力、学习能力、重组能力（Glor，2007），可运用复杂自适应系统有关多样性、应对力和自组织涌现等理论标准加以界定。一个地区资源的多样性反映了系统恢复力的承受范围；应对力是系统恢复力和涌现新功能的表征，主要受交互作用因子影响，由绩效、抗性、外部支持等构成。系统要素重组，并涌现新的功能，反映了系统应对不确定性变化的能力。因此，多样性、恢复力和新功能的涌现是表征系统适应性能力的关键性参数指标。

3. 适应性协调管理

适应性协调管理至少包括四个核心部分：①理解生态系统的动态特征；②开发实用的管理方法，这些方法能够将不同生态系统的知识整合起来，能够解释和处理生态系统的反馈作用和不断的学习能力；③加强应对不确定性和意外事件的能力；④在具有多层次的监管系统中提供灵活的制度保障和社会网络工作系统等（Folke et al.，2005）。

4. 评价尺度

基于社区的适应途径研究，Smit 等（1999）提出，在社区尺度上，期望有可实施的积极行动，明确地致力于提高社会适应能力，从而降低其脆弱性。Adger 等（2005）提出了适应性研究的尺度问题，其原因在于全球变化背景下的适应性方法政策可以在不同社会经济等级下进行。近年来，伴随着自然科学与人文科学交叉渗透的发展，在人地相互作用机制与过程研究方面，适应性与脆弱性研究正趋于整合。2001 年联合国开发计划署–全球环境基金（The United Nations Development Programme-Global Evironment Facility，UNDP-GEF）气候变化项目组基于地区发展驱动视角提出的适应性对策研究框架正是这一思想的体现，也是当前国际上关于区域社会经济系统对全球环境变化适应性研究比较具有代表性的研究模式，较好地反映了全球环境变化研究的发展趋势。

（二）国内研究进展

关于适应性的研究始于 20 世纪 90 年代中期，主要集中于社会经济系统对全球环境变化的适应问题研究，具体包括以下几个方面。

1. 理论探讨

国内研究主要对适应性与可持续发展的关系进行了探讨，强调可持续发展要考虑对全球变化的适应，并认为只有能够适应全球变化的可持续发展才是真正的可持续发展（陈宜瑜，2004）。叶笃正等（2002）提出有序人类活动的概念，将人类对全球变化的适应提到更高的层次。林而达（2005）对可持续发展与适应能力建设进行了探讨。

2. 产业适应性研究

产业适应性研究主要探讨了农业、林业、水利等部门对气候变化的适应对策（郭泉水等，1996；何为等，2015；董李勤，2013）；个别学者还从环境发展变化的角度探讨工业的适应性调整问题（刘俊杰和王述英，2004；张克让，2001）。

3. 区域适应性研究

学者们通过对全国（林而达等，2007）、长江三角洲（梁启龙等，2000）、山东（叶瑜等，2004）、黑龙江（方修琦等，2005）、青海半干旱农区（李英年等，1998）、黄土高原（刘晓清等，2006）、干旱区内陆河流域（赵雪雁和薛冰，2015）、内蒙古（侯向阳和韩颖，2011）等的案例研究，探讨了不同空间尺度区域对气候变化的响应与适应；谢忠秋（2015）分析我国各区域经济主体复杂适应能力分布，分析了“流入”复杂适应能力及“流出”复杂适应能力对 GDP 的影响能力。

4. 城市适应性研究

罗佩和阎小培（2006）将生态学中的“适应观”引入高速增长下的城市形态研究，对国内外城市形态中的有关适应性因素进行了分析，提出构建适应性城市形态的原则和方法；由陈玮（2010）编著的《现代城市空间建构的适应性理论研究》探讨了城市系统演变空间适应性和空间规划设计等问题，他结合中国的城市和区域发展问题，开展相应的理论创新和实证研究；仇方道等（仇方道等，2011；仇方道，2009）把适应性引入到“产业生态系统”中，对东北地区矿业城市产业生态系统的适应性分异特征、类型及影响因素进行了深入探讨。

5. 交通适应性研究

交通适应性是指交通系统内部各个方面与区域经济发展需求之间的相互协调一致、持续发展的能力。朱从坤（2006）主要以西部地区为例探讨了城市和区域交通适应性评价方法；莫辉辉等（2015）分析了“丝绸之路经济带”国际集装箱陆路运输的经济适应范围；刘诚等（2015）分析了城市圈发展模式下公交优先的适应性。

6. 管理适应性研究

佟金萍和王慧敏（2006）在分析流域水资源管理不确定性问题的基础上，提出了流域水资源适应性管理模式；郭强等（2006）认为社区管理模式应该与社区的现状相适应才能更好地发挥作用，并提出了考察社区管理模式适应性分析框架；周阳和李志刚（2016）从协调社会关系视角，分析主动选择和采取“区隔中融入”的文化适应策略。

7. 生态适应性研究

刘焱序等（2015）以城市社会-生态系统为风险评价对象，引入生态适应性循环三维框架，分析评价城市景观生态风险；徐瑱等（2010）、王文杰等（2007）探讨了区域生态系统的适应性框架及适应能力评价。

三、适应性研究的新进展

（一）国内适应性关注焦点由单一维度向多维度延伸

国内适应性关注焦点由单一维度向多维度延伸，最初的国内适应性研究多是适应性与相关概念之间的关系，以及分别从生态维、社会维、经济维等单一视角的分析。方修琦和殷培红（2007）重点介绍了弹性、脆弱性和适应性这三个核心概念的演变以及相互联系等方面的最新研究进展。在生态维单一视角下，崔胜辉和李旋旗（2011）探讨了全球环境变化背景下适应性的科学内涵和适应性研究的途径。方一平等（2009）分析了气候变化适应性的概念及应用，适应性与适应能力、响应能力和恢复力之间的相互关系。潘家华和郑艳（2010）提出了适应气候变化的基本分析框架，即基于不同发展阶段的适应性需求，区分增量型适应和发展型适应，并通过工程性适应、技术性适应和制度性适应三种适应手段增强适应气候的能力。曹珂等（2016）结合山地自然灾害由“患”到“灾”、由“灾”成“难”的递进孕灾与影响机制，引入适应性思维，提出“从动”“协动”“能动”适应山地灾患环境、灾害影响与灾难冲击的城市防灾避难规划设计原则。徐瑱等（2010）通过不良影响、抵御能力、恢复能力构建生态系统适应能力指数模型，以兰州市为研究区，定量衡量区域生态系统对特定胁迫的适应能力。在社会维单一视角下，强调社会的脆弱群体，包括低收入群体、移民、社区等的社会适应性，重点分析社会适应性的机遇与阻碍。为此引出对社会公共服务和相关政府部门的适应性管理的探讨。基于经济维的单一视角下，早在20世纪30年代，著名经济学家熊彼特就提出了用进化的观点来研究经济适应问题。复杂适应系统是适应性在经济系统中的体现，它的提出为人们认识、理解、控制、管理复杂系统提供了新的思路。

后来，我国学者的适应性研究关注焦点逐渐转向多维度的综合研究。适应性过程作为应用研究的主流，强调多手段多领域的集成研究。大量的气候变化风险案例都紧密结合了现有政策、规划以及与资源管理、社区发展、可持续发展和风险管理相关的决策过程，实践性的气候变化适应措施也不可避免地要与其他规划相结合，强化适应能力。温晓金等（2016）以地处秦岭山地的商洛市为例，基于主体功能区划方案设置不同适应目标，从生态和社会视角建立多适应目标情景方式，从而为区域社会发展评价研究提供新思路。仇方道等（2011）从生态和经济视角，基于易损性、敏感性、稳定性和弹性等适应性要素将东北矿业城市产业生态系统分为四种类型的适应等级。同样，郭付友等（2016）也对产业系统适应性进行实证研究，发现吉林省松花江流域产业系统环境适应性的发展深受内外因素双重扰动影响，总体表现出由流域自上而下依次降低到中心-外围特征逐渐形成的过程。严治（2012）论述了港口与社会经济的关系，对我国 14 个长江干线港口的经济适应性进行了实证研究。

（二）海洋领域关注焦点由脆弱性向适应性延伸

与适应性研究相辅相成的还有适应能力、恢复性、脆弱性、敏感性、弹性等一系列学术概念。近年来这类研究的文献数量呈迅猛增长态势，正在促进传统学科理论和方法的进步及催生新的学科，围绕这些概念正在形成新的探讨“人和环境相互作用机理”的理论和方法。目前陆域适应性研究多与脆弱性相结合，对研究对象的脆弱性进行适应性管理。由于脆弱性、适应性等概念既有区别又有联系，二者相辅相成，脆弱性和适应性研究同为可持续发展的研究提供经济可行性方法。不同学者对两者之间的关系有各自的见解，一部分学者在脆弱性理论框架中研究适应性；也有学者，如 Gallopin 等（1989），认为脆弱性和适应性并没有太多理论基础及组织框架，只是人类应对气候变化的种种行为促成了这两个概念的发展。

20 世纪以来，全球海洋的物理、化学环境和生物生态普遍发生变化，尤其是海洋变暖和酸化，表现出一定的敏感性、脆弱性，有关海洋领域脆弱性研究已初具成果，海洋领域脆弱性研究对象涵盖沿海国家、沿海城市、海岸带、近海、渔场、海洋保护区、港口等众多地理空间区域。但海洋领域适应性研究还处于起步阶段。尽管适应性在人地关系中的研究已初具成果，但具体在海洋领域的应用仍然十分有限，国内外海洋领域适应性的研究多集中在海洋生物的生境适宜性分析、河口质量的适应性评价、海洋环境适应性评价指数的构建、海洋资源开发利用的社会经济效益评估以及海洋工程选址的适应性分析等几个方面。

海洋领域适应性研究可归纳为依附脆弱性研究和独立研究两大类。其中，依附脆弱性研究将脆弱性看作是适应能力的函数，研究主要集中在脆弱性评价下的适应指数研究、影响子因素分层研究与策略研究等几个部分。典型的研究如葡萄牙的 Ferreira（2000）从脆弱性、海水状况、沉积物状况、营养动力学四个方面建立起适应性的主观评价标准，据此来判断海洋资源质量的优劣；Mcleod 等（2015）评估沿海社区和生态系统对气候变化的脆弱性，并确定应对这些影响的适应战略；Button 和 Harvey（2015）对澳大利亚南部沿海生物对气候变化的影响进行脆弱性的评估，指出研究气候变化-风险感知可以通过考虑多个不同群体的利益相关者的态度和看法，来深入了解在地方和区域范围内制定的更合适的适应性政策；Chandra 和 Gaganis（2016）利用斐济群岛纳迪河流域应对洪水灾害的脆弱性研究岛屿国家生态适应性；蔡榕硕和齐庆华（2014）从影响脆弱性和适应性视角进行气候变化与海洋酸化对全球海洋区域环境与生态影响的评估工作。

随着研究的深入，适应性研究逐渐从脆弱性框架中分离出来，通过构建完整的体系，进行独立适应性研究，研究集中在以指标评价法为代表的适应能力研究和以情景模拟法为代表的适应策略预测分析上。Holdschlag 和 Ratter（2016）鉴于不同的经济发展的异质性，不同的发展道路和小岛屿所展示的适应能力的变化不同，对不同的灾害采取不同的环境治理模式进行对比研究。Gibbs（2016）分析了最常见的沿海适应途径和方法（撤退、保护和管理）的政治风险。Elsharouny（2016）提到了海平面上升和风暴潮，以及沿海地区在经济发展中遭受严重的海岸侵蚀，为促进沿海地区的可持续发展进行土地利用规划以适应海平面上升。严治（2012）在实证研究中分析了我国 14 个长江干线港口的经济适应性。张华等（2015）通过分析不同海岸防护技术的优势与限制，基于生态工程理念提出了海岸带适应全球变化的海岸带防护体系。向芸芸和杨辉（2015）阐述了海洋生态系统适应性管理的概念、内涵及其理论演化过程，总结了海洋生态适应性研究存在的问题及未来发展方向。李博等（2017）采用均方差权重赋值法和应用集对分析法，对环渤海地区海洋产业系统适应性进行测度，并运用耦合协调度对适应性水平进行分类。

（三）海洋领域适应性由自然适应性向社会经济适应性研究视角转变

沿海城市适应性研究可以归纳为两类，即自然适应性和社会经济适应性（表 1-3）。对自然适应性系统内部固有或自发的属性特征的研究，强调人海关系地域系统对海洋生态环境和气候变化的扰动或压力的反映，即海洋生物化学物理类的适应性，不考虑人类的主动应对能力，不改变系统本身，是系统量变的过程。国际海洋经济活动由原来的渔业、海运业为代表的传统海洋资源利用，逐步转向以海洋经济技术为主要手段的综合性海洋资源开发利用。进入 21 世纪后，如海洋石油业、海洋生物制药业、海水化学工业、海洋能源利用和海洋空间利用等海洋新兴产业更是迅速崛起。在风险难以控制而人为因素可调节的现实背景下，越来越多学者开始从注重海域自然适应性评价，向注重人类经济社会活动对适应性影响方向转变。社会经济适应性主要侧重于海洋生态经济、海洋资源经济和海洋产业经济的适应性，这种适应性足以改变系统本身，有时将系统转变到新的状态达到质变。社会经济适应性是立足海洋资源的供求、技术、开发与管理现状，在考虑代际发展问题的前提下，对当前海洋经济功能进行定位，旨在谋求一种人海关系地域系统各构成要素之间在结构和功能联系上的相对平衡，确保有效的风险管理，减少暴露度和脆弱性，增强自然系统和人类经济社会的恢复能力。从本质上讲，自然适应性向社会经济适应性的延伸，就是从避害适应到趋利适应的转变，从被动适应向主动适应的转变，从应急适应向中长期适应的转变。

表 1-3 自然适应性与社会经济适应性的比较

脆弱性类别	决定因素	评估方式	侧重点
自然适应性	沿海城市自然系统脆弱性、不稳定性的程度、响应方式和结果	人海关系地域系统本身内部结构的先天不稳定性和脆弱性、系统自适应强度、系统结构性适应水平，这是被动型评估方式	沿海城市水资源适应、海洋生物适应、海洋自然保护区适应、海岸线适应、海洋资源适应、海水升温适应、海平面上升适应、海洋灾害适应等
社会经济适应性	应对人海关系地域系统风险和压力的强度或者影响因素	人海关系地域系统响应来自系统内部结构的先天不稳定性和脆弱性，以及响应来自外界的压力和干扰时所采取的措施，这些都是评估适应性的决定因子，同时考虑人为适应和胁迫性适应能力、被动适应和主动适应方式	生计与贫困适应、海洋产业适应、海洋渔业适应、海港交通适应、滨海旅游适应、海洋科技适应、海洋油气适应、海洋生物制药业适应等

第二章

人海关系地域系统相关理论基础和方法

第一节 理论基础

一、耗散结构

耗散结构理论的创始人是伊利亚·普里戈金（Ilya Prigogine）。由于对非平衡热力学尤其是建立耗散结构理论方面的贡献,他荣获了 1977 年诺贝尔化学奖。普里戈金的早期工作在化学热力学领域,1945 年他得出了最小熵产生原理,此原理和昂萨格倒易关系一起为近平衡态线性区热力学奠定了理论基础。普里戈金以多年的努力，试图把最小熵产生原理延拓到远离平衡的非线性区去，但以失败告终。在研究了诸多远离平衡现象后，他认识到系统在远离平衡态时，其热力学性质可能与平衡态、近平衡态有重大差别。以普里戈金为首的布鲁塞尔学派又经过多年的努力，终于建立起一种新的关于非平衡系统自组织的理论——耗散结构理论。这一理论于 1969 年由普里戈金在一次“理论物理学和生物学”的国际会议上正式提出。1971 年普里戈金等的著作《结构、稳定和涨落的热力学理论》，比较详细地阐明了耗散结构的热力学理论，并将这一理论应用到流体力学、化学和生物学等方面，引起了人们的重视。

随后耗散结构进入可持续发展的研究领域中，海洋经济可持续发展也应该从耗散结构的角度进行分析，其满足形成耗散结构理论的四个条件：①具有开放的系统。熵，即系统混乱程度的状态参量，系统在 dt 时间内的总熵变 ds 可以写成系统内部产生的内熵源 dis 与系统边界上的熵传输（外熵流）des 的总和，即 ds=dis+des（dis≥0）。系统只有保持充分开放，才能与外界进行物质、能量、信息的交换，系统吸收足够的外熵流 des 来抵消系统内部产生的内熵源 dis，从而使系统从无序转变为有序状态（李小冲等，2014）。海洋经济系统是一种典型的开放系统，既对内部地域和内部子系统开放，同时又保持与对外的区域之间的交流和沟通，属于全方位的开放系统。②远离平衡态。非平衡乃是有序之源，是耗散结构理论的重要观点。耗散结构与平衡结构似乎有很多相似之处，然而从本质上讲，两者又有明显的区别，平衡结构是一种静态的稳定结构，耗散结构则是一种动态的稳定结构，要想使系统形成耗散结构就必须设法以开放来驱动系统越出平衡态，并进入到远离平衡态的非平衡态。实践中，区域的海洋经济可持续发展如果处于与外界隔绝的平衡状态，那么其必然会陷入一种低效率和低效益的“低水平发展陷阱”局面，显然，这样的海洋经济可持续发展不是我们所追求的。③非线性作用。非线性的相互作用能形成作用对象之间的支配与从属、催化与被催化、控制与反馈等复杂的多维关系，进而使各要素之间产生协同作用与相干效应，推动系统由混乱无序演变为动态有序的状态（蒋满元，2007）。与线性的海洋经济可持续发展相比，非线性海洋经济可持续发展战略应该是有所为和有所不为的，讲究科学的发展节奏，讲究领域与阶段的可替换性，并强调追求整体的海洋经济可持续发展品质。④涨落现象。涨落导致有序。随机的小涨落可以通过非线性的相干作用被迅速放大，形成“巨涨落”，造成系统混乱状态的突变，进而达到新的稳定的有序状态。总体而言，重视对涨落过程的监控，协调好暂时“涨落”与“先污染后治理”的体制区别，捕捉海洋经济可持续发展的良好“涨落”契机，推进海洋经济可持续发展的有序—无序—新的有序进化。

由于区域海洋经济可持续发展具有非线性的特点，加之区域海洋经济可持续发展所形成的稳定有序结构又总处于不断运动和变化之中，因此，作为一项系统工程，区域海洋经济可持续发展本身的运作与发展空间完全符合耗散结构的理论特征。因此研究海洋经济可持续发展状态时，不能简单地从维持区域一般平衡结构的角度来僵化地进行衡量与判定，而是应该从耗散结构理论的角度来进行系统的综合考察与评价。依据耗散结构理论，海洋经济可持续发展程度与耗散结构的对应关系可用图 2-1 表示。

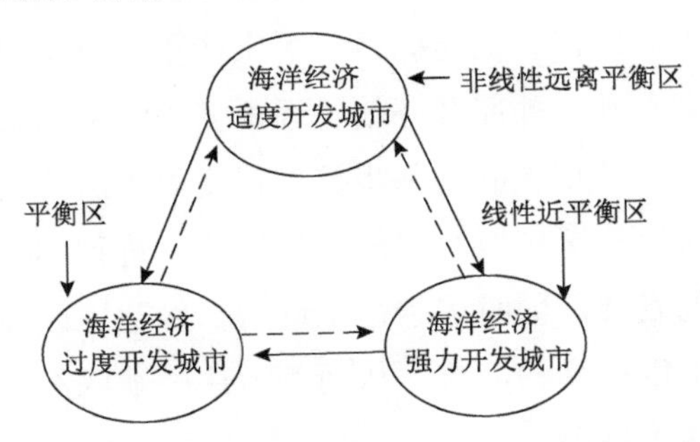

图 2-1　海洋经济发展与耗散结构对应关系

二、循环累积因果理论

循环累积因果理论是由著名经济学家缪尔达尔（K. G. Myrdal）在 1957 年

提出的，后经卡尔多、迪克逊和瑟尔沃尔等发展并具体化为模型。缪尔达尔等认为，在一个动态的社会过程中，社会经济各因素之间存在着循环累积的因果关系。某一社会经济因素的变化，会引起另一社会经济因素的变化，而后一因素的变化，反过来又加强了前一个因素的变化，并导致社会经济过程沿着最初那个因素变化的方向发展，从而形成累积性的循环发展趋势。

缪尔达尔在批判新古典主义经济发展理论所采用的传统静态均衡分析方法的基础上，认为市场机制能自发调节资源配置，从而使各地区的经济得到均衡发展，不符合发展中国家的实际。事实上，长期信奉市场机制的发达国家也没有实现地区的均衡发展。因此缪尔达尔提出，应采用动态非均衡和结构主义分析方法来研究发展中国家的地区发展问题。缪尔达尔认为，市场力的作用一般倾向于增加而非减少地区间的不平衡，地区间发展不平衡使得某些地区发展要快一些，而另一些地区发展则相对较慢，一旦某些地区由于初始优势而超前于别的地区获得发展，那么这种发展优势将保持下去。因此发展快的地区将发展得更快，发展慢的地区将发展得更慢，这就是循环累积因果原理。这一原理的作用导致“地理上的二元经济”结构的形成。

缪尔达尔用循环累积因果关系解释了“地理上的二元经济”的消除问题。他认为，循环累积因果关系将对地区经济发展产生两种效应：一是回波效应，即劳动力、资金、技术等生产要素受收益差异的影响，由落后地区向发达地区流动。回波效应将导致地区间发展差距的进一步扩大。二是由于回波效应的作用并不是无节制的，地区间发展差距的扩大也是有限度的。当发达地区发展到一定程度后，由于人口稠密、交通拥挤、污染严重、资本过剩、自然资源相对不足等，其生产成本上升，外部经济效益逐渐变小，从而减弱了经济增长的势头。这时，发达地区生产规模的进一步扩大将变得不经济，资本、劳动力、技术就自然而然地向落后地区扩散，缪尔达尔把这一过程称为扩散效应。扩散效应有助于落后地区的发展。同时缪尔达尔认为，发达地区经济增长的减速会使社会增加对不发达地区产品的需求，从而刺激这些地区经济的发展，进而导致落后地区与发达地区发展差距缩小。

在缪尔达尔之后，卡尔多又对循环累积因果理论予以发展。卡尔多提出了效率工资概念，并用以解释循环累积效应的形成。卡尔多指出，各地区的效率工资，即货币工资与生产率的比值，决定了各地区的经济增长趋势。效率工资低的地区，经济增长率高；效率工资高的地区，经济增长率低。从理论上来讲，一国之内各地区的效率工资应该相同。但在繁荣地区，经济聚集会导致规模报酬递增，生产率较高，从而降低了效率工资，因而经济增长率高。经济增长率的提高，又提高了生产率，进而又降低了效率工资，反过来，又使经济增长率提高。如此循环累积，繁荣地区将更加繁荣，落后地区将更加落后。

当然，繁荣地区经济的过度繁荣，也会出现集聚不经济，即规模报酬递减。若繁荣地区的高生产率被高货币工资所抵消，当货币工资增长率高于生产率增长率时，繁荣地区的效率工资将得以提高，这样繁荣地区的经济增长率将下降，落后地区的经济增长率将相对提高，区域发展差距趋于缩小。要促进区域经济的协调发展，政府必须进行有效干预。这一理论对于中国这样一个发展中国家解决区域经济发展不平衡问题具有重要的指导作用。

改革开放以来，我国经济逐渐向沿海地区集聚，沿海与内陆地区人均收入差距也逐渐拉大。循环累积因果理论认为，经济活动高度聚集在沿海地区，是地理优势和政策优势促使下形成循环累积过程的必然结果，主要表现为沿海地区工业部门不断吸纳内陆地区劳动力的过程，也表现为不断吸纳高学历、高技能人才的过程。因此深入研究我国沿海地区经济发展状况和海洋经济可持续发展内在循环机制对区域经济一体化、区域协调发展、区域海洋经济要素流动以及区域海洋经济发展政策的制定起着重要作用。

三、螺旋式发展

发展的“螺旋式”是对事物发展过程中必然出现的曲折性的形象概括，是否定之否定规律表现形态的哲学描述。它表明事物从简单到复杂、从低级到高级的发展不是直线式的，而是近似于一串圆圈，近似于螺旋的曲线，即由自身出发，仿佛又回到自身，并得到丰富和提高的辩证过程。马克思主义哲学指出，物质世界的各种事物、现象都是一个矛盾的体系，是包含着相互对立方面的整体。事物自身的发展，就是事物中的对立面的展开，在对立面又斗争又统一中，实现由低级到高级的辩证运动，其基本方向、总趋势是前进的、上升的，是一个螺旋式或波浪式的曲折前进的过程。人的认识是对客观事物的反映，也是螺旋式发展的。列宁说，人的认识不是直线（也就是说，不是沿着直线进行的），而是无限地近似于一串圆圈、近似于螺旋式的曲线。事物发展是无限的，因而螺旋式的辩证运动也不是封闭的，而是一个无限发展的辩证链条。

所谓螺旋式是一种形象的说法，就是应用原有的条件和已知的方法循环运作一周后产生一个不同层次的结果。这里的循环中有“渐变”到“转变”的过程。螺旋式的发展关键在于循环中的“转变”。如产生极限理论的关键在于“从有限到无限”，记数法的关键在于“进位”。

海洋经济的可持续发展具有“传导性”“复合性”和循环的“螺旋式发展性”。研究海洋经济的运行规律以及循环经济的理念，认识并掌握经济运行的客观规律，按客观规律办事，才能使海洋经济健康发展。

四、协同理论

协同理论（synergetics）亦称“协同学”或“协和学”，是 20 世纪 70 年代以来在多学科研究基础上逐渐形成和发展起来的一门新兴学科，是系统科学的重要分支理论。其创立者是著名物理学家哈肯（H. Haken）。他 1971 年提出协同的概念，1976 年系统地论述了协同理论，并著有《协同学导论》《高等协同学》等书籍。应用于海洋经济的协同理论主要集中于协同效应方面。

协同效应是指由于协同作用而产生的结果，是指复杂开放系统中大量子系统相互作用而产生的整体效应或集体效应。千差万别的自然系统或社会系统，均存在着协同作用。协同作用是系统有序结构形成的内驱力。任何复杂系统，当在外来能量的作用下或物质的聚集态达到某种临界值时，子系统之间就会产生协同作用。这种协同作用能使系统在临界点发生质变产生协同效应，使系统从无序变为有序，从混沌中产生某种稳定结构。

作为海洋经济可持续发展战略发挥作用的决定性条件，协同不仅是海洋经济区域可持续发展系统复杂化、高级化和自动化的客观要求，而且也是实现海洋经济可持续发展战略的决定性机制。协同并不表示海洋经济发展各系统都能整齐划一地达到各自的完美状态。否则，区域的海洋经济可持续发展又有可能回归到僵化的平衡态。事实上，区域海洋经济可持续发展的协同包含的意义主要是：某个时期或阶段的局部非协同可能并不妨碍系统在整体上的协调，因为决定系统整体功能的关键在于各子系统之间的协同效应的影响如何。海洋经济协同效应主要是指在区域海洋经济可持续发展的复合系统中，各子系统之间的协同行为能形成整个系统的统一和联合作用，并且作用结果还会超越各子系统自身所具有的单独作用之和。如果协同效应大，那么系统的整体功能必然变好，并将会出现 1+1>2 的结果。当然，如果协同效应小，那么海洋经济系统的整体功能就会变差，以至于各子系统之间互相离散形成内耗，结果不仅子系统难以发挥出应有的功能，而且还会使整个系统陷入一种混乱无序的状态，进而出现 1+1<2 的结果。由于各区域在海洋经济可持续发展的进程中所处的具体情况并非千篇一律，整体的可持续发展目标的实现需要各区域间的紧密配合，因而实践中若缺少了协同，那么不仅有序的发展状态难以出现，而且也很难实现系统的整体可持续发展的效益最优化。

五、循环经济理论

循环经济理论是美国经济学家波尔丁在 20 世纪 60 年代提出生态经济时谈到的。循环经济主要指在人、自然资源和科学技术的大系统内，在资源投入、企业生产、产品消费及其废弃的全过程中，把传统的依赖资源消耗的线形增长经济，转变为依靠生态型资源循环来发展的经济。“宇宙飞船理论”可以作为循环经济的早期代表。

循环经济遵循减量化（reduce）、再利用（reuse）、再循环（recycle）的“3R”原则。

（1）减量化原则。减少进入生产和消费流程的物质，又称减物质化。换言之，必须预防废弃物的产生而不是产生后治理。

（2）再利用原则。尽可能多次及尽可能以多种方式使用物品。通过再利用，可以防止物品过早成为垃圾。

（3）再循环（资源化）原则。使物品尽可能多地再生利用或资源化。资源化能够减少对垃圾填埋场和焚烧场的压力。资源化方式有原级资源化和次级资源化两种。原级资源化是将消费者遗弃的废弃物资源化后形成与原来相同的新产品；次级资源化是将废弃物变成不同类型的新产品。

综合循环经济概念认为，海洋领域循环经济是指这样一种经济发展模式，它在注重海洋生态效益的前提下，根据减量化、再利用、再循环原则，使海洋资源的利用更加节约、高效，使海洋生产过程更有效率，并通过物质的闭环流动模式使废弃物能够转化为再生资源再次投入生产，从而改变传统线性生产模式，最终实现人类社会与自然环境和谐、公平、良性的可持续互动与循环。

六、生命周期理论

美国的 Booz 和 Allen 在《新产品管理》一书中提出了产品生命周期理论，他们根据产品销售情况将产品生命周期划分为投入期、成长期、成熟期和衰退期四个阶段。Vernon 的产品生命周期理论最具有代表性。1966 年 Vernon 从国际化的视角，依据产业从发达国家到欠发达国家依次转移现象，将产品生产划分为导入期、成熟期和标准化期三个阶段。生命周期理论应用很广泛，特别是在政治、经济、环境、技术、社会等诸多领域经常出现，其基本含义可以理解为“从摇篮到坟墓”的整个过程。生命周期理论从产品生命周期到企业生命周期再到产业生命周期，理论不断发展完善，国外学者在推动生命周期理论发展进程中做出了很大的贡献,我国学者对生命周期理论的研究也正在不断地深入、全面。

许多学者研究将生命周期评价与可持续评价相结合，并且将其称为生命周期可持续评价（life cycle sustainability assessment，LCSA）。它比传统的环境生命周期评价包含更多的指标，具有更广泛的系统边界。Kloepffer（2007）提出了生命周期可持续评价的概念公式，即 LCSA=LCA+LCC+SLCA。公式包括三部分：①生命周期评价（life cycle assessment，LCA），它是传统的环境影响评价。②生命周期成本（life cycle cost，LCC），它考虑一种产品在其整个生命周期过程中的经济效应，它是运用生命周期的思想，综合考虑产品从研发、生产、使用到产品报废各个阶段的成本。美国国防部将 LCC 定义为：政府在系统的设计和开发阶段，以及系统自身运行过程中消耗的费用的总和，其中包括研发、设计、使用、后勤支援和报废等费用。③社会生命周期评价（social life cycle assessment，SLCA），它关注产品生命周期过程中产生的社会影响。也就是说一种产品在其“从摇篮到坟墓”的过程中带来的社会福利和社会负面效应，比如，其对就业的影响，造成的通货膨胀情况，导致的社会收入分配的均等程度等。近年来，随着可持续发展概念的提出，可持续问题已经逐渐成为学者们的研究重点，只考虑环境层面的传统生命周期评价也开始显示出其局限性。目前对于生命周期可持续评价的研究尚不多见，因此急需将其引入海洋经济可持续发展的模型研究中，丰富海洋经济可持续发展的理论基础。

七、系统理论

我国对系统理论的研究始于 1954 年，大致经历了巨系统—复杂巨系统—开放的复杂巨系统三个阶段，系统理论形成于 1989 年。钱学森同于景元、戴汝为合作写成的《一个科学新领域——开放的复杂巨系统及其方法论》一文对系统科学的概念及其方法论做出了全面系统的论述。系统科学，是研究系统的一般模式、结构和规律的科学，其研究各种系统的共同特征，并用系统理论知识定量地描述各种系统的功能，以寻求并确立适用于一切系统的原理、原则和模型。复杂适应系统理论的诞生为我们分析复杂问题和现象提供了强有力的工具和手段，并迅速在各个领域得到应用，取得了丰硕的研究成果。

系统理论发展至今有四大趋势特点：①系统理论有与控制论、信息论、运筹学、系统工程、电子计算机和现代通信技术等新兴学科相互渗透、紧密结合的趋势。②系统理论、控制论、信息论，正朝着“三归一”的方向发展，现已明确系统理论是其他两种理论的基础。③耗散结构论、协同理论、突变论、模糊系统理论等新的科学理论，从各方面丰富发展了系统理论的内容，因而有必要概括出一门系统学作为系统科学的基础科学理论。④系统科学的哲学和方法论问题日益引起人们的重视。在系统科学的这些发展形势下，国内外许多学者致力于综合各种系统理论的研究，探索建立统一的系统科学体系的途径。

国外比较著名的系统理论是由美国圣菲研究所科学家遗传算法之父约翰·霍兰德提出的复杂适应系统（complex adaptive system，CAS）理论。CAS 理论是在第一代系统理论（以一般系统论、控制论为代表）和第二代系统理论（以耗散结构理论、协同理论等为代表）基础上发展起来的第三代系统理论，为研究系统演化过程中的复杂性问题提供了新的理论视角。CAS 理论的基本思想概括为：系统中的成员被称为具有适应性的主体，主体在与环境以及其他主体的交互作用中“学习”或“积累经验”，并反过来改变自身的结构和行为方式，以适应环境的变化以及与其他主体协调一致，促进整个系统的发展、演化。CAS 理论从系统中的主体（元素）主动地与其他主体和环境相互作用、不断改变自身和环境的角度，去认识和描述复杂系统行为，这是现代系统科学的一个新的研究方向。

海洋经济系统区域网络作为一种新的海洋经济系统组织结构方式，在资源整合、技术互补、信息流通等方面具有显著优势，可以提高海洋产业特别是海洋新兴产业创新程度，是海洋经济系统发展的趋势。引入复杂系统论分析区域海洋经济可以揭示区域网络环境下海洋经济系统内在的运行机理，为区域网络形态下的海洋经济系统提高系统运行效率提供依据，为研究海洋经济系统内部合作问题提供理论支持（张玉洁等，2015）。

八、博弈均衡理论

博弈论是对有理性的局中人之间冲突和合作的数学模型的研究。海萨尼（J. C. Harsanyi）把博弈论定义为关于策略相互作用的理论，也就是说，它是关于社会局势中理性行为的理论，其中每个局中人对自己的选择都必须以他对其他局中人将如何做出反应的判断为基础。

博弈均衡是指使博弈各方实现各自认为的最大效用，即实现各方对博弈结果的满意，使各方实际得到的效用和满意程度不同（王斌，2013）。在博弈均衡中，所有参与者都处于不想改变自己的策略的这样一种相对静止的状态。博弈各方的关系不仅体现一种利益上的竞争，更体现出各方的合作关系。比如，企业间通过收购、兼并等方法进行资产重组，以实现双赢战略，这正是博弈均衡的现实体现。博弈实质上是由动态的竞争（讨价还价）到相对静态的合作的一个变动过程。我国战国时期的田忌赛马，虽是一个典型的博弈问题，但它只实现了田忌一方的效用最大化，没有实现博弈均衡。如果从长远来看，随着赛马次数的增加，赛马双方的输赢次数也会体现均衡的态势。博弈均衡在经济领域中体现出，由于竞争各方要考虑其自身的长远利益，因而合作比竞争更为重要。博弈均衡不仅是市场竞争的需要，也是企业发展的内在要求。发展海洋经济的过程实质上是一个多方博弈的过程。博弈论运用于海洋经济建设中，能使人们思路开阔，减少政策错误，提高经济效益。一场博弈是由参与者、目标函数、可能的战略以及博弈规则构成的。

从博弈分析角度来看，海洋经济可以看作是在一定的制度安排下，依照规则，由监管者、海洋经济消费者（居民）和遵从者（企业）互动的博弈行为。海洋环境污染治理的博弈分析研究、越界海洋污染治理博弈分析、海洋环境污染规制博弈研究等仍是未来海洋经济可持续发展研究的重点。

九、结构理论

经济增长依赖的资源结构会随着经济发展和产业结构提升而变化，即资源结构与经济发展水平有密切的关系。低收入国家以第一产业为主，对自然资源的依赖程度高，进而对环境施加的压力较大；中等收入国家以第二产业为主，制造业尤其是重化学工业对环境施加的影响较大；高收入国家以第三产业和高新技术产业为主，对自然资源的依赖程度较低，对环境施加的负面影响也趋于下降。

结构理论表明，发展中国家的资源与环境问题是和产业结构低级化联系在一起的，需要通过产业结构的提升加以解决。同理，人海关系地域系统海洋经济与海洋资源环境的问题也是和海洋产业结构低级化联系在一起的，所以需要通过提升海洋产业结构进而提升人海关系地域系统整体水平。

十、产权理论

关于产权与资源、环境的关系，科学家提出了如果资源没有排他性的产权，必然遭受过度利用的厄运的结论。无论历史上还是当前，产权界定清楚的资源通常被利用和保护得更好一些，是一个不争的事实，实际上这也是产权变革的方向。产权界定是解决资源耗竭和环境恶化问题极为重要的手段。但无限夸大产权的作用也是不适宜的。资源的产权界定存在不同的难度。一般而言，大尺度资源的产权界定难于小尺度资源，弱可分性资源的产权界定难于强可分性资源，流动态资源的产权界定难于固定态资源的产权界定。在产权界定清楚的情形下，如果资源价格不适宜，仍有可能出现资源的过度开发现象，导致资源和环境灾难。例如，当资源的增值率低于银行利率，那么开发资源并将其变现，再把钱存在银行里就比储存资源更有效益，这说明仅有产权界定是不够的，将所有资源的产权都私有化也是不太现实的。

海岸国家针对世界各国捕捞半径愈益扩大和海底矿产资源开发技术不断提升，将领海延伸为 200 海里[①]，其实质就是从缩小资源开放的尺度（将世界级改为国家级）入手，降低资源管理的难度，以遏制资源耗竭和环境恶化。

---

① 1 海里 = 1852 米。

十一、外部性理论

所谓外部性，就是行为个体的行动不是通过价格而影响到其他行为个体的情形。当某个人的行动所引起的个人成本不等于社会成本，个人收益不等于社会收益时，就存在外部性。外部性有两种，一种是负外部性，即把一些成本转嫁给社会。例如，一片森林，如果采伐者可以获得全部收益，而由此产生的水土流失等损失却要由大家承担，在这种情况下，尽管采伐者知道皆伐会造成严重的水土流失，他仍然会选择皆伐这样的采伐方式。如果在制度安排上采伐者要交纳相当于砍伐森林造成的负外部性的税金，就可以有效地解决诸如砍伐森林这样具有负外部性的问题。另一种是正外部性，例如，造林会给社会带来正效应，但造林者得不到这样的收益。如果效益的外溢导致造林者收益过少，造林的积极性就会受到抑制。为了激励这样的行为，就要采用赠款、软贷款、价格补贴、税收减免等方式，让造林者间接地获得一部分正外部性。

十二、危机与创新的关系

所谓发展，大多是通过创新来克服危机的过程。所谓经济活力，实际上就是克服危机的能力。一个没有危机的社会，很可能会因为没有创新激励而缺乏活力。人类社会碰到的危机有三种：一种是资源短缺的危机，一种是资源原有比较优势丧失的危机，另一种是环境承载力超过极限的危机。资源短缺和资源原有比较优势丧失可以通过技术创新加以解决，而环境的承载力是很有限的，超过环境自净能力范围的污染物将累积在环境中，超过一定量之后，将对生态环境造成毁灭性的打击，所以后者是最难以应付的危机。与三种危机出现的顺序相似，最先出现的是旨在化解资源短缺的危机的创新，尔后是旨在形成新的比较优势的创新，最后是旨在化解环境承载力接近极限的危机的创新。相应地会发生三大转变:第一个转变是从开发资源生产潜力向保护资源生产潜力转变。第二个转变是从依赖自然资源到依靠人造资本和人力资本转变。最初是人跟着资源走，哪里有自然资源，人造资本、人力资本就向哪里迁移，现在的情形是自然资源要跟着人造资本和人力资本走。例如森林，一方面将人口密度相对较小的天然林区保护起来，另一方面在人口密度较大且更适宜森林生长的南方培育速生丰产林、工业人工林。水资源也是如此，不是人口向水资源丰富地区迁移，而是把水资源调到人造资本、人力资本丰富的地区。第三个转变是从资源基础型经济向科学基础型经济转变。也就是说，随着科技进步对经济增长的贡献率的不断增大，经济增长将越来越不依赖于消耗更多的自然资源。一个越来越依靠人力资本的社会，将是可持续性越来越强的社会。

人海关系地域系统面临的转变是：①从开发海洋资源生产潜力向保护海洋资源生产潜力转变；②从依赖海洋自然资源到依靠人造资本和人力资本转变；③从海洋资源基础型经济向海洋科学基础型经济转变。

第二节　研究方法

一、数据标准化

在同一个综合评价中，评价指标由于数据性质不同，计算单位也不同，因此取值范围相差可能很大。同时指标分值一般具有两种特点，一是正效应指标，其指标分值越大越好；二是负效应指标，其指标分值越小越好。因此，不经过特殊处理的评价指标不能直接进行相互比较，这就需要一种方法使所有指标转换成可以统一比较的数值。数据标准化就是采用一定的数学变换方法以消除原始指标量纲的影响，使原始数据的分值转换成一种统一的计量尺度，从而使不同性质的数据具有可比性。经过标准化处理后的数据具有同向性的特点，即指标分值越大，反映指标属性的质量越好。

指标数据标准化处理有线性标准化方法和非线性标准化方法两大类，但本着遵循简易性的原则，能够用线性方法的就不用非线性方法，如折线型标准化方法或曲线型标准化方法。因为非线性标准化方法并不是在任何情况下都比线性方法精确，同时非线性标准化方法中的参数选择也有一定的难度（马立平，2000），所以线性标准化方法是最基本、最常用的方法。通过线性标准化方法把原始指标值转化成 0～1 的数值，即得到指标数据的标准化值，也就是指标分值。

指标数据标准化要根据客观事物的特征及所选用的分析方法来确定。一方面要求尽量能够客观地反映指标实际值与事物综合发展水平间的对应关系，另一方面要符合统计分析的基本要求，同时评价目的不同，对数据标准化方法的选择也会不同。如果评价是为了排序和选优，而不需要对评价对象之间的差距进行深入分析，那么无论是什么标准化方法，都不会对评价结果产生影响。这意味着以排序和选优为主的综合评价对标准化方法是不敏感的，也可以说多准则决策对数据标准化方法不敏感（俞立平等，2009）。城市非空间脆弱性测度是建立在对城市非空间系统进行综合评价基础上的多准则决策，其分析结果是对城市非空间脆弱性指数进行的比较结果。综上所述，鉴于极差标准化方法能够便于作进一步的数学处理，因此，城市非空间脆弱性测度的指标分值计算应采用线性标准化方法中的极差标准化法，具体如下。

（1）正效应指标计算公式为

$$x_i = \frac{x - x_{\min}}{x_{\max} - x_{\min}} \tag{2-1}$$

（2）负效应指标计算公式为

$$x_i = \frac{x_{\max} - x}{x_{\max} - x_{\min}} \tag{2-2}$$

式中，x_i 为指标的标准化结果值；x 为原始指标值；$x_{\max}$ 为原始指标中的最大值；$x_{\min}$ 为原始指标中的最小值。标准化后的数据都是没有单位的纯数值，最大值为 1，最小值为 0，所有数值都在 0～1。通常，极差标准化法对指标数据的个数和统计分布状况没有特殊要求，而且标准化后的数据便于做进一步的分析处理。

二、确定权重的方法

（一）熵值法

熵值法是指用来判断某个指标离散程度的数学方法。可以用熵值判断某个指标的离散程度。在信息论中，熵是对不确定性的一种度量。信息量越大，不确定性就越小，熵也就越小；信息量越小，不确定性就越大，熵也就越大。根据熵的特性，我们可以通过计算熵值来判断一个事件的随机性及无序程度，也可以用熵值来判断某个指标的离散程度，指标的离散程度越大，该指标对综合评价的影响越大。

信息熵具有热力学熵的基本性质（单值性、可加性和极值性），但同时是一个独立于热力学熵的概念，并且具有更为广泛和普遍的意义，所以被称为广义熵。它是熵概念和熵理论在非热力学领域泛化应用的一个基本概念。基于信息熵的熵权法是一种客观赋权方法，其基本原理为：根据各指标值的变异程度，利用信息熵来计算各指标的熵权并以此作为指标权重，或者再利用各指标的熵权对通过主观赋权法得到的指标权重进行修正，从而得到更为客观、精确的权重计算结果。根据信息论的基本原理，信息是系统有序程度的一个度量，熵是系统无序程度的一个度量。如果某个指标的信息熵越小，说明其指标值的变异程度越大，提供的信息量越多，在综合评价中起的作用越大，其权重应该越大；如果某个指标的信息熵越大，说明其指标值的变异程度越小，提供的信息量越少，在综合评价中起的作用越小，其权重也应该越小。

其主要步骤如下。

（1）构建原始指标数据矩阵。m 个样本，X_{ij} 为第 i 年第 j 个指标的指标值。

（2）数据标准化处理。

正向评价指标，其函数为

$$Y_{ij}=\frac{X_{ij}-X_{j\min}}{X_{j\max}-X_{j\min}} \tag{2-3}$$

逆向评价指标，其函数为

$$Y_{ij}=\frac{X_{j\max}-X_{ij}}{X_{j\max}-X_{j\min}} \tag{2-4}$$

式中，X_{ij} 为指标的统计值；$X_{j\max}$、$X_{j\min}$ 分别为同一指标的最大值和最小值；i 为第 i 个样本，j 为第 j 个指标。

（3）计算第 j 项指标下第 i 年指标值的比重 P_{ij}。

$$P_{ij}=\frac{Y_{ij}}{\sum_{i=1}^{m}Y_{ij}} \tag{2-5}$$

（4）计算第 j 项指标的信息熵 E_j。

$$E_j = -k\sum_{i=1}^{m} P_{ij} \ln P_{ij} \text{，其中，} k = 1/\ln m \qquad (2\text{-}6)$$

（5）计算第 j 项指标的效用值 D_j 。

$$D_j = 1 - E_j \qquad (2\text{-}7)$$

（6）计算第 j 项指标的权重 W_j 。

$$W_j = \frac{D_j}{\sum D_i} \qquad (2\text{-}8)$$

（7）对各项指标进行加权求和，计算各指标的数值。

（二）AHP 赋权法

AHP 多指标综合评价因子权重的确定方法，大体上可分为主观赋权法和客观赋权法，本书采用 AHP 确定人海关系地域系统各指标权重。该方法是美国运筹学家萨蒂（T. L. Saaty）于 20 世纪 70 年代提出的一种定性与定量结合的决策分析方法，是决策者对复杂系统的决策思维过程模型化、数量化的过程。此方法把复杂的问题组织成一个等级结构系统，不仅能够提供层次结构模型中目标层的情况，还能提供准则层、对象层的信息，进行多层次的分析；能够处理多种类型的数据和信息；可以把不同专家的判断综合在一个模型中。AHP 的主要思路是：将复杂问题中的各要素通过划分为相互联系的层次使其条理化，根据一定客观现实的判断将每一层的相对重要性给予定量的表示，确定每一层次中的元素相对重要性次序的权值，通过排序结果来分析和解决问题。其具体步骤包括：建立评价体系的层次结构模型、构建判断矩阵、进行层次单排序及其一致性检验、进行层次总排序。

1）建立评价体系的层次结构模型

指标体系分为三层，第一层为总目标：人海关系地域系统脆弱性 V。第二层为准则层：人海经济子系统 E、人海资源环境子系统 R 和人海社会子系统 S。第三层为指标层。

2）构建判断矩阵

指标权重的确定依据 AHP 决策分析方法的基本原理，其基本原理可以用如下事例进行分析说明。假如有 n 个物体 $A_1, A_2, \cdots, A_n$ ，它们的重量分别为

$W_1,W_2,\cdots,W_n$。将每个物体的重量两两进行比较并用矩阵表示它们之间的相互重量关系，即

$$A=\begin{bmatrix} W_1/W_1 & W_1/W_2 & W_1/W_3 & \cdots & W_1/W_n \\ W_2/W_1 & W_2/W_2 & W_2/W_3 & \cdots & W_2/W_n \\ W_3/W_1 & W_3/W_2 & W_3/W_3 & \cdots & W_3/W_n \\ \vdots & \vdots & \vdots & & \vdots \\ W_n/W_1 & W_n/W_2 & W_n/W_3 & \cdots & W_n/W_n \end{bmatrix} \quad (2\text{-}9)$$

式中，A 称为判断矩阵，若取特征向量 $W=\{W_1,W_2,\cdots,W_n\}^{\mathrm{T}}$，则有 $AW=\lambda W$。式中，W 是判断矩阵 A 的特征向量，λ 是判断矩阵 A 最大的特征值，W 是 λ 所对应的特征向量。通过求判断矩阵的最大特征值 $\lambda_{\max}$ 和它所对应的特征向量，就可以得出这一组物体的相对重量。根据这一基本思想，在复杂问题决策研究中，对于自然-社会-经济系统这一无法度量的因素，只要引入合理的度量标度，通过构建判断矩阵，就可以用此方法度量各因素之间的相对重要性，从而为有关决策提供依据。

3）进行层次单排序及其一致性检验

根据 AHP，首先制定判断矩阵表，用 1～9 及其倒数作为标度，两指标在比较时用五种判断级，即使用相等、较强、强、很强和绝对的强来表示差别程度，相应地取值为 1、3、5、7 和 9。在两个指标的差别介入二者之间时，可分别取值 2、4、6、8。根据该规则，通过专家评价写出指标判断矩阵表，构建判断矩阵。然后进行层次单排序，应用“和积法”求出最大特征值及对应的特征向量，进行一致性检验。如果判断矩阵一致性比例 CR<0.10，则判断矩阵具有满意的一致性；否则，需要对判断矩阵进行调整。

4）进行层次总排序

对同一层内的所有指标对于上一层的所有指标进行权重计算称为层次总排序，得出各个指标对目标层的重要性权值，即为主观权重 w_{1i}，其中 $i=1,2,\cdots,n$。

（三）主客观权重相结合

指标的主观权重 w_{1p} 和客观权重 w_{2p} 应尽可能接近，根据最小相对信息熵原理，可得组合权重 w_p，其中 $p=1,2,\cdots,n$。

$$\min F=\sum_{p=1}^{n} w_p(\ln w_p-\ln w_{1p})+\sum_{p=1}^{n} w_p(\ln w_p-\ln w_{2p}) \quad (2\text{-}10)$$

式中，$\sum_{p=1}^{n} w_p = 1$； $w_p > 0, p = 1,2,\cdots,n$ 。

$$w_p = \frac{(w_{1p} w_{2p})^{0.5}}{\sum_{p=1}^{n} (w_{1p} w_{2p})^{0.5}} \tag{2-11}$$

（四）集对分析法

集对是由一定联系的两个集合组成的基本单位，也是集对分析和联系数学中最基本的一个概念，是赵克勤在1989年正式提出的一种定量分析理论（赵克勤，1994），用于解决多目标决策和多属性评价。由于数学中规定集合的元素可以是人、事、物、数字、概念，因而如评价标准与评价对象、设计要求和实物、目标与现状、状态与趋势、现在和将来、已知与未知、确定性与不确定性、线性与非线性、简单与复杂、时间和空间，两个学生、一对恋人、教师与学生、领导与群众、工人与农民、商人与医生、官员与市民，生存与发展、投资与回报、改革与创新、计划与市场，太阳与地球、月亮与星星、火箭与飞船、物质与能源、信息与智能、机器与知识、科学与技术，2个数字、2条直线、2个图形、2个方程、2个函数，2首歌曲、2幅图画、2块土地、2座建筑物、2条河流、2台计算机、2种疾病、2个国家、2支军队、2种武器，2件物品，正数与负数、实数与虚数、函数与图表、图像与方程、精确解与近似解，以及东西、南北、好坏、胜负、进退、盈亏、虚实，等等，都可以在一定条件下看作是集对。事实上，集对也是一种自然现象，如2只眼睛、2只耳朵、2个鼻孔、2只手、2 条腿，都可以看作是集对。从数学的角度来看，引进集对这个概念是必要的，可以为解决集合论中的悖论提供一种全新的思路。

集对分析的基本思路是：在一定的问题背景下对所论两个集合所具有的特性作同、异、反分析并加以度量，得出这两个集合在所论问题背景下的同、异、反联系度表达式。如将有关联集合 Q、T 看成一个集对 B，并按照集对某一特性在问题 E 的背景下，建立其确定与不确定关系。其联系度 μ 用公式表示为

$$\mu = \frac{S}{N} + \frac{F}{N}i + \frac{P}{N}j = a + bi + cj \tag{2-12}$$

集对 B 中，有 N 个特性数，其中 S、P 和 F 分别为集合 Q 与 T 的同一、对立和差异性个数，且 $N=S+P+F$；i 和 j 是差异度和对立度系数，且规定 i 取值

$[-1,1]$，j 值恒为 -1；$a=S/N$、$b=F/N$、$c=P/N$ 分别为同一度、差异度、对立度，显然 $a+b+c=1$。

根据集对分析思想，设人海关系地域系统问题 $E=\{H,I,W,X\}$，评价方案 $H=\{h_1,h_2,\cdots,h_m\}$，每个评价方案有 n 个指标 $I=\{i_1,i_2,\cdots,i_n\}$，指标权重 $W=\{w_1,w_2,\cdots,w_n\}$，评价指标值记为 $d_{kp}(k=1,2,\cdots,m;p=1,2,\cdots,n)$，则问题 E 的评价矩阵 D 为

$$D=\begin{pmatrix} d_{11} & d_{12} & \cdots & d_{1n} \\ d_{21} & d_{22} & \cdots & d_{2n} \\ \vdots & \vdots & & \vdots \\ d_{m1} & d_{m2} & \cdots & d_{mn} \end{pmatrix} \tag{2-13}$$

确定最优方案集 $X=\{x_1,x_2,\cdots,x_n\}$（即指标的最大值）和最劣方案集 $Y=\{y_1,y_2,\cdots,y_n\}$（即指标的最小值）。集对 $B\{H_k,U\}$ 在区间 $\{X,Y\}$ 上的联系度 μ 为

$$\begin{cases} \mu_{(H_k,U)}=a_k+b_k i+c_k j \\ a_k=\Sigma w_p a_{kp} \\ c_k=\Sigma w_p c_{kp} \end{cases} \tag{2-14}$$

式中，a_k、b_k、c_k 分别为最优方案集和最劣方案集的同一度、差异度和对立度；a_{kp}、c_{kp} 分别为评价矩阵 D 中 d_{kp} 的同一度和对立度。

当评价指标 d_{kp} 为正向时

$$\begin{cases} a_{kp}=\dfrac{d_{kp}}{x_p+y_p} \\ c_{kp}=\dfrac{x_p y_p}{d_{kp}\left(x_p+y_p\right)} \end{cases} \tag{2-15}$$

当评价指标 d_{kp} 为负向时

$$\begin{cases} a_{kp}=\dfrac{x_p y_p}{d_{kp}\left(x_p+y_p\right)} \\ c_{kp}=\dfrac{d_{kp}}{x_p+y_p} \end{cases} \tag{2-16}$$

方案 H_k 与最优方案的贴近度 r_k 定义式为

$$r_k = \frac{a_k}{a_k + c_k} \tag{2-17}$$

r_k 指数反映了被评价方案 H_k 与最优方案集 X 的贴近度。r_k 越大表明贴近度越高，则待评价对象就越接近最优评价标准。

三、数据包络分析（DEA）

（一）基本原理

BP 神经网络能学习和存储大量的输入-输出模式映射关系，而无须事前揭示描述这种映射关系的数学方程。网络按有导师学习的方式进行训练，训练模式包括若干对输入模式和期望的目标输出模式。当把一对训练模式提供给网络后，网络先进行输入模式的正向传播过程，输入模式从输入层经隐层处理向输出层传播，并通过输出层的各神经元获得网络的输出。当网络输出与期望的目标输出模式之间的误差大于目标误差时，网络训练转入误差的反向传播过程，网络误差按原来正向传播的连接路径返回，网络训练按误差对权值的最速下降法，从输出层经隐层修正各个神经元的权值，回到输入层，然后进行输入模式的正向传播过程。这两个传播过程在网络中反复运行，使网络误差不断减少，从而使网络对输入模式的响应的正确率也不断提高，当网络误差不大于目标误差时，网络训练结束。其基本的工作原理如图 2-2 所示。

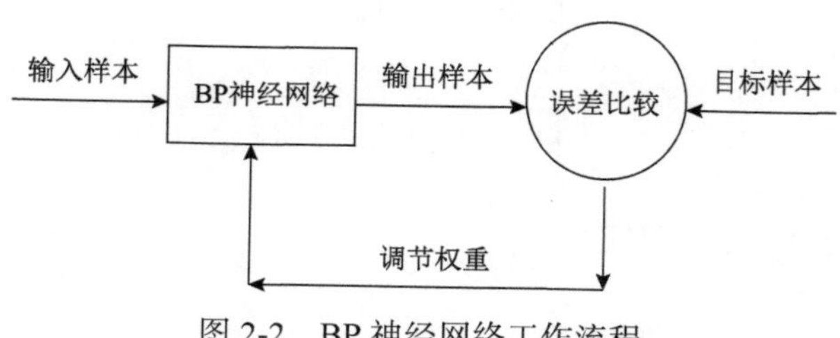

图 2-2　BP 神经网络工作流程

（二）BP 神经网络评价的训练

BP 算法由数据流的前向计算（正向传播）和误差信息的反向传播两个过程

构成。正向传播时，传播方向为输入层→隐层→输出层，每层神经元的状态只影响下一层神经元。若在输出层得不到期望的输出，则转向误差信号的反向传播过程。通过这两个过程的交替进行，在权向量空间执行误差函数梯度下降策略，动态迭代搜索一组权向量，使网络误差函数达到最小值，从而完成信息提取和记忆过程。

1. 正向传播

设 BP 神经网络的输入层有 n 个节点，隐层有 q 个节点，输出层有 m 个节点，输入层与隐层之间的权值为 V_{ki}，隐层与输出层之间的权值为 W_{jk}，隐层的传递函数为 $f_1(\bullet)$，输出层的传递函数为 $f_2(\bullet)$，则隐层节点的输出为（将阈值写入求和项中）

$$Z_k = f_1\left(\sum_{i=0}^{n} V_{ki} X_i\right) \quad k = 1,2,\cdots,q \tag{2-18}$$

输出层节点的输出为

$$y_i = f_2\left(\sum_{k=0}^{q} W_{jk} Z_k\right) \quad j = 1,2\cdots,m \tag{2-19}$$

至此 BP 神经网络就完成了 n 维空间向量对 m 维空间的近似映射。

2. 反向传播

1）定义误差函数

输入 p 个学习样本，用 $x^1,x^2,x^3,\cdots,x^p$ 来表示，第 p 个样本输入到网络后得到输出 $y_j^p(j=1,2,\cdots,m)$。采用平方型误差函数，于是得到第 p 个样本的误差 E_p 为

$$E_p = \frac{1}{2}\sum_{j=1}^{m}\left(t_j^p - y_j^p\right)^2 \tag{2-20}$$

式中，t_j^p 是期望输出。

对于 p 个样本，全局误差 E 为

$$E = \frac{1}{2}\sum_{p=1}^{p}\sum_{j=1}^{m}\left(t_j^p - y_j^p\right)^2 = \sum_{p=1}^{p} E_p \tag{2-21}$$

2）输出层权值变化

采用累计误差 BP 算法调整 W_{jk}，使全局误差 E 变小，即

$$\Delta W_{jk} = -\eta \frac{\partial E}{\partial W_{jk}} = -\eta \frac{\partial}{\partial W_{jk}} \left(\sum_{p=1}^{p} E_p \right) = \sum_{p=1}^{p} \left(-\eta \frac{\partial E_P}{\partial W_{jk}} \right) \tag{2-22}$$

式中，η 为学习速率。

定义误差信号为

$$\delta_{yj} = -\frac{\partial E_p}{\partial S_j} = -\frac{\partial E_p}{\partial y_i} \cdot \frac{\partial y_i}{\partial S_j} \tag{2-23}$$

式中，$\frac{\partial E_p}{\partial y_i} = \frac{\partial}{\partial y_i}\left[\frac{1}{2} \sum_{j=1}^{m} \left(t_j^p - y_j^p \right)^2 \right] = -\sum_{j=1}^{m} \left(t_j^p - y_j^p \right)$；$\frac{\partial y_i}{\partial S_j} = f_2'\left(S_j\right)$是输出层传递函数的偏微分。

于是

$$\delta_{yj} = \sum_{j=1}^{m} \left(t_j^p - y_j^p \right) f_2'\left(S_j\right) \tag{2-24}$$

由链定理得

$$\frac{\partial E_p}{\partial W_{jk}} = \frac{\partial E_p}{\partial S_j} \cdot \frac{\partial S_j}{\partial W_{jk}} = -\delta_{yj} Z_k = -\sum_{j=1}^{m} \left(t_j^p - y_j^p \right) f_2'\left(S_j\right) Z_k \tag{2-25}$$

于是输出层各神经元的权值调整公式为

$$\Delta W_{jk} = \sum_{p=1}^{p} \sum_{j=1}^{m} \eta \left(t_j^p - y_j^p \right) f_2'\left(S_j\right) Z_k \tag{2-26}$$

3）隐层权值的变化

$$\Delta V_{kj} = -\eta \frac{\partial E}{\partial V_{ki}} = -\eta \frac{\partial}{\partial V_{ki}} \left(\sum_{p=1}^{p} E_p \right) = \sum_{p=1}^{p} \left(-\eta \frac{\partial E_P}{\partial V_{ki}} \right) \tag{2-27}$$

定义误差信号为

$$\delta_{zk} = -\frac{\partial E_p}{\partial S_k} = -\frac{\partial E_p}{\partial Z_k} \cdot \frac{\partial Z_k}{\partial S_k} \tag{2-28}$$

式中，$\frac{\partial E_p}{\partial Z_k}=\frac{\partial}{\partial Z_k}\left[\frac{1}{2}\sum_{j=1}^{m}\left(t_j^p-y_j^p\right)^2\right]=-\sum_{j=1}^{m}\left(t_j^p-y_j^p\right)\frac{\partial y_i}{\partial Z_k}$。

由链定理得

$$\frac{\partial y_i}{\partial Z_k}=\frac{\partial y_i}{\partial S_j}\cdot\frac{\partial S_j}{\partial Z_k}=f_2'\left(S_j\right)W_{jk} \tag{2-29}$$

$\frac{\partial Z_k}{\partial S_k}=f_1'\left(S_k\right)$是隐层传递函数的偏微分。

于是

$$\delta_{zk}=\sum_{j=1}^{m}\left(t_j^p-y_j^p\right)f_2'\left(S_j\right)W_{jk}f_1'\left(S_k\right) \tag{2-30}$$

由链定理得

$$\frac{\partial E_p}{\partial V_{ki}}=\frac{\partial E_p}{\partial S_k}\cdot\frac{\partial S_k}{\partial V_{ki}}=-\delta_{zk}x_i=-\sum_{j=1}^{m}\left(t_j^p-y_j^p\right)f_2'\left(S_j\right)W_{jk}f_1'\left(S_k\right)x \tag{2-31}$$

从而得到隐层各神经元的权值调整公式为

$$\Delta V_{ki}=\sum_{p=1}^{p}\sum_{j=1}^{m}\eta\left(t_j^p-y_j^p\right)f_2'\left(S_j\right)W_{jk}f_1'\left(S_k\right)x_i \tag{2-32}$$

四、函数模型评价法

（一）脆弱性函数模型

脆弱性函数模型评价法是目前在脆弱性评价研究中备受学者关注的一种评价方法，该方法基于对脆弱性内涵的理解，首先对脆弱性的各构成要素进行定量评价，然后从脆弱性构成要素之间的相互作用关系出发，建立脆弱性评价模型（张平宇等，2011）。本书在对各子系统的脆弱性进行评价时均采用脆弱性函数模型评价法，突出脆弱性评价方法与脆弱性内涵之间的相互对应关系，基于前文中对脆弱性内涵及其构成要素的分析，将从系统脆弱性的两个主要构成要素入手，对系统脆弱性（V）进行评价。系统脆弱性的两个主要构成要素：①系统面对扰动的敏感性程度（S）；②系统对扰动所产生影响的应对能力（R）。

作为系统脆弱性的两个主要构成要素，敏感性程度与系统的应对能力对系统脆弱性的作用方向是不同的。一个脆弱性较高的系统不仅对扰动的敏感性响应程度大，并且应对扰动影响的能力也十分有限；反之，若一个系统对扰动影响的敏感性响应小，而且具有较强的应对扰动影响的能力，则该系统的脆弱性较低。故本书假设敏感性响应程度与应对能力对系统脆弱性的贡献是均等的，系统在扰动作用下的敏感性程度越高，应对扰动影响的能力越差，则系统的脆弱性越高，即

$$V_i = \frac{S_i}{R_i} \tag{2-33}$$

式中，V_i 为子系统 i 的脆弱性程度；S_i 为子系统 i 面对扰动的敏感性程度；R_i 为子系统 i 应对扰动影响的能力。

（二）适应性函数模型

人海经济系统环境适应性是立足海洋资源环境的供求、技术、开发与管理现状，在考虑代际和区际发展问题的前提下，对当前海洋经济功能进行定位，旨在谋求一种系统内外各要素之间在结构和功能上的相对平衡，减少敏感性，保持稳定状态，确保有效的风险响应，促进系统可持续发展的能力。

适应性函数模型评价法是目前在适应性评价研究中备受学者关注的一种评价方法，该方法是基于对适应性内涵的理解，首先对适应性的各构成要素进行定量评价，然后从适应性构成要素之间的相互作用关系出发，建立适应性评价模型。本书在对各子系统的适应性进行评价时均采用适应性函数模型评价法，突出适应性评价方法与适应性内涵之间的相互对应关系，基于对适应性内涵及其构成要素的分析，将从系统适应性的三个主要构成要素入手，对系统适应性进行评价。系统适应性的三个主要构成要素：①敏感性（SE），系统受环境潜在的或显现的扰动的正反作用的程度，适应性与敏感性呈反比例关系；②稳定性（ST），系统内外发展环境发生变化时能够吸收干扰、保持原有状态的能力，稳定性强的系统适应性也强；③响应（RE），系统应对扰动时所形成的适应与反馈效应，表征人海系统的应对干扰和自组织更新的能力。适应性的这三个主要构成要素，深刻地反映了系统内外各要素之间交互胁迫的因果关系。根据适应性评价指标结构层次特征，采用递阶多层次综合评价方法得出子系统适应性评价指数（AD），计算公式为

$$AD_k = \prod\left[\sum\left(y_{ij}w_j\right)\right]^{w_r} \quad (2\text{-}34)$$

式中，AD_k 为子系统 k 的适应性指数；y_{ij} 为各具体指标的标准化值；w_j 为各具体指标的权重值；w_r 为要素层指标的权重值。

由于适应性综合评价是各子系统交互耦合效应的结果，各子系统对系统整体适应能力的贡献不同，故采用加权求和的方法计算人海经济系统环境适应性综合指数。

$$AD = \sum_{k=1}^{2}(AD_k W_k) \quad (2\text{-}35)$$

式中，AD 为人海经济系统环境适应性综合指数，W_k 为系统层权重。

五、脆弱性的状态空间法

状态空间是欧氏几何空间用于定量描述系统状态的一种有效方法，通常由表示系统各要素状态向量的三维状态空间轴组成。该方法最初由毛汉英引入区域环境承载力评价研究中，把其作为定量地描述和测度区域承载力与承载状态的重要手段。

“状态”（state）是系统科学常用的而不加以定义的概念之一，指系统的那些可以观察和识别的状况、态势、特征等。如果能够正确地区分和描述状态，就可以把握系统了（邓波，2004）。状态是定性描述系统性质的概念，但状态一般可以用若干变量来表征，这些变量被称为状态变量，以状态变量为元素组成的向量则被称为状态向量。设 t_0 时刻系统的一组状态变量为 $x_1(t_0), x_2(t_0), \cdots, x_n(t_0)$，则相应的状态向量为 $X(t_0)=\left[x_1(t_0), x_2(t_0), \cdots, x_n(t_0)\right]^{\mathrm{T}}$。以状态向量为坐标轴支撑起来的欧氏几何空间即状态空间，状态空间中的每一个点称为状态点或相点，每一个相点对应着系统的一个具体的状态。

沿海城市人海关系地域系统脆弱性状态空间是由沿海城市人海社会系统脆弱性（P）、人海经济系统脆弱性（E）、人海资源环境系统脆弱性（N）三个状态向量为坐标轴支撑起来的欧氏几何空间。其中，原点的状态点是最稳定的（脆弱性趋于无穷小），沿海城市人海关系地域系统对应的社会子系统脆弱性（P_V）、经济子系统脆弱性（E_V）、资源环境子系统脆弱性（N_V）指数值在状态空间中就显示为三维状态空间中的一个状态点（V_i），用原点同V_i构成的矢量模（M）代表沿海城市人海关系地域系统脆弱性的大小。考虑到子系统的脆弱性对沿海城市人海关系地域系统整体脆弱性的贡献不同，因此分别赋予不同子系统的脆弱性以不同的权重，则沿海城市人海关系地域系统脆弱性程度可表示为

$$V_i = |M| = \sqrt{W_1 \mathrm{OP}_i^2 + W_2 \mathrm{OE}_i^2 + W_3 \mathrm{ON}_i^2} \tag{2-36}$$

式中，V_i为沿海城市 i 的人海关系地域系统脆弱性指数；$|M|$为从原点 O 到状态点V_i的矢量模；W_1、W_2、W_3分别是人海社会子系统脆弱性、人海经济子系统脆弱性、人海资源环境子系统脆弱性的权重（分别是 0.3、0.4、0.3）；OP_i为沿海城市 i 的人海社会子系统脆弱性指数值；OE_i为沿海城市 i 的人海经济子系统脆弱性指数值；ON_i为沿海城市 i 的人海资源环境子系统脆弱性指数值（张平宇等，2011）。

六、指标合并法

指标合并是指在得到指标体系、指标分值和指标权重后，紧接着采用一定的数学模型把这些指标所代表的信息有机整合起来，使之成为一个浓缩了多个指标信息的综合单一指标。简而言之，多准则决策分析的指标合并也就是要构建一个综合评价模型，并用该模型获得最终的决策结果。这个综合评价模型也就是指标合并规则，其是对指标分值、权重进行综合的程序或约束，由此集中指标数据的信息和决策者的决策偏好，从而形成总的决策结果。

目前常用的指标合并方法有多种，如线性加权和法、理想点法、调和法等。其中，线性加权和法是最常用、最基本的多准则决策的指标合并方法，也是目前广泛应用的一类系统评价和结构优化方法。线性加权和法体现的是自然界中基本要素综合作用的普遍规律，即组成某个现象的基本要素对该现象的贡献率是不同的。该方法具有过程简单、易于理解的优点，便于横向和纵向的对比分析。同时，该方法也是结合 GIS 进行多准则决策分析中使用最多、最广的决策规则（Eastman et al.，1995；Malczewski，2004）。线性加权和法可以直接使用 GIS 的空间叠加功能加以实现，这为各种空间分析提供了极大的方便，也是该方法在各种空间分析领域中被广泛使用的原因之一。

设有 m 个参评对象、n 个评价指标，则线性加权和法的数学表达式为

$$A_i = \sum_{j=1}^{n} w_j x_{ij} \tag{2-37}$$

式中，A_i 为第 i 个参评对象的综合得分，A_i 值的大小直接反映了综合评价的结果；w_j 为第 j 个指标的权重；x_{ij} 为第 i 个参评对象中第 j 个指标下的标准化分值，$i=1,2,\cdots,m, j=1,2,\cdots,n$。

人海经济系统环境适应性是一个基于多指标信息的综合集成计算，各个指标在这个综合集成过程中具有不同的重要性，这与线性加权和法具有完全的一致性，因此，采用线性加权和法作为人海经济系统环境适应性的指标合并规则。

综上所述，本书遵循多准则决策分析方法，从指标体系、指标分值、指标权重和指标合并四个方面构建了人海经济系统环境适应性评价的技术方法体系。

根据人海经济系统环境适应性的定义，人海经济系统环境适应性（environment adaptation of man-sea economic system，EAMES）是人海经济系统适应性（adaptation of man-sea economic system，AMES1）和人海环境系统适应性（adaptation of man-sea environment system，AMES2）的函数，即有

$$\text{EAMES} = W_{\text{AMES1}} \cdot \text{AMES1} + W_{\text{AMES2}} \cdot \text{AMES2} \tag{2-38}$$

式中，W_{AMES1} 为人海经济系统适应性的权重，W_{AMES2} 为人海环境系统适应性的权重。

七、预测分析

预测方法从技术上分为定性方法和定量方法两种。定性预测主要是由业内专家，根据经验对事物未来发展的趋势和状态做出判断和预测。定量预测则是运用统计方法和数学模型，通过对历史数据的统计分析，用量化指标对系统未来发展趋势进行预测。目前常用的定量预测方法有回归预测法、时间序列预测法、灰色预测法、人工神经网络预测法和组合预测法（谭前进和勾维民，2015）。

（一）回归预测法

回归预测法是根据历史数据的变化规律，寻找自变量与因变量之间的回归

方程式，确定模型参数，并据此做出预测。在经济预测中，人们把预测对象（经济指标）作为被解释变量（或因变量），把那些与预测对象密切相关的影响因素作为解释变量（或自变量）；根据两者历史和现在的统计资料，建立回归模型，经过经济理论、数理统计和经济计量三级检验后，利用回归模型对被解释变量进行预测。回归预测法一般适用于中期模型。

回归预测的数学描述是：设因变量为 Y，自变量为 $X(X_1, X_2, \cdots, X_N)$，则回归预测的目的是利用已有的观测数据，建立 Y 与 X 之间的统计模型，即确定成 $Y = f(X)$ 中的参数。所用方法有最小二乘法（使拟合误差平方和最小）和最大似然估计法等，其中最小二乘法运用最为广泛。

常见的一元回归模型形式如下。

（1）线性模型：$Y = a + bX$

（2）指数函数模型：$Y = ae^{kX} + c$

（3）幂函数模型：$Y = b_0 + b_1X + b_2X + \cdots + b_nX$

（4）生长函数模型：$Y = \dfrac{a}{1 + be^{-eX}}$

（5）单对数函数模型：$Y = a + b\log X$

（6）双对数函数模型：$\log Y = a + b\log X$

常见的多元线性回归模型形式为

$$Y = b_0 + b_1X_1 + b_2X_2 + \cdots + b_mX_m$$

回归预测法要求样本量大且样本有较好的分布规律。当预测的长度大于原始数据的长度时，采用该方法进行预测在理论上不能保证预测结果的精度。另外，可能出现量化结果与定性分析结果不符的现象，有时难以找到合适的回归方程类型。

使用回归预测法时，需要进行下述检验。

（1）判别系数（可决系数）检验。反映拟合优度的度量指标。通常情况下，如果建立回归方程的目的是进行预测，判别系数一般不应低于 90%。

（2）F 检验。判断建立的回归方程是否具有显著性。当 F 统计量的 P 值小于显著性水平 α 时，表示拒绝原假设，即变量之间线性关系显著。

（3）假设检验。判断回归方程参数是否显著。当 t 统计量的 P 值小于显著性水平 α 时，表示拒绝原假设，即该解释变量对被解释变量影响显著。

（4）序列自相关检验。通常时间序列数据需要进行序列自相关检验，常用的检验有 DW 检验及 LM 检验。实践中，如果 DW 值在 2 附近，表示不存在序列自相关；如果 DW 值小于 2（最小为 0），表示存在正序列相关；如果 DW 值在 2～4，表示存在负序列相关。需要注意的是 DW 检验只适用于一阶自相关性检验，如果回归方程的右边存在滞后因变量，DW 检验不再有效。在 LM 检验中，当 LM 统计量的 P 值小于显著性水平 α 时，拒绝原假设，即随机误差项存在序列相关性，需要进行修正处理。LM 检验可以用于高阶自相关的检验，且在方程中存在滞后因变量的情况下，LM 检验依然有效。

（5）White 检验。用于判断模型是否存在异方差，通常截面数据需要进行异方差检验。当 White 检验统计量的 P 值小于显著性水平 α 时，表示随机误差项存在异方差，需要对其进行修正处理。

（二）时间序列预测法

时间序列预测法是通过建立数据随时间变化的模型,外推到未来进行预测。时间序列预测的前提是过去的发展模式会延续到未来。其主要优点是数据容易获得，易被决策者理解，且计算相对简单。但该方法只对中短期预测效果好，而不适用于长期预测。

采用时间序列模型，需假定数据的变化模式可以根据历史数据识别出来，同时，决策者所采取的行动对时间序列的影响小。因此这种方法主要用来对一些环境因素或不受决策者控制的因素进行预测，如宏观经济状况、就业水平、产品需求量等；而对受人的行为影响较大的事物进行预测并不合适，如股票价格、改变产品价格后的产品需求量等。

时间序列预测法中最简单的是平滑法，基本公式如下。

1）简单滑动平均法

$$F_t = \frac{X_{t-1} + X_{t-2} + X_{t-3} + \cdots + X_{t-n}}{n}$$

式中，F_t 为 t 时刻的预测值；$X_i(i = t-1, t-2, \cdots, t-n)$ 为 t 时刻的观察值。

2）单指数平滑法

$$F_t = \alpha X_t + (1-\alpha)F_{t-1}$$

式中，α 为预测值的平滑系数。

3）线性指数平滑法

$$T_t = \beta(S_t - S_{t-1}) + (1-\beta)T_{t-1}$$

$$S_t = \alpha X_t + (1-\alpha)(S_{t-1} + T_{t-1})$$

$$F_{t+m} = S_t + mT_t$$

式中，T_t 为趋势值的平滑值；S_t 为预测值的平滑值；β 为趋势值的平滑系数。

4）季节性指数平滑法

$$S_t = \alpha \frac{X_t}{I_{t-L}} + (1-\alpha)(S_{t-1} + T_{t-1})$$

$$T_t = \beta(S_t - S_{t-1}) + (1-\beta)T_{t-1}$$

$$I_t = \gamma \frac{X_t}{S_t} + (1-\gamma)I_{t-L}$$

$$F_{t+m} = (S_t + mT_t)I_{t-L+m}$$

式中，S_t 为消除了季节因素影响的平滑值；I_t 为季节因素平滑值；γ 为季节因素平滑系数；L 为季节的长度。

5）阻尼趋势指数平滑法

$$S_t = \alpha X_t + (1-\alpha)(S_{t-1} + \phi T_{t-1})$$

$$T_t = \beta(S_t - S_{t-1}) + (1-\beta)\phi T_{t-1}$$

$$F_{t+m} = S_t + \sum_{i=1}^{m} \phi^i T_t$$

式中，ϕ 为阻尼趋势平滑系数。

（三）灰色预测法

灰色系统理论是由我国学者邓聚龙首先提出的。灰色预测方法包括五种基本类型，即数列预测、灾变预测、季节灾变预测、拓扑预测和系统综合预测。其中数列预测是基础，且在实践中用途最广。灰色数列预测中最常用的是 GM（1，1）模型（一阶单变量灰色模型），该模型是微分回归分析的一个特例，即以指数形式为基础，以一次累加数据为原始数据，以初始观测值为准确定积分常数的微分模型，通常用于短期预测。

一般情况下，对于给定的原始数据序列 $X_{(0)}=\left\{X_{(0)}^{(1)},X_{(0)}^{(2)},X_{(0)}^{(3)},\cdots,X_{(0)}^{(N)}\right\}$，不能直接用于建模，因为这些数据大多是随机、无规律的。若将原始数据序列经过一次累加生成，可获得如下新数据序列。

$$X_{(1)}=\left\{X_{(1)}^{(1)},X_{(1)}^{(2)},X_{(1)}^{(3)},\cdots,X_{(1)}^{(N)}\right\}，其中\ X_{(1)}^{(i)}=\sum_{k=1}^{i}X_{(0)}^{(k)}$$

新生成的数据序列是单调递增序列，平稳程度大大增加，其变化趋势可近似地用如下微分方程描述。

$$\frac{\mathrm{d}X_{(1)}}{\mathrm{d}t}\cdot aX_{(1)}=u$$

用该方程对累加生成的数据序列进行拟合并建立模型，可以根据时间进行外推，从而进行预测。

采用灰色预测法预测的一般过程如下。

（1）进行级比平滑检验，判断序列是否可以使用灰色预测法进行预测，当级比 $\sigma(i)\in$（0.1353，7.3890）时，表明该序列是平滑的，可以做灰色预测；当级比 $\sigma(i)\in(\mathrm{e}^{\frac{2}{n+1}},\mathrm{e}^{\frac{2}{n+1}})$ 时，表明该序列可以得到精度较高的 GM（1，1）模型（中国海洋经济发展趋势与展望课题组，2005）。

（2）对原始序列进行一次累加生成，得到累加序列。

（3）构建 GM（1，1）模型，采用最小二乘法估计灰参数 a、u。

（4）将灰参数代入时间函数，计算得到累加序列的预测值。

（5）将预测得到的累加序列预测值进行还原，得到原始序列的预测值。

（6）模型诊断及应用模型进行预测。为了分析模型的可靠性，必须对模型进行诊断，目前通用的方法是后验差检验。

虽然该方法在经济预测中用途较广，并被证明较为有效，但和一般的微分回归分析相比，该方法对于不等间隔取值的序列无法应用；而且在常数选取方面，以初始值为准也缺乏理论基础（吴殿延，2003）。

（四）人工神经网络预测法

1987 年 Lpaeds 和 Fbarer 首先应用神经网络进行预测，开创了人工神经网络预测的先河。该方法利用人工神经网络的学习功能，用大量样本对神经元网络进行训练，调整其连接权值和阈值，然后利用已确定的网络模型进行预测。神经网络能从数据样本中自动学习以前的经验而无须繁复的查询和表达过程，并自动逼近那些能够最佳反映样本规律的函数，而不论这些函数具有怎样的形式，且函数形式越复杂，神经网络的作用就越明显。

目前，应用较多的人工神经网络是 BP 神经网络。BP 神经网络，通常由输入层、输出层和若干隐层构成，每一层都由若干个节点组成，每一节点表示一个神经元，上层节点和下层节点之间通过权连接，层与层之间的节点采用全互联的连接方式，每层节点之间没有联系。一个简单的三层 BP 神经网络结构如图 2-3 所示。

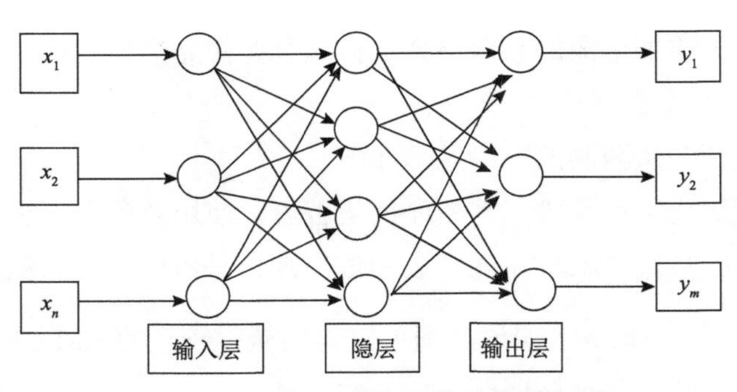

图 2-3 三层 BP 神经网络结构示意图

BP 神经网络的基本思想是通过网络误差的反向传播，调整和修改网络的连接权值和阈值，使误差达到最小，其学习过程包括前向计算和误差反向传播。一个简单的三层人工神经网络模型，就能实现从输入到输出之间任何复杂的非线性映射关系。神经网络方法的优点是可以在不同程度和层次上模仿人脑神经系统的信息处理和检索等功能，具有信息记忆、自主学习、知识推理和优化计算等特点，其自学习和自适应功能是常规算法和专家系统技术所不具备的，在一定程度上解决了由于随机性和非定量因素而难以用数学公式严密表达的复杂问题。人工神经网络方法的缺点是网络结构确定困难，同时要求具有足够多的历史数据，样本选择困难，算法复杂，容易陷入局部极小点。

（五）组合预测法

由于资料来源和数据质量的局限，用来预测的数据常常是不稳定、不确定或不完全的。不同的时间范围常常需要不同的预测方法，因此方法的选择上难以统一。且由于不同的预测方法在复杂性、数据要求以及准确程度上均不同，因此选择一个合适的预测方法通常是很困难的。

实践中，建立预测模型受到两方面的限制：一是不可能将所有在未来起作用的因素全部包含在模型中；二是很难确定众多参数之间的精确关系。从信息利用的角度来说，任何一种单一预测方法都只利用了部分有用信息，同时也抛弃了其他有用的信息。为了充分发挥各预测模型的优势，在实践中，往往采用多种预测方法，然后将不用预测模型按一定方式进行综合，即组合预测法。根据组合定理，各种预测方法通过组合可以尽可能利用全部信息，提高预测精度，达到改善预测性能的目的。

组合预测有两种方法：一是将几种预测方法所得的结果，选取适当的权重进行加权平均的计算，其关键是确定各个单项预测方法的加权系数；二是将几种预测方法进行比较，选择拟合度最佳或标准离差最小的模型进行预测。组合预测通常在单个预测模型不能完全正确地描述预测量变化规律时发挥作用。

八、三角图法

近年来，三角图法用于分类和评价系统之中。在生态学方面的研究，詹巍等为了在更宏观层次上评价人类活动对区域生态系统景观格局的影响，设计了三角图方法（詹巍等，2004）。2007 年，张健等利用三角图法分析评估区域经济可持续发展状况和长期趋势，对滁州市 1975～2005 年经济可持续利用进行系统研究，不仅对研究区经济发展现状存在问题的解决具有实用价值，而且对区域经济的可持续利用研究具有方法论意义（张健等，2007）。三角图法在系统研究中是个很实用的方法，简单易于操作，并且很清楚地看到结果及趋势，因而在人海关系地域系统中，应用此方法是合理的。

人海关系地域系统是一个复杂的巨系统，由资源环境系统、经济系统和社会系统三个子系统构成。沿海城市人海关系子系统脆弱性是在以海洋资源及其相关生产为对象的特殊地域范围内，子系统内部和子系统之间的要素相互作用，使得系统内存在的不稳定性，以及对外界干扰造成的损失难以复原。沿海城市人海关系地域系统脆弱性指数（V_T）是由资源环境系统脆弱性指数（V_R）、经济系统脆弱性指数（V_E）和社会系统脆弱性指数（V_S）相加得到，即 $V_T = V_R + V_E + V_S$。

对于资源环境子系统、经济子系统、社会子系统，这三类指数简单，适用一种三角模式对人海关系地域系统，对资源环境、经济、社会的关系进行可视化描述，使用 grapher for windows 软件生成三角形图标，得出三角模式。如图 2-4 所示，三角图 *ERS* 为等边三角形，*R* 位于最高顶点，*S* 位于左下顶点，*E* 位于右下顶点。*R* 点代表沿海城市 V_R 的值为 1，V_R 在 *E* 点和 *S* 点的值为 0，从 *E*（*S*）点到 *R* 点，V_R 的值从 0 变化到 1。同理，V_E 在 *E* 点的值为 1，在 *R* 点和 *S* 点的值为 0；V_S 在 *S* 点的值为 1，在 *E* 点和 *R* 点的值为 0。沿海城市人海关系地域系统脆弱性指数 $V_T = V_R + V_E + V_S = 1$，符合三角图法的应用条件。因此，可以将任意年份的 V_E、V_R 和 V_S 值投入到三角图 *ERS* 内，分析其脆弱性变化。

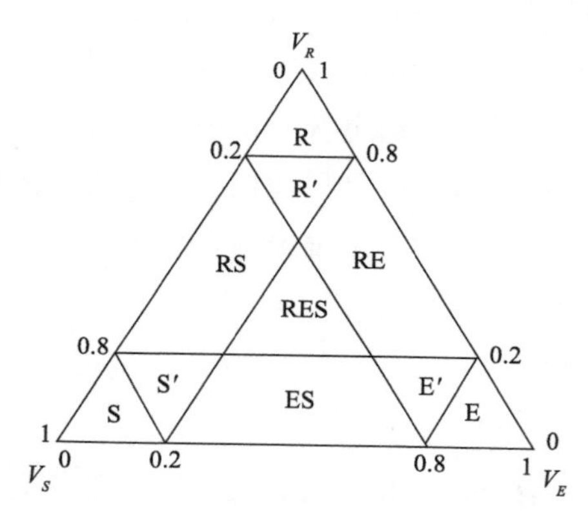

图 2-4 人海关系地域系统脆弱性三角分类图

根据沿海城市人海关系地域系统子系统脆弱性指数的不同，以沿海城市人海关系地域系统单一子系统脆弱性指数和两个子系统脆弱性指数之和在人海关系地域系统指数中达 80%为标准，将沿海城人海关系地域系统脆弱性分为七类（图 2-4）：人海资源环境子系统脆弱型（R 型）、人海经济子系统脆弱型（E 型）、人海社会子系统脆弱型（S 型）、人海经济资源环境子系统脆弱型（RE 型）、人海经济社会子系统脆弱型（ES 型）、人海资源环境社会子系统脆弱型（RS 型）和人海经济资源环境社会子系统均衡脆弱型（RES 型）（辛馨和张平宇，2009）。

第三章

人海关系地域系统

第一节 人海关系地域系统的研究内涵及特征

一、人海关系地域系统的内涵

沿海城市人海关系地域系统是以沿海城市所在地区为基础的人海关系地域系统，是由沿海城市独有的社会经济形式与地理资源环境相互影响、相互作用形成的一种系统结构，是由人海资源环境系统、人海经济系统和人海社会系统共同构成的（图 3-1）。这三个系统发挥着各自的作用。

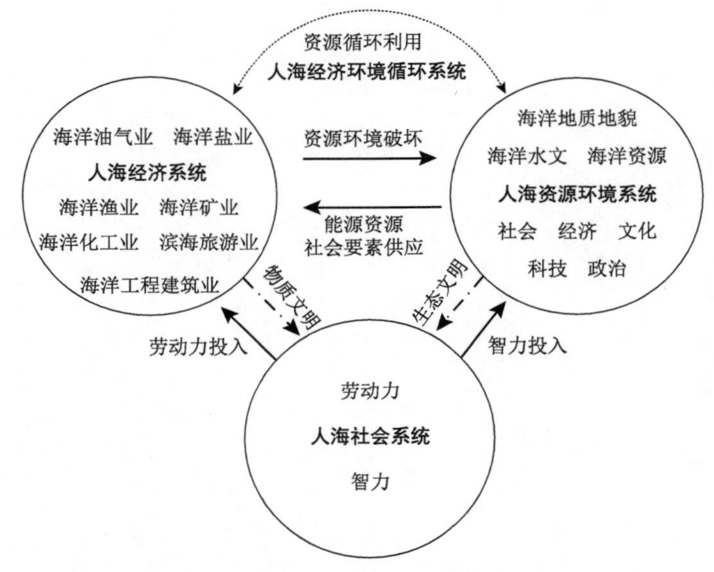

图 3-1 人海关系地域系统构成模型图

（一）人海资源环境系统

人海资源环境系统作为基础，是人海关系地域系统的一部分，体现了人类与海洋资源环境等要素之间的相互作用，反映了海洋资源环境对人类的影响，以及人类活动对海洋资源环境的认知与把握，这是一种响应和反馈的关系。从狭义上来看，人海资源环境系统是指区域内的海洋自然生态环境。从广义上来看，人海资源环境系统是指由海洋水文、海洋地质地貌、海洋资源等组成的海洋资源环境，以及由于海与人之间的相互作用而派生出来的与海洋有关的社会、经济、文化、科技、政治等一切物质和非物质要素组成的海洋文化环境。人海资源环境系统的脆弱性是指生态稳定性差，生物组成和生产力波动性较大，对人类活动及突发性灾害反应敏感，自然环境易于向不利于人类利用的方向演替。敏感度高、环境容量低、灾变承受阈值小、在外部条件的干扰和变化下遭受各种损失的程度较大是人海资源环境系统脆弱性的基本特征（李博等，2012）。

（二）人海经济系统

人海经济系统作为人海关系地域系统的重要组成部分，研究一定地域范围内海洋产业地理空间结构特性及其演变规律，是人海之间相互作用的表现形式，与资源环境系统和社会系统紧密相连，构成一个耦合的大系统，即人海关系地域系统。人海经济系统主要包括海洋渔业、海洋矿业、海洋化工业、海洋工程建筑业、滨海旅游业等产业部门。人海经济系统脆弱性是指在沿海区域经济系统的基础上，由于外部因素的影响，某个地区自我发展能力差、对外部经济条件改变反应敏感、在外部条件发生不利变化时经济替代能力弱，是衡量区域经济发展水平的一种“度”，主要体现在经济结构、经济总量、经济效益等方面（李博，2014）。

（三）人海社会系统

人海社会系统是人海关系地域系统的一部分，体现了人类社会与海洋等要素之间的相互作用关系。该系统由依托海洋进行生产或生活的人及其所创造的具有海洋特性的思想观念、道德精神、教育、科技和法规制度等社会要素构成，对沿海城市人海关系地域系统的发展起到了指导、调控和制约作用，同时也为其提供了劳动和智力支持，以最大限度地实现区域社会效益的最优化。

二、人海关系地域系统的特征

人海关系地域系统是经济地理学的主要研究内容之一，研究一定地域范围内人海地理空间的结构特性及其矛盾演变规律，是人海之间相互作用的表现形式。人海关系地域系统由经济系统、资源环境系统和社会系统构成，包含了海洋与陆地的各种因素的综合作用，具有生命性、脆弱性、调控性、非平衡性、综合性、区域性和协调性等特性。

（一）生命性

人海关系地域系统中各个子系统之间通过能量流、物质流等循环及人为因素的干扰，会不断地发生作用和变化。在整个系统趋于稳定的过程中，会达到所谓的平衡态，即人海和谐；此外，一个健康态的人海关系地域系统具有生产功能，也就是能为人类提供大量的生态系统服务功能，呈现“生命态”趋势。

（二）脆弱性

人海关系地域系统的脆弱性一方面来自系统自身的内部结构先天的不稳定性和敏感性，另一方面来自外界的压力和干扰使系统遭受损害而发生不可逆变化。前者为结构性脆弱性，后者为胁迫性脆弱性。人海关系地域系统要面临洪水、海啸、风暴潮、热带气旋等灾害，这些成了海洋可持续发展的制约因素。不仅如此，事实上沿海城市经济社会系统的脆弱性往往也是主要矛盾。过度开发海洋资源导致资源枯竭、生态破坏甚至是环境灾害；长期以来，过度依赖海洋资源而形成的产业结构，没有发育多样性经济结构，产业雷同，限制区域间的经济联系，缺乏培育产业竞争优势的外部条件等，导致城市经济系统结构性脆弱；在经济全球化背景下，技术进步和产业结构升级，使海洋资源开采面临较大的外部竞争压力，威胁海洋的稳定性和持续性；沿海城市人口失业和再就业困难等因素，也造成了人海关系地域系统的脆弱性。资源环境、经济、社会系统的脆弱性并不是孤立存在的，而是相互联系、相互影响，共同构成了人海关系地域系统的脆弱性。

（三）调控性

合理的修复保护措施会在一定程度上提高人海关系地域系统的服务功能，因此人海关系地域系统具有可调控性。

（四）非平衡性

人海关系地域系统的非平衡性是指人海关系地域系统各个要素的分布、供给、需求和消耗的非平衡，各子系统之间的层次性及输入输出的非平衡等。一方面，人海关系地域系统中的物质、能量、信息、资金、人才和技术等要素在各个子系统、各个地域维度、各个时间维度，甚至是各个行业之间的分布、供给、需求和消耗都是不平衡的；另一方面，人海关系地域系统是由一系列子系统按照一定的结构和层次耦合而成的复合功能整体，各子系统对人海关系地域系统的作用和影响各不相同，同样具有非平衡性。

（五）综合性

人与海之间有着错综复杂的关联，各种影响因素相互联系、相互制约。人海关系地域系统是一种复杂的耦合系统，综合了海洋经济、社会、资源与环境多个要素，形成不同层次、不同内容的系列子系统，它们共同构成人海关系地域系统活动的因果关系链。

（六）区域性

剖析不同区域内部之间的结构、关联及发展变化的制约关系可以发现，人海关系地域系统呈现出明显的复杂多元及阶段性和尺度差异的特征。不同空间尺度、不同时间尺度下，区域内部和区域之间的特征各异，随着系统的发展，区域内和区际会产生空间异质、空间集聚、空间依赖、空间外溢、空间关联等效应。

（七）协调性

人海资源环境子系统、人海经济子系统和人海社会子系统之间相互作用而表现出海洋经济发展与海洋资源环境之间的协调、海洋经济发展与海洋社会之间的协调、陆域系统与海域系统之间的协调。人海关系地域系统是个复杂的、开放的巨系统，其内部有错综复杂的生产、交换、分配、消费等活动，其外部受地理临近、行业接近、规模效应及全球经济一体化的影响。内生和外向作用下的多重压力交互胁迫，使系统从无序向有序的演进必须借助人为控制，因此协调系统结构内部与外部、动态和静态尤为重要。

第二节　人海关系地域系统的功能结构和尺度选择

一、人海关系地域系统的功能结构

人海关系地域系统是一个代谢系统、免疫系统、神经系统、行为系统。杨多贵等（2008）认为国家作为一个复杂的生命组织系统，亦存在“健康”问题。

“健康”是将研究对象拟生命化后对功能结构给出的状态评价。同理，人海关系地域系统具有生命化的特性，即也存在健康问题。

（1）代谢系统是支撑人海关系地域系统生命活动的基础和动力，主要表现在一个沿海地区的人口健康和发展、资源利用和消耗以及“三废”排放和综合利用等方面。

（2）免疫系统是维护人海关系地域系统运行有序、协调、安全的屏障，主要表现在一个区域自然资源禀赋的丰度和持续性、经济抗风险能力、维护社会和谐有序的能力等方面。

（3）神经系统是实现人海关系地域系统自我调控、保障系统良好运行的调节中枢，主要表现在人海关系地域系统能够敏捷地感知内外环境的变化，进行科学决策并付诸实施的能力。

（4）行为系统是反映人海关系地域系统生产、人类活动的内在特征和外在表现的综合表达系统，主要表现在一个区域的人海关系地域系统服务功能及其价值等方面。

二、人海关系地域系统的尺度选择

综合来看，人海关系地域系统研究的空间尺度可以分为全球、国家、（区域）城市、园区等不同等级；从组织和功能尺度上又分为全球人海关系地域系统、国家人海关系地域系统、（区域）人海关系地域系统群、园区人海关系地域系统等尺度（表 3-1）。不同尺度研究具有相应的意义。

表 3-1 人海关系地域系统研究中的尺度问题

空间尺度	组织和功能尺度
全球	全球人海关系地域系统
国家	国家人海关系地域系统
（区域）城市	（区域）人海关系地域系统群
园区	园区人海关系地域系统

第三节 人海关系地域系统的相关研究进展

鉴于目前的社会经济技术发展水平及国际海洋政治经济新秩序等，人海关系研究的空间尺度基本可包括三个层次：海岸海洋与人类活动的相互作用，深海海洋与人类活动的相互作用,全球海洋变化与人类活动的相互作用——驱动、影响和响应。把空间尺度主要定位在海岸海洋，那么人海关系地域系统研究的内容主要包括：①人海关系系统的形成过程、空间结构和发展趋向；②人海关系地域系统各子系统相互作用机制与演化趋势；③人海关系系统的地域分异和地域类型分析；④人海关系的优化协调；⑤与以上内容相关的模型建立；⑥海岸海洋人海关系系统复杂性研究等。进行这些研究的最终目标是协调人海关系系统中各子系统之间的关系，促进人海关系的和谐，实现整个人海复合系统的可持续发展（毕思文，2003）。

当前国外人地关系中盛行从脆弱性、风险性、恢复性和适应性这四方面来研究区域人地关系地域系统。脆弱性用来测度人地相互作用的结果及人地关系地域系统在外界影响下所处的状态的测度；风险性是指人地相互作用可能产生的负面影响和造成的损害；恢复性是系统从破坏中恢复的能力，是人地相互作用过程中的调控措施；而适应性是对人地相互作用过程的一种表征（何翔舟，2002）。这四者对人海关系地域系统同样适用，是建立数学模型，对人海关系地域系统运行机制和协调发展等进行有效测度的工具。

张耀光等（2006）以人地关系地域系统为切入点，探讨中国海洋经济地域系统的特征。梅长林和周家良（2002）应用了主成分分析等方法，对海洋经济发展年际综合实力水平进行评估。韩增林和刘桂春（2007）认为，海洋作为整个地球表层系统的重要组成部分，一直与人类社会的发展息息相关。人海地域系统具有时空组合差异性、自禀复杂性、全方位开放性特征。他们论述了研究人海关系的重要性，希望能引起学术界的重视。赵宗金（2011）认为人海关系是海洋意识的核心，但当前国内外关于人海关系与现代海洋意识的理论建构较少，公众的现代海洋意识淡薄。杨国桢（2000）提出新生态伦理学指导下的海洋文明意识观点，分析了现代海洋意识建构与海洋社会科学研究之间的关联，指出海洋社会科学的主要研究目的是构建现代海洋意识以促成新型人海关系。李博（2014）在人海关系地域系统的基础上提出了人海经济系统的概念，并在此基础上对辽宁省沿海地区人海经济系统进行研究，采用熵值系数法进行权重赋值，建立脆弱性与敏感性、恢复性函数关系，并对其进行评价。

在研究人海关系的问题时，李博和韩增林（2010b）采用三角图分析方法，通过敏感性、适应性、恢复性等进行指标筛选，构建沿海城市脆弱性指标体系，建立脆弱性评价模型，根据脆弱性类型及其制约因素，有针对性地提出可持续发展战略，为区域的发展提供了有力的依据。李博等（2012）采取熵值系数法进行权重赋值，并采用函数模型法进行脆弱性测度研究，对环渤海地区的人海资源环境系统进行了深入分析。李博等（2015）运用集对分析和脆弱性评估相结合的研究方法，以典型沿海城市大连为例，分析1998～2012年大连市人海经济系统脆弱性的演变趋势及主要影响因素，并提出相应的对策建议。孙才志等（2015）借鉴信息熵、协同学相关理论，在分析人海关系地域系统协同演化机制基础上，构建综合评价指标体系，测算沿海地区1996～2012年11个省份人类社会与海洋资源环境子系统综合评价值，进一步构建人海关系地域系统协同演化模型，并采用加速遗传算法进行模型参数估计，辨识其协同演化类型，并提出人海关系协同发展的对策与建议。丁德文领导的海岸带系统科学与工程科研团队在“海岸带复杂系统与人海关系调控”这一研究领域进行了较为系统的研究。人海关系调控既包括对自然资源、环境进行调控，也包括对社会、经济进行调控，还包括对人类行为的调控，从而使资源环境友好、生态系统健康、人类活动有序（石洪华等，2012）。

第四节　人海关系地域系统面临的问题

人海关系地域系统的研究不仅仅是自然科学的问题，而是涉及社会、经济、自然各个方面，是研究自然-经济-社会耦合的巨系统的综合问题，主要涉及的科学问题及面临的挑战包括以下几点。

1. 高层次的综合集成是未来人海关系地域系统的工作重点

“综合集成”是指将不同的甚至是相反的思想和观点、全体的或个体的行为、不同类型的要素和力量，整合成统一的或协调一致的整体（行动），以达成一个明确的目标，特别是将不同的或相反的思想和观点整合成一种理论（系统），其关键是通过对所有主题的各个方面的研究结果进行综合，从而获取新的概念，并使（原有）认识水平提高到一个新的高度上。IGBP 的经验表明可集成思想的重要性，其具有较强的前瞻性和预测性。脆弱性和适应性研究是当今国际全球变化研究特别关注的前沿领域，也是《联合国气候变化框架公约》谈判各方立论和商谈的重要基础。建设海洋强国是我国的发展之路，由于缺少先进的、综合的全球和区域模式，我国学者就要走学科交叉之路，开启人海关系地域系统脆弱性和适应性方面的相关研究。

2. 把人海关系地域系统脆弱性和适应性与可持续发展有机地联系在一起

由于全球变化带来的影响在短期内难以消除，有些还是不可逆的，也存在着我们不可预计的影响，那么我们就要思考如何利用科学知识，积极主动地调整人类行为方式，进而适应全球变化给我们带来的影响，有计划、有规律地早期预防，降低经济适应成本，及时采取行动从而获得更大的经济社会效益。

我国学者也在许多环境下提出要把全球变化与可持续紧密联系。陈宜瑜（2004）和叶笃正等（2002）指出，可持续发展要考虑对全球变化的适应，只有能够适应全球变化的可持续发展才是真正意义的可持续发展。由于适应性与可持续紧密相连，因而适应性研究也得到了政府等部门及企业的关注。IGBP 提出，全球变化研究，不仅需要关注它的科学内涵和学术价值，而且要考虑如何与生存空间的可持续发展紧密地结合起来，从而为人类社会的可持续发展提供科学背景和依据。而科学地适应未来环境变化是人类社会保持可持续发展的首要准则。

3. 人海关系地域系统脆弱性和适应性与人地（海）系统研究的多学科交叉研究

对促进人海关系乃至整个人地关系的良性循环的研究是今后地理研究中一个重点内容，该研究不但可以充实地理学自身的研究内容，而且可以将区域可持续发展研究推向纵深。人地（海）系统是一个涉及自然科学、社会科学、经济学、工程学等的跨学科研究主题，需要综合和整体把握。促进不同学科之间的交叉和融合，形成一个整体的、综合的研究视角是开展人地（海）关系研究的关键。近年来，人地（海）系统研究中的多学科相互交叉，使得出现了产业经济学、环境经济学、海陆统筹等一系列新的学科和研究视角，一些国际合作计划和科研机构也介入到此项研究之中，但是人地（海）关系地域系统是一个相当庞大的巨系统，不同学科的研究视角也不尽相同，因此建立统一的分析框架就是一个很严峻的问题。

人海关系地域系统脆弱性的研究是当今全球环境变化和可持续发展科学中的前沿问题，得到了相当多学科的广泛关注，使得地理学和其他自然人文学科建立了密切的联系，成为人地（海）系统研究的一个切入点。加强适应性评价在人地（海）系统中的应用，对于促进人地（海）系统研究的多学科交叉研究具有重要的作用。

4. 人海关系地域系统脆弱性和适应性概念框架的统一及理论体系的建立

人海关系地域系统脆弱性和适应性的概念框架是人海关系地域系统脆弱性和适应性研究的首要问题。目前，对于脆弱性和适应性的概念虽然较多，但是缺乏统一的概念界定。由于脆弱性和适应性概念的多种多样，人海关系地域系统脆弱性和适应性的研究思路和研究方法显得杂乱无章，从而影响不同学科之间的交叉和交流。伴随着脆弱性和适应性应用领域的拓展，各个学科的专家学者从各自领域进行研究，利用本学科的研究理论和方法对脆弱性和适应性进行剖析，但这些都不是建立在学科交叉的基础上。要使人海关系地域系统脆弱性和适应性的研究顺利开展且更进一步，就需要规范人海关系地域系统脆弱性和适应性的研究范式，因而，脆弱性和适应性概念和人海关系地域系统内涵的归纳和整合方面面临着严峻的挑战。

5. 人海关系地域系统脆弱性和适应性评价尺度、脆弱性和适应性阈值的确定及系统的不确定性

尺度问题在科学研究领域中具有重要的地位。关于人海关系地域系统脆弱性和适应性的研究，不仅施加在系统上的敏感性、稳定性和弹性具有多尺度性，而且系统本身也是多尺度、多层次的。因此，兼顾评价者意图与脆弱性和适应性的管理决策，选择适合的尺度进行人海关系地域系统脆弱性和适应性评价，是人海关系地域系统脆弱性和适应性研究面临的首要问题。以往的研究大多采用统计学的方法对最终的脆弱性和适应性指数进行划分，通常没有明确的脆弱性和适应性阈值，因而导致人海关系地域系统脆弱性和适应性评价结果不是绝对的，而是相对的估测。此外，由于脆弱性和适应性内涵的抽象性，目前人海关系地域系统脆弱性和适应性评价模型的建立也是尝试性的构建，其在质量和精确度方面有所欠缺，对于模型改进的可靠性也存在疑问。

人海关系地域系统脆弱性和适应性的评价要兼顾资源环境系统、经济系统、

社会系统及耦合系统中的复杂的不确定因素，并涉及许多的变量分析。伴随着人海关系地域系统脆弱性和适应性评价越来越复杂，不确定的因素逐步增加，如何在评价过程中合理地处理这些不确定因素，就成为人海关系地域系统脆弱性和适应性研究的重要问题，这关系到人海关系地域系统适应机制的建立及适应决策的确立。

第四章

人海关系地域系统脆弱性模型与分析框架

第一节　沿海城市人海关系地域系统脆弱性及其特点

一、人海关系地域系统脆弱性的概念及构成要素

人海关系地域系统由于受内部结构制约和外部胁迫或扰动影响，以及恢复应对能力不足而使系统受损，这是内外因共同作用的结果。脆弱性作为人海关系地域系统的一种本质属性，随着内部结构和外部扰动因素的改变而变化，体现出动态演变的过程。

脆弱性研究的核心是“暴露—影响—脆弱性—适应性—政策响应”环节链。在脆弱的沿海城市人海关系地域系统中，本书将其归纳为“驱动力（D）或控制（C）—压力（P）（暴露）—状态（S）（影响）—脆弱（V）—系统响应（R）（发展模式）—驱动力（D）或控制（C）”的循环反馈链条（图 4-1）。若干驱动力因素导致系统变化的人类活动使自然、社会和经济系统暴露在一系列可变的压力和刺激中。对这些刺激反应敏感的系统能够自动适应或在人类的干扰下适应。这些自动适应将会改变系统变化所造成的残留影响（净影响）。相应的政策响应已经或者将在预计的潜在影响中产生有计划的适应，以减轻不利的变化，加强有利的变化。系统的相应响应转化为新的驱动力或控制，参与新一轮的链条循环。

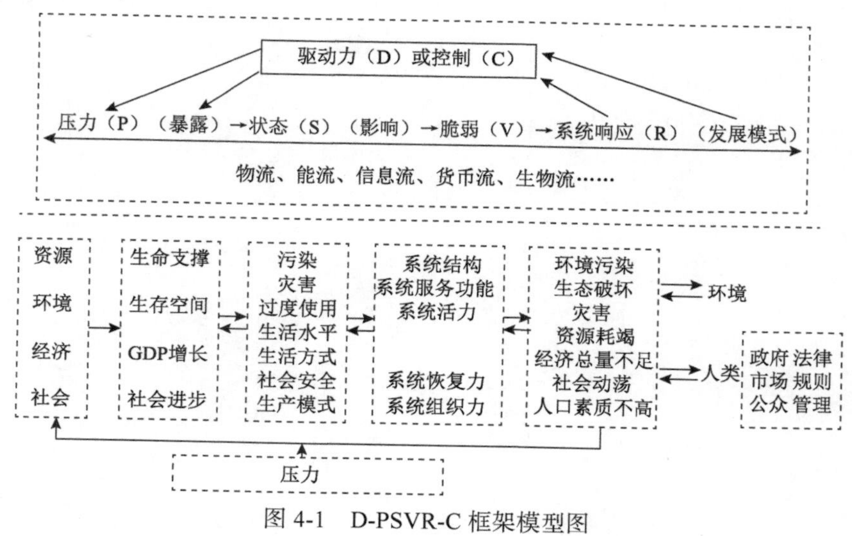

图 4-1　D-PSVR-C 框架模型图

二、沿海城市人海关系地域系统脆弱性的特点

脆弱性具有一系列自身特有的属性，包括区域性、不稳定性、敏感性、适应性、动态性、多变性和相对性等特点。

1. 区域性

不同区域的自然、社会系统因其内在特征、资源条件和法规体系的不同，而具有不同的弹性、适应性。脆弱性是系统受到外界干扰作用超出自身的调节范围，而表现出对干扰的敏感程度。干扰在一个区域范围内是敏感的，但在其他区域内未必具有敏感性。

2. 不稳定性

系统、群体或个体内在结构具有不稳定性，外界的压力或干扰也使得系统、群体或个体不稳定。

3. 敏感性

面对外界的压力或干扰，系统、群体或个体表现出敏感性，易脆弱化的个体本身也具有敏感性。

4. 适应性

暴露于外界干扰或压力的系统、群体或个体表现出适应性，使其具有抵御灾害影响，处理、适应灾害的能力。

5. 动态性

脆弱性随着时间、干扰类型、具体地点及系统特性而不断变化。某一区域在某一时间段具有脆弱性，但放在一个大的时间尺度上，未必具有脆弱性。

6. 多变性

具有脆弱性的系统是复杂的，系统是由多要素组成的，多要素之间互相影响。脆弱性目标识别过程中往往伴随着多变性，这是脆弱性识别的难点之一。脆弱性判断依据的多变性、统计方法的多变性、情景模式演变的多变性、各组成要素的多变性等都会影响脆弱性的研究结果。

7. 相对性

对于不同的类型、不同的时间段、不同的利用方式，脆弱性是不同的。人们对人海关系地域系统脆弱性与人地关系地域系统脆弱性、全球人海关系地域系统脆弱性的认识显然是不同的，这里脆弱性可以是原因，也可以是对状态的响应，还可以是区域之间脆弱性比较的判定阈值。

第二节 人海关系地域系统脆弱性影响因素判定

一、海洋资源退化加剧海洋经济脆弱性

海洋资源状况是海洋经济发展的基础保障，对海洋经济的稳定持续发展具有直接影响。我国虽然海洋资源丰富，但长期以来以追求经济效益为主的发展方式使部分海洋资源过度开发，造成资源浪费，从而加快了海洋资源的衰退，海洋经济脆弱性不断加剧。

（一）海洋生物资源过度开发

我国海洋渔业资源退化问题最为突出。由于海洋渔业资源被过度捕捞、海洋环境污染、海洋灾害、海洋渔业管理体制不完善、海滩围垦破坏、水利和海洋工程对生境的破坏等因素，我国近海渔业捕捞资源衰退，主要表现在以下几个方面（海洋经济可持续发展战略研究课题组，2012）。

1. 传统优质鱼类资源相继衰竭

近一二十年，经济价值较低的鱼类、虾蟹类成为主要渔获种类，传统优质鱼类在渔获物中所占比例不足20%，已不能形成鱼汛。

2. 总渔获量下降

传统经济鱼类的小型化、低龄化，致使经济种类种群补充不足，最大渔获量急剧下降，渤海、黄海、东海和南海四大海区的主要渔场消失或生产力降低，渔业资源衰退严重，传统经济鱼类数量锐减，有的鱼类已经处于灭绝状态。

3. 海洋生物的栖息地遭到破坏和损害

近海和江河入海处鱼、虾、蟹类洄游、栖息和产卵繁育幼体的天然场所遭到破坏。

（二）海岸和海域空间资源利用存在不合理现象

沿海地区的不合理开发利用活动，造成海岸和海域空间资源的浪费、破坏甚至丧失，主要表现在以下几个方面。

1. 围海造地造成滨海湿地丧失

沿海地区社会经济发展需要大量土地，填海造地在满足沿海地区土地需求的同时，也使得滨海湿地面积大大缩减，局部海湾面积缩小，海岸线缩短。

2. 海洋空间资源开发的广度和深度不够造成资源的浪费

与发达国家相比，我国海洋资源开发利用程度不高，特别是海域空间资源开发的广度和深度不够。我国滨海旅游资源利用率不足1/3，且开发深度不够，可养殖滩涂利用率不足60%。宜盐土地和滩涂利用率仅45%，15米水深以内浅海利用率不到2%，海水直接利用规模小；沿海地区一些深水港址未开发，海水和海洋能的开发程度和利用水平仍很低。

（三）海洋生态环境恶化削弱海洋经济应对能力

目前，我国海洋生态环境恶化主要表现在近海环境恶化、海洋生态系统失衡、海岸带生态环境危机凸显等方面，多方面压力带来现实的和潜在的海洋生态环境危机，直接或间接地削弱了我国海洋经济应对发展能力，成为制约我国海洋经济发展的关键因素。

1. 海洋环境质量逐年恶化，海域清洁率快速下降

2016年中国海洋环境状况公报显示，全国未达到清洁海域水质标准的海域面积平均为16.1万平方千米，约占中国领海的41.5%，较清洁海域面积为6.7万平方千米，轻度污染海域面积约为3.5万平方千米，中度污染海域面积约为2万平方千米，严重污染海域面积约为3.7万平方千米。严重污染海域分布在中国辽河、海河、黄河、淮河、长江和珠江的入海口海域。2016年，国家海洋局对我国近岸21个海洋生态监控区开展监测的结果表明，处于健康、亚健康和

不健康状态的海洋生态系统分别占 24%、66%和 10%。我国近岸海洋生态系统面临的主要生态问题包括环境污染、生境丧失、生物入侵和生物多样性低等，这些问题在 21 世纪初已经显现，现在愈加突出。

2. 全国主要海湾、河口生态系统处于不健康或亚健康状态

2004 年以来，锦州湾、渤海湾、莱州湾、杭州湾、乐清湾、闽东沿岸、大亚湾七个重点海湾及双台子河口、滦河口、黄河口、长江口、珠江口五个河口生态系统的生态健康评价结果显示，上述海湾、河口生态系统处于不健康或亚健康状态。

各海湾普遍存在的生态问题是海水富营养化、湿地生境丧失、生物群落的波动范围超出多年平均范围、渔业资源衰退等。部分海湾还受到重金属、油类的污染，大亚湾受到核电站温排水热污染，乐清湾外来物种互花米草的分布范围进一步扩大。

3. 滨海湿地大面积退化或消失，生态危机严重

20 世纪 80 年代以来，我国滨海湿地退化十分严重。退化的主要原因是围填海和陆源污染，主要表现是各类自然湿地的面积急剧缩减、湿地环境污染严重。根据围填海规模分析，我国目前各类滨海湿地减少的总面积至少达到 13 360 平方千米。

20 世纪 50 年代初，我国东南沿海的红树林面积约 500 平方千米，90 年代末仅剩 150 平方千米左右，减少 70%。从 20 世纪 50 年代至 90 年代，海南红树林面积减少 52%，广西减少 43%，广东减少 82%，福建减少 50%。近年来，由于国家加强了红树林的保护与建设工作，红树林的面积达到 227 平方千米，红树林分布面积有所恢复。监测表明，广西山口及北仑河口红树林生态系统处于健康状态，红树林分布区总面积保持不变，红树林群落基本稳定（海洋经济可持续发展战略研究课题组，2012）。

1987 年，辽宁省盘锦市芦苇湿地面积为 604.25 平方千米，至 1990 年面积为 467 平方千米，三年间该地芦苇湿地面积减少约 22.7%；至 1995 年面积为 344.80 平方千米，八年间面积减少约 42.9%；至 2000 年面积为 247.54 平方千米，13 年间面积减少约 59.0%；2002 年面积为 239.69 平方千米，15 年间面积减少约 60.3%。其他主要分布区的芦苇湿地面积因围垦及围塘养殖等开发活动

也遭受到了严重破坏。我国海草床的分布面积及缩减情况更为严重，目前在辽宁、河北、山东等地难以找到海草床的分布区，仅在海南的高隆湾、龙湾港、新村港、黎安港、长玘港，广西的北海等还有成片的海草分布。现存的海草分布区仍受到渔业、养殖业、海洋工程、非法捕捞、旅游业等的威胁。目前海藻床湿地的变化还不清楚，但港口等海岸工程对辽东半岛藻类的分布区产生了影响，并且海藻床的生态功能未得到足够的重视。

2004年以来的监测结果显示，大陆沿岸珊瑚礁主要分布区广东徐闻和大亚湾的珊瑚礁出现了明显的退化现象。网箱养殖、底播增殖养殖规模的迅速扩大，以及填海造陆等海岸工程建设导致海水中悬浮物含量增加、珊瑚表面沉积物沉降速率提高、水体透明度降低。徐闻灯楼角至水尾角沿岸活珊瑚礁的盖度显著下降，丙级适应低光照环境的角孔珊瑚和软珊瑚数量明显增加，活珊瑚群落结构发生变化，珊瑚礁退化严重。因受到核电温排水、海水养殖及陆源污染的影响，大亚湾珊瑚礁退化得更为严重（海洋经济可持续发展战略研究课题组，2012）。

（四）海洋灾害类型多、经济损失大

我国是世界上海洋灾害最为严重的少数国家之一。每年海洋灾害频繁发生，造成的经济损失和人员伤亡相当严重，已成为制约我国海洋可持续发展的重要因素。我国主要海洋灾害包括风暴潮、海浪、海冰、海岸带地质灾害等。

1. 海洋风暴潮灾害损失最为严重

21世纪以来，风暴潮造成的直接经济损失占海洋灾害总损失的比重在95%以上。风暴潮灾害除了造成沿海地区公路、通信、水利登记处设施直接受损，同时对海洋渔业发展具有严重的威胁。2014年，我国风暴潮灾害受灾人口1095.54万人，海水养殖受灾面积106.7平方千米，房屋损害34 573间，船只损毁6394只，直接经济损失135.8亿元（海洋经济可持续发展战略研究课题组，2012）。

2. 海浪灾害影响海岸、港口及交通运输

巨浪在近岸海域往往能掀翻船舶，摧毁海上工程和海岸工程，给海上航行、海上施工、海上军事活动、渔业捕捞等带来破坏。2016年，我国近海共出现有效波高4米以上的灾害性海浪过程36次，其中台风浪13次，冷空气浪和气旋浪23次。海浪灾害造成直接经济损失0.37亿元，死亡（含失踪）60人。

3. 北方海域海冰灾害时有发生

我国的海冰灾害主要发生在渤海、黄海北部和辽东半岛沿海海域，以及山东半岛部分海湾。各海域的盛冰期一般为 1 月下旬～2 月中旬。海冰造成的损害主要包括推倒海上平台、破坏海洋工程设施和船舶、影响海洋渔业和航运。1969 年，渤海发生了一次罕见的特大冰封，这是 20 世纪以来我国最严重的一次海冰灾害。据不完全统计，从 1969 年 2 月 5 日至 3 月 6 日，进出天津塘沽港 123 艘客货轮中，有 58 艘被海冰围困不能航行。“海一井”平台支座的拉筋全部被海冰折断，“海二井”的生活设备和钻井平台均被海冰推倒，损失巨大。2010 年 1 月，受寒潮影响，渤海、黄海海域海上冰情发展迅速，为近 30 年来同期最严重的冰情。大范围的海面结冰，对当地的海上石油生产、交通运输、渔业养殖等活动造成了一定影响（海洋经济可持续发展战略研究课题组，2012）。

4. 海岸带局部地质灾害严重

中国海岸带地质灾害主要包括海岸侵蚀和海水入侵。多年来的检测结果显示，中国海岸侵蚀灾害十分普遍，海岸侵蚀主要分布在地质岩性相对脆弱的岸段，受海平面上升和频繁发生的风暴潮等自然因素，以及海滩和海底采砂、上游泥沙拦截使得入海泥沙量的减少和海岸工程修建等人类活动的影响，海岸侵蚀速率增加。中国海岸侵蚀灾害严重的区域包括辽宁省营口市盖州至鲅鱼圈岸段、辽宁省葫芦岛市绥中岸段、河北省秦皇岛市岸段、山东省龙口市至烟台市岸段、江苏省连云港市至射阳河口岸段、上海市崇明东滩岸段、广东省雷州市赤坎村岸段、海南省海口市新海乡新海村岸段。2003 年以来年均侵蚀速度大的岸段为上海市崇明东滩岸段、江苏省连云港市至射阳河口岸段、山东省龙口市至烟台市岸段、海南省海口市新海乡新海村岸段，侵蚀速率分别为 24.1 米/年、15.0 米/年、4.5 米/年和 4.0 米/年。

二、人海经济系统脆弱性影响因素

（一）海洋产业结构与空间布局有待优化

海洋产业布局又称海洋产业的空间布局，是指海洋产业结构各部门在海洋空间内的分布和组合状态。海洋产业布局与海洋产业结构有着密切关系。海洋产业布局是海洋产业结构在海洋空间上的反映，一定的海洋产业结构在地域上必然有其特定的空间分布和组合状态。海洋产业结构与海洋产业布局之间相互作用，共同影响着海洋经济的增长。

目前，我国海洋第一产业主要集中在辽东半岛、胶东半岛及浙江至广东岸段；80%以上的海洋第二产业主要集中在大连—锦州、天津、东营—烟台—青岛、长江三角洲、珠江三角洲等岸段，而且主要集中在特大城市和大城市的市区，市区以外的滨海工业则比较薄弱，这种空间布局结构不利于海洋经济的全面均衡发展，主要体现在以下几个方面（海洋经济可持续发展战略研究课题组，2012）。

1. 各类涉海行业存在用海矛盾

从行业用海角度来看，旅游业、海水养殖业、盐业、港口建设、临港工业、自然保护区等用海类型均有排他性。由于目前我国沿海地区海洋开发活动主要分布在近岸海域，不同行业在分配使用岸线、滩涂和浅海方面仍存在矛盾，如渔业、盐业、农垦、苇田争占滩涂的矛盾一直存在，盐业、渔业、石油勘探开发、海港和航道建设相互制约的问题仍存在，这些矛盾如不能有效地加以解决，将直接影响我国海洋经济的持续、健康发展。

2. 海岸资源过度开发与开发不足并存

由于我国海洋资源基础薄弱，地区经济实力、开发管理力度等差异，沿海地区海洋经济发展省际差异明显，产业地理集中度高。海洋经济和海洋产业的地理集中，导致部分地区海洋资源开发利用过度，而部分地区海洋资源却处于闲置状态。以环渤海地区为例，秦皇岛浅海筏式养殖范围已发展到12海里附近，而唐山近岸浅海宜养殖海域尚处于闲置状态；唐山近岸宜养殖滩涂开发利用较为充分，而沧州宜养殖滩涂资源大部分尚未开发利用。

3. 沿海各地海洋产业体系空间布局同构化严重

目前，我国海洋经济区域布局基本形成，由广西北部湾经济区、深圳经济特区、海峡西岸经济区、上海浦东新区、天津滨海新区和辽宁沿海经济带构成的沿海经济区域布局已经基本形成，区域海洋经济发展规模不断扩大。我国海洋经济区域布局尽管已取得了重大进展，但区域分工体系仍不完善、协调配合仍不够、仍存在无序竞争等问题。以渤海、黄海地区为例，青岛港、大连港和天津港争夺北方国际航运中心地位已有多年，为此，各港口均加大了对新型集装箱码头、大型原油码头和矿石码头的建设力度，促使竞争不断升级；营口港使大连港、烟台港和青岛港等也面临严峻挑战。

（二）港口成为沿海地区发展的重要依托

临海工业的发展显然离不开当地的交通运输优势，因此，以港口为依托是沿海地区工业园区发展的主要形式。从沿海城市来看，这些城市都有不同规模的港口。根据区域经济“增长极”理论及“区域梯度开发”模式的内涵，沿海经济区域均是将临港地区（特别是港口）培育成该区域经济发展的“增长极”。通过对港口的梯度开发，逐步实现港口功能全面完善，“增长极”彰显“隆起”作用，带动区域经济和谐发展。作为港口建设的重要组成部分，临港工业自然成为区域经济发展“增长极”的“极点”。从全国范围来看，各地区形成了具有本地特色的临港工业带。如在广东，以“惠州—广州—珠海—茂名—湛江”临港开发区为载体的“沿海石化产业带”正在形成；在天津，以塘沽临港工业区为基地、炼化为龙头，石油化工、海洋化工、精细化工、造船为主导产业，以高新技术产业为拓展方向的“海上化工新城”项目正在实施；在宁波，大力发展石化、钢铁、汽车、能源、造纸等资金和技术密集型工业，已经形成了绵延20多千米的临港工业带，带动了宁波产业结构向高技术、重型化方向的转型。

进入21世纪以来，以钢铁、石化等为重点的工业，也出现向沿海港口城市转移的趋势。这种产业区位的调整，首先是由于内陆矿产资源的枯竭及从国际市场获取材料来源的需要；其次是为了更靠近市场；最后是依托港口建设可以大大降低运输成本，符合重化工产业布局的一般规律。我国第一批对外开放的全部城市和第二批对外开放的部分城市是港口城市，各个港口城市基本上都依托港口有了自己的经济开发区。从世界发达国家的工业发展历程来看，临港工业由于依托港口资源，能够将港口码头纳入工业生产线，最大限度地节约生产成本，增强企业竞争力，所以发展临港工业成为海岸地区发展重化工业的主要形式，对国民经济的发展起到积极的推动作用。在新一轮的发展浪潮中，我国很多港口城市特别是沿海港口城市政府都提出了“工业立市、以港兴市、建设现代化新兴港口工业城市”的发展战略。利用港口的优势条件，在国际市场上实行“大进大出”的发展战略，建立临港性工业体系，是我国许多港口城市发展的一条重要途径（海洋经济可持续发展战略研究课题组，2012）。

（三）新一轮沿海大开发带来的人口资源和生态环境压力空前剧增

随着沿海地区经济的高速发展，沿海地区进入了新一轮的开发高潮期，我国进入大规模、多层次、全方位地开发和利用海洋的阶段，港口建设和大型钢铁企业、石化企业、冶炼企业、加工企业等向海岸转移，沿海地区面临空前的开发建设用地需求压力，围填海规模逐年扩大。2009 年，我国岸线人工化比例近 40%，海岸带生态脆弱区占 80%以上。锦州湾、渤海湾、莱州湾、苏北浅滩、乐清湾、闽东沿岸滨海湿地生境永久性丧失压力巨大。

随着中国战略石油储备、海上石油运输及海洋石油开发规模的迅速扩大，海洋溢油事故的风险进一步加大。据统计，1973～2006 年，中国沿海共发生大小船舶溢油事故 2635 起，其中溢油 50 吨以上的重大船舶溢油事故共计 69 起，总溢油量 37 077 吨，平均每年约发生 2 起，平均每起污染事故溢油量约 537 吨，船舶溢油事故频发。近年来还相继发生了山东长岛及大连新港重大溢油事故，造成了海洋生态环境的严重损害。

（四）海洋管理体制滞后于海洋经济发展需求

我国目前海洋管理体制实行的是以分部门、分行业为主要特点的分散型管理体制，涉及的部门主要包括海洋、农业、交通运输业、环保、能源、土地等。在分散型海洋管理体制下，行政和执法上没有统一协调的机制和机构，而健全的海洋管理部门则需要高效的海洋管理职能部门，统一的海上执法队伍，完善的海洋综合性法律法规体系，完整系统的海洋发展战略规划、区划、政策和方针。因此，目前我国实行的分散型海洋管理体制难以解决海洋资源可持续利用的问题，难以满足加强海洋经济宏观调控的需要。

三、人海社会系统脆弱性影响因素

2008 年，沿海 11 个省（自治区、直辖市）单位面积 GDP 为 1522.2 万元/千米^2，是全国平均水平的 5 倍，上海市 2008 年的单位面积 GDP 是沿海地区平均水平的近 15 倍。作为世界上最大的发展中国家，中国正保持着经济平稳高速增长的势头，无论是我国综合实力的提高，还是人民生活的不断改善，都对经济社会发展的要求越来越迫切（海洋经济可持续发展战略研究课题组，2012）。

（一）人口不断向东部沿海地区集聚

沿海地区是我国人口相对密集的地区，选择东部沿海有代表性的省份的人口密度（人口密度=地区常住人口/地区土地面积）与全国人口密度作比较。1980 年全国人口密度仅为 103 人/千米 ^{2}，1980 年上海市人口密度为 1862 人/千米 ^{2}，是北京、天津的 3 倍，约是全国人口密度的 18 倍。而后随着时间的推移，上海市的人口密度与全国的以及沿海各省份的人口密度的差异越来越大，到 2015 年人口密度最大的 3 个直辖市分别是上海市、北京市和天津市，上海市的人口密度达到了 3826 人/千米 ^{2}，北京市的人口密度为 1322 人/千米 ^{2}，天津市的人口密度为 1270 人/千米 ^{2}，而全国平均人口密度为 142 人/千米 ^{2}，上海市的人口密度约是其 27 倍，北京市和天津市的人口密度约是其 9 倍。由于经济发展水平和一些地域条件的限制，广西壮族自治区和海南省的人口密度与全国相差不大（海洋经济可持续发展战略研究课题组，2012）。统计资料显示，2000～2015 年全国流动人口的数量逐年递增，由 2000 年的 5510 万人增加到 2015 年的 2.47 亿人[①]。人口流入规模居前五位的省份都位于东部沿海地区，人口流出省份则大多集中在中西部地区（图 4-2）。

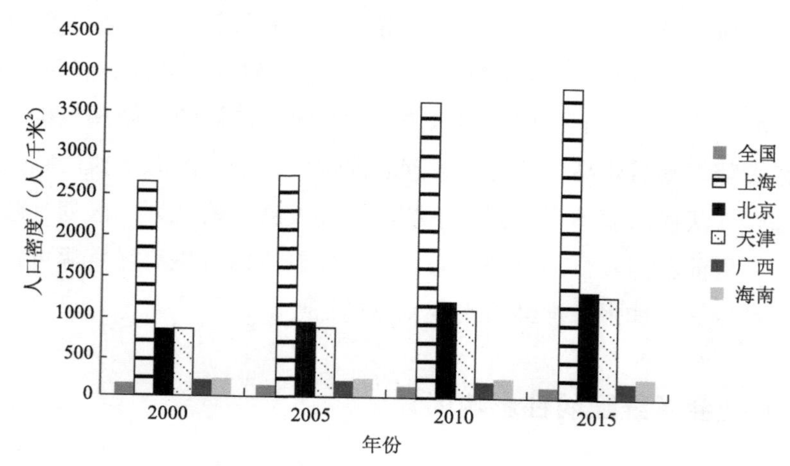

图 4-2　部分沿海地区的人口密度与全国的人口密度对比

（二）沿海城市空间向滨海转移趋势不断加强

沿海地区的发展是双向性驱使的，即向海外扩张产业项目以及向内陆腹地

① 数据来源于《中国城市统计年鉴》（2001～2016 年）。

延伸，在这个过程中，形成了一个承接这两个方向生产要素的枢纽——滨海新城。滨海新城作为沿海经济带的承载主体，正以不同形式在许多沿海城市发展。从土地的集约利用角度来看，滨海新城将分散的土地适当地集中起来，加强了中心城区的职能，提高了土地的利用效率。但同时，它又保持了一种适度分散的模式，实现了空间的弹性拓展。如具有典型性的天津滨海新区，在滨海新区范围内构建“一轴、一带、三城区”的城市空间结构：“一轴”即以沿海和京津唐高速公路为城市发展主轴；“一带”即东部滨海城市发展带；“三城区”即滨海新区核心区、汉沽新城和大港新城。

四、人海关系地域系统脆弱性的影响因素耦合分析

（一）经济与资源、环境的关系

1. 经济发展对资源、环境的依赖

经济活动是受人类需求的驱使而作用于自然的一个复杂组织过程。人类为了满足自身生存和发展的需要，利用知识和技术，通过劳动开采和加工自然资源，生产有用物品，而任何有用物品的生产，都需要以自然环境为场所，以自然资源为物质基础和劳动对象来进行。另外，在经济活动中，除生产出人们需要的有用物品外，还不可避免地要产出“三废”（废水、废气、固体废弃物），这些“三废”也需要依靠自然环境来容纳、净化和降解，才不致由于积累效应而形成灾难。因此，资源、环境是人类经济活动的物质基础和能量源泉，是人类社会生存与发展的客观依赖条件和载体；经济发展对资源、环境有一种不以人的意志为转移的客观依赖关系。

2. 经济发展与资源、环境的矛盾

经济发展与资源、环境的矛盾体现在资源、环境的有限性与人类需求的无限性和经济活动的“个体性”与资源、环境的“公共性”两个方面。

自然资源和环境要素并非取之不尽用之不竭，其总量是有限的，而且由于一些资源赋存地理位置的固定性和分布空间的差异性，更突出了资源环境稀缺性和有限性的特点。相反，由于人类欲望的无限性，人类对物质和精神产品的追求是永无止境的，即对资源和环境的索取是无限的。于是需求无限与资源、环境有限就成了一对不可回避的尖锐矛盾而摆在我们面前，这就是经济发展与

资源、环境的矛盾表现之一。

经济发展与资源、环境的矛盾表现之二是：经济活动一般归属不同的经济主体，因而具有个体性和局限性；而资源、环境大多属于社会公共财产，因而具有公共性和全局性，因为资源环境缺乏产权的“公共性”使得市场优化配置资源的功能在此出现障碍，导致资源环境被低效率配置和过度消费。这种低效率配置和过度消费加剧了资源环境的稀缺性，进而使经济的发展受到限制。

（二）经济与资源、环境的相互作用过程

1. 经济与资源、环境的正向作用——协同、演化

经济系统对资源、环境具有积极、能动的作用，资源、环境对经济具有最基本和后发影响，有时甚至是决定性的影响。人类不断增长的各种需求使经济、资源与环境三者紧密联系起来，使自然资源和自然环境深深地打上了人类经济和社会活动的“烙印”，人类不仅遵循自然规律进行着自然生产和自然演变，而且在社会经济规律作用下进行着社会再生产和推动社会历史性的演变。

经济的一个重要特点就是具有协调和组织功能，经济不仅协调生产过程，而且协调消费过程，即通过消费获得满足的过程必须与生产过程协调一致，生产部门必须生产适销产品和提供对应的服务，避免产生那些不但不能满足人类的需要，而且污染环境、损害人类利益的有害物质和能量，一个协调运转的经济系统才可能实现对资源的最优配置和高效利用及对环境的持续利用。

根据生态学原理，协同是生物与环境经过相互选择适应过程而实现的共同发展。一个开放的经济系统经过人为的内部协调与外部环境进行适度的物质、能量和信息的交换，也可趋于动态同一的阶段性稳定状态，即最适合整体效益状态，从而实现经济系统与资源、环境相互协调、彼此促进、良性循环。具体而言，人们遵循自然规律与经济规律科学地组织经济活动，根据资源承载力和环境容量进行适度的经济活动，实现对自然资源合理的开发利用，从而获得较高的经济效益，同时对资源再生和环境保护投入日益增多的资金，使资源不断更新以满足经济发展对资源日益增长的需要，使污染治理量不断增加，污染物的积累量小于环境容量，又获得较好的资源效益和环境效益，资源、环境状况的改善又促进社会经济发展，进而获得良好的社会效益，最终实现经济效益、社会效益与资源效益、环境效益的统一，使社会经济系统与资源环境系统协同进化、良性循环，达到可持续发展的目的。

2. 经济与资源、环境的逆向作用——矛盾、制约

资源、环境与经济虽然有同态协调的一面，但各自也遵循自己的运行规律，违背这些规律，将导致三者间的矛盾加剧，资源、环境对经济活动的制约性加强，造成恶性循环。

环境污染、生态破坏一方面造成直接经济损失，另一方面使人类生存与发展的条件与空间潜伏巨大危机，影响未来的持续发展。生态破坏导致环境自净能力削弱，使环境容量降低，制约经济增长的速度和规模；生态破坏还阻碍可再生资源的再生产过程，造成不可再生资源的极大浪费，进而因资源短缺大大限制经济的发展；经济落后无力投资治理污染、保护环境，使环境污染与资源危机进一步加剧。如此，资源、环境与经济发展进入了恶性循环的怪圈。资源、环境破坏的后果具有不确定性，一旦资源承载力和环境容量低于某一临界阈值，就会造成无法弥补的损失和不可逆转的后果，到那时人类将失去发展乃至生存的能力。

（三）人海资源环境-经济-社会系统的脆弱性影响因素耦合分析

对区域进行研究时，要从系统和综合的角度进行分析。系统是若干复杂事象的统一体、综合体，系统论是把研究对象看成系统，从整体上综合地考虑。系统的观点是注重局部的同时，特别注意各部分间的有机联系。研究系统内各个因素组成和变化的情况，有利于揭示各因子以及它们与外部因素的联系，提高系统的整体水平。运用系统的观点，要把沿海城市看作是系统，它是一个开放式的复杂巨系统，包括人海资源环境系统、人海经济系统和人海社会系统。在复合区域系统中，三个子系统之间密不可分，相互联系、相互制约。

人海资源环境系统、人海经济系统、人海社会系统相互作用，从生态、人文、社会构建角度进行耦合机制研究，如图 4-3 所示。从人海关系地域系统来看，人海资源环境系统的变化直接影响经济系统中生产原料的来源，进而影响人海经济系统的组织及产品结构，同时系统向外界排放废弃物，加重环境压力；而经济系统的变化直接、间接影响社会消费和生活消费，同时影响社会就业，从而影响整个社会保障、社会运行等方面，甚至影响整个社会系统的发展。因此，对沿海城市而言，海洋资源的有限性及海洋环境的变化是影响沿海城市人海关系地域系统演化的内在动因，是制约其人海关系地域系统脆弱性的关键因素。

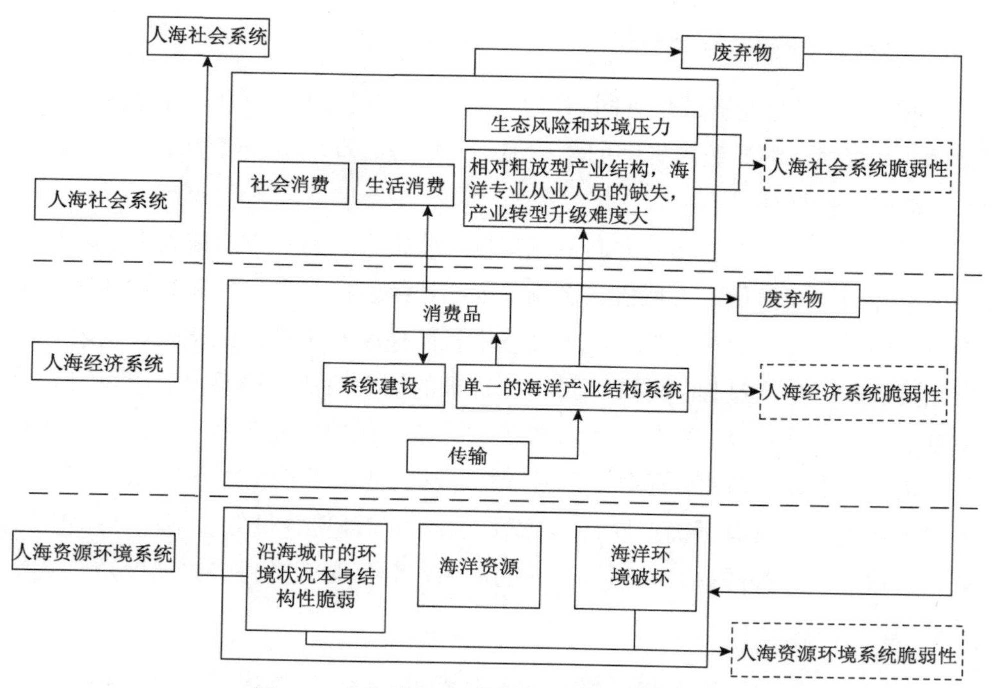

图 4-3 人海关系地域系统脆弱性耦合分析图

第三节 区域脆弱性与区域可持续发展的关系分析

一、区域可持续发展内涵

区域可持续发展的内涵既应从时间上具体限制，又应在空间上给予说明，是人类社会经济活动中最具体、最现实的部分。考虑到可持续发展具有公平性、持续性、共同性的基本原则，区域可持续自身的空间性、可控性等独特的属性，可将区域可持续发展的内涵表述为：特定的区域在人类有意义的时间跨度内，不破坏本区域和其他区域现实的或将来的满足公众需求的能力的发展过程。具体来说，区域可持续发展是指区域自然环境容量可以不断满足人类生活质量保障的社会发展状态。区域可持续发展是在区域内要尽可能减少对人类的生存基础资源与环境的破坏，维持不变或增加的资本储量，旨在实现人类生活质量的长期改善，即在追求区域经济发展效益最大化的同时，维持、改善区域环境条件和资源基础，是基于科技、经济、资源、环境和社会等诸因素相互作用、良性循环的机理（李博，2008）。

二、从社会角度分析区域脆弱性与区域可持续发展的关系

从社会角度分析区域脆弱性与区域可持续发展之间的关系，抛开了传统的区域经济研究侧重“如何去”实现可持续发展，而脆弱性研究是找出脆弱性机制因素，研究如何进行恢复，进而“如何才能”进行可持续发展。当一个区域处于脆弱性的发展状态时，要采取措施，通过适应、调整等手段进行恢复，进而实现可持续发展。

研究区域脆弱性是从另一个角度探寻区域的可持续发展，从阻碍区域可持续发展的因素——区域脆弱性上进行研究，只有找到系统中阻碍区域可持续发展的因素，并进行恢复才能实现可持续发展。

三、从过程角度分析区域脆弱性与区域可持续发展的关系

从过程角度分析，区域实现可持续发展的过程是抑制区域脆弱性的螺旋式上升的过程。没有脆弱性或脆弱性低才能实现可持续发展，若脆弱性高，就要通过响应机制（发展模式）来降低脆弱性；如果脆弱性超过了风险阈值，区域系统将面临崩溃。调控不是短时间内可以完成的，需要通过适应、调整、拮抗、规避机制来进行调控（图 4-4）。

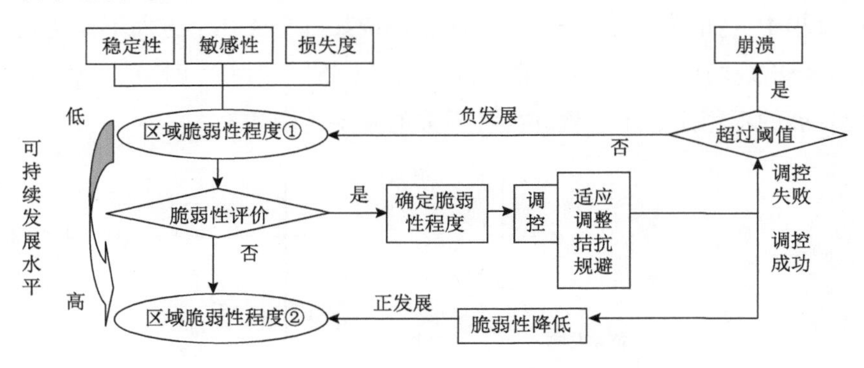

图 4-4　区域脆弱性与区域可持续发展关系图

区域脆弱性具有阶段性的螺旋式上升和加速发展趋势，而可持续发展就是抑制这种脆弱性的螺旋式上升的过程。人类活动或自然环境在特定时期相互作

用，具有稳定性的特点，此时系统处于初级可持续发展阶段；随着人类社会经济结构调整、技术进步、人口增长等人文要素和人文环境的发展变化，加上自然环境的演化变迁，人类活动或自然环境的重大变化，促进了脆弱性的发生和发展，在局部时段或局部地域甚至出现了可持续的停滞、衰退现象，呈现出非均速、非线性的波动振荡；而后，人类的意识和社会活动发生变化，采取积极有效的措施，降低脆弱性，增强可持续性；最终，实现高度可持续性，脆弱性降低到最低点。

系统最初处于脆弱性低、可持续性高的状态，随着资源的开采，使得系统的脆弱性提高，可持续性降低。当脆弱性提高到一定程度，人们意识到这个问题，并采取相应的有效措施来进行恢复，使得脆弱性降低，而可持续性提高。随之会出现两种状态，一种是可持续性程度比最初的可持续性要低，另一种是可持续性程度比最初的要高，这其中有制度、技术等一系列的影响因素，紧接着又会出现新一轮的区域脆弱性和区域可持续性的演变（李博，2008）。

四、从演化角度分析区域脆弱性与区域可持续发展的关系

从演化角度分析，区域脆弱性与区域可持续发展是交替出现的。区域脆弱性是衡量区域发展水平的一种量度。脆弱性积累到一定程度，会使区域向负方向发展，使该区域乃至大区域的发展发生振荡；如果这种负向发展的区域不能遏制，超过风险阈值，大区域的发展就会出现危机。在可持续发展的终极目标实现过程中，如果发展、公平、合作、协调某一个或几个方面不能达到理想状态，就会出现弱可持续发展、非可持续发展状况。这样就可能引发脆弱性提高，造成发展的不稳定、不协调和各种损失的发生（图 4-5）。

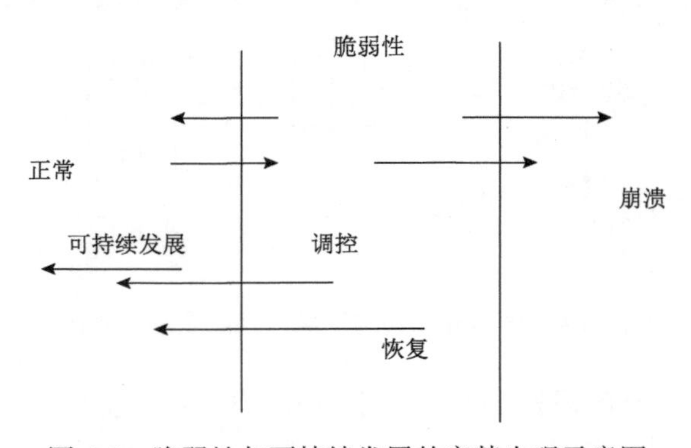

图 4-5　脆弱性与可持续发展的交替出现示意图

火山爆发、洪水暴发等突发性事件，恢复起来困难，因而形成了冲击式脆弱性。冲击式脆弱性因素会造成区域系统大量的经济损失，导致区域发展各系统间的不平衡，使区域系统失去稳定和人类对系统的控制能力。冲击式脆弱性因素对区域发展的影响是多方面的，且关系十分复杂，后果影响异常深远。对于冲击式脆弱性的情况，脆弱性与可持续发展的交替出现如图 4-6 所示（张炜熙，2011）。

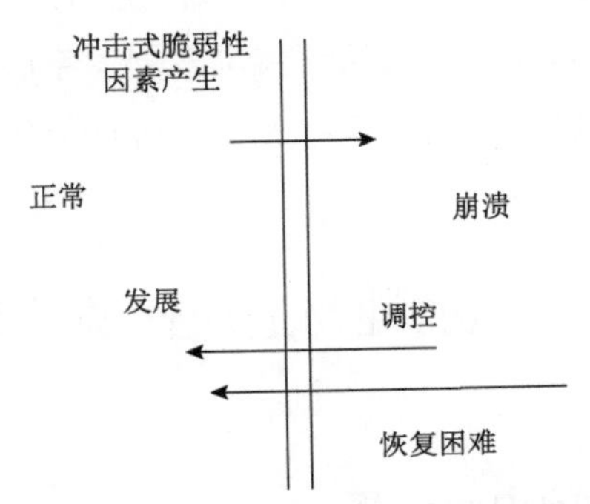

图 4-6　冲击式脆弱性与可持续发展的交替出现示意图

五、从函数角度分析区域脆弱性与区域可持续发展的关系

从函数角度分析，脆弱性是可持续发展的时间函数和空间函数。对于脆弱性的描述有四个因素：脆弱系统、时间尺度、系统受威胁的属性和灾害，即系统的某些属性在特定时段内对某些或某种灾害的脆弱性。

（一）区域脆弱性是区域可持续发展的时间函数

某一区域在特定时段内，在特定的条件下，为达到整体的可持续发展，可能暂时牺牲某一系统的利益，即允许其脆弱性在一定的时期内存在，待时机成熟后再重点解决这一系统的不稳定性、敏感性、损失度等问题。在一定的时期内，区域内部的不稳定性导致区域的脆弱性，当脆弱性积累到一定程度，就会影响长期可持续发展目标的实现。

用公式 $V=T(S)$ 表示，其中 V 表示区域的脆弱性状况，S 表示区域可持续发展状况，T 表示区域脆弱性与区域可持续发展关系的时间函数，其是一个过程，分为不同的阶段，随着时间的变化，区域脆弱性和区域可持续发展的关系会发生变化（李博，2008）。

（二）区域脆弱性是区域可持续发展的空间函数

在追求可持续发展的过程中，也可能存在一定程度的脆弱性。区域之间资源的丰度、自然环境、区位优势等都存在着不同程度的差异，因而区域表现出来的发展水平是不均衡、不稳定的。保持合理的区域脆弱度，限定脆弱性的临界阈值，在脆弱性不超过这一临界值的状况下，寻求各区域的可持续发展。

用公式 $V=R(S)$ 表示，其中 V 表示区域的脆弱性状况，S 表示区域可持续发展状况，R 表示区域脆弱性与区域可持续发展关系的空间函数，区域可持续发展状况包括资源的丰度、自然环境状况、区位优势等因素（李博，2008）。

第四节　脆弱性与适应性的关系分析

一、脆弱性和适应性的内涵分析

从狭义范围的定义来看，脆弱性是一种状态量，反映冲击发生时系统将脆弱性因子打击力转变为直接损失的程度，即损失度。适应性是过程量，反映了脆弱性已经存在的情况下，人海关系地域系统如何自我调节从而消融间接损失并尽快恢复到正常能力。

Holling（1973，1986）认为，脆弱性主要包括敏感性和响应能力，不应当把暴露状况作为脆弱性的组成成分，而是应当把其看作是系统与外力干扰之间联系的一种特征。如果系统的脆弱性可以用敏感性和响应能力来表征，那么系统的暴露状况就可能受其他因素的独立影响。也就是说，面对不同暴露条件，系统表现的脆弱性是不同的，受系统过去所经历的暴露水平的影响。由于适应能力（降低脆弱性，提高适应能力）的存在，系统的脆弱性又会发生变化。

脆弱性不是弹性的对立面，因为弹性是系统在不同吸引域内的一种状态转换，而脆弱性至少是指系统在同一稳定结构模式内的结构变化。弹性与脆弱性的某一特性相关，与几个相似的概念如适应能力、应对能力、响应能力等有关。弹性和脆弱性都是系统自身的属性，先于干扰或暴露程度而存在，但是又与干扰或暴露程度的特征相关，一方面这两个特性因干扰或暴露而表现出来，另一方面暴露的历史，即过去受影响的经历对脆弱性和弹性具有重要影响（方修琦和殷培红，2007）。

Smit 和 Wandel（2006）还认为脆弱性各个组成部分之间的关系是动态的，这种关系随时间、干扰类型、具体地点以及系统特性而不断变化。适应是降低脆弱性的途径。人们可以预测未来可能发生的环境变化，分析未来情景下的脆弱性，然后通过适应策略的选择，来改善当前的系统状态，降低脆弱性，从而更好地适应未来变化。适应能力还可以影响系统的阈值和应对范围。系统的应对范围（或适应域）因各种社会、经济、政治条件而变化，还与气候变化有关，如极端气候事件以及普通气候事件的累积效应等都可以使系统的适应域变窄。脆弱性评价体现了动态特征以及以人为中心的评价理念。作为受到自然和社会系统变化影响的受众和适应者，人的发展需求以及对适应方式的选择等因素被纳入脆弱性评价体系之中，并深刻影响着现在以及未来自然社会系统的脆弱性以及适应策略。IHDP 在 2005 年 1 月的研究通信中推出“交互式脆弱性评估框架”（图 4-7），更能体现将脆弱性形成的时间和空间的动态变化过程，以及包括气候变化和全球化过程在内的多种全球变化过程结合起来的脆弱性评价理

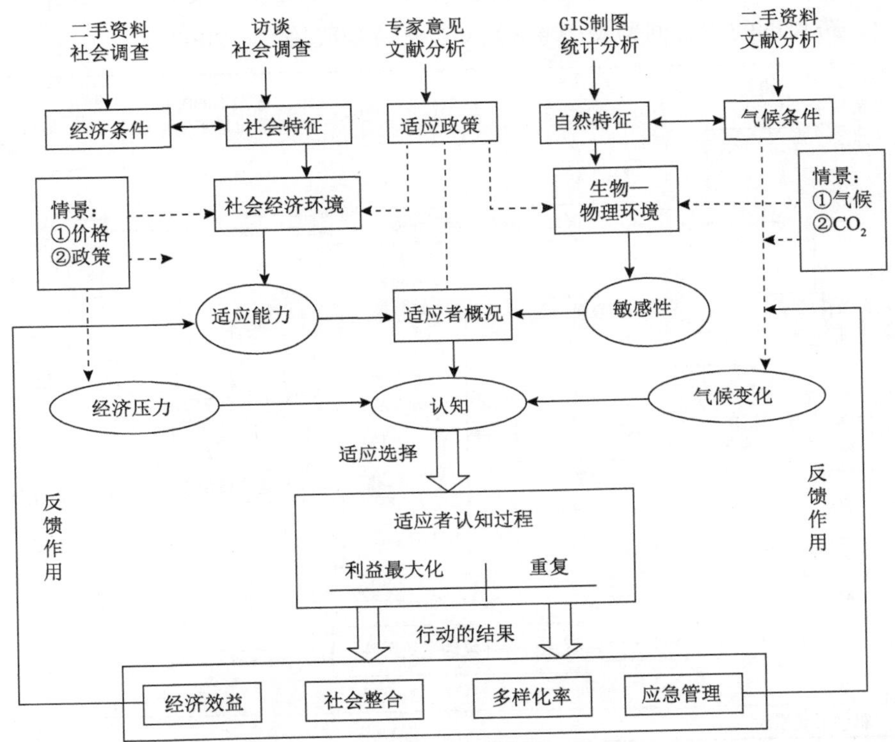

图 4-7　评估全球变化过程相互影响的交互式脆弱性评估框架（方修琦和殷培红，2007）

念，并且提出要将大多数研究中的一般性指标评价方法转变为面向适应者的脆弱性评价。适应者的脆弱性不仅是暴露水平、敏感性和适应能力的函数，还包括适应者对变化和风险的认知过程，如对变化及风险的感知、评估，是对适应方式的权衡与选择、决策过程以及对自身适应行为产生效果的评价等诸多过程。这些过程更多地涉及各种经济、社会和行为科学理论，不同的风险承担者会有不同的认知策略（方修琦和殷培红，2007）。

二、适应性是对脆弱性的一种响应

2000年以来，学术界逐渐认识到单独以人为中心或以生态为中心的脆弱性研究是片面的，人与生态环境是一个耦合的系统，脆弱性分析要以人-环境耦合系统为分析对象，耦合系统脆弱性分析框架开始出现，Turner等（2003a）在前人研究基础上提出了可持续性科学中的脆弱性分析框架（AHV分析框架），该框架以人-环境耦合系统为分析对象，强调了扰动的多重性及多尺度性，突出了对脆弱性产生的内因机制及地方特性的分析，整个分析框架是一个多因素、多反馈、跨尺度的闭合回路（图4-8）（方修琦和殷培红，2007）。

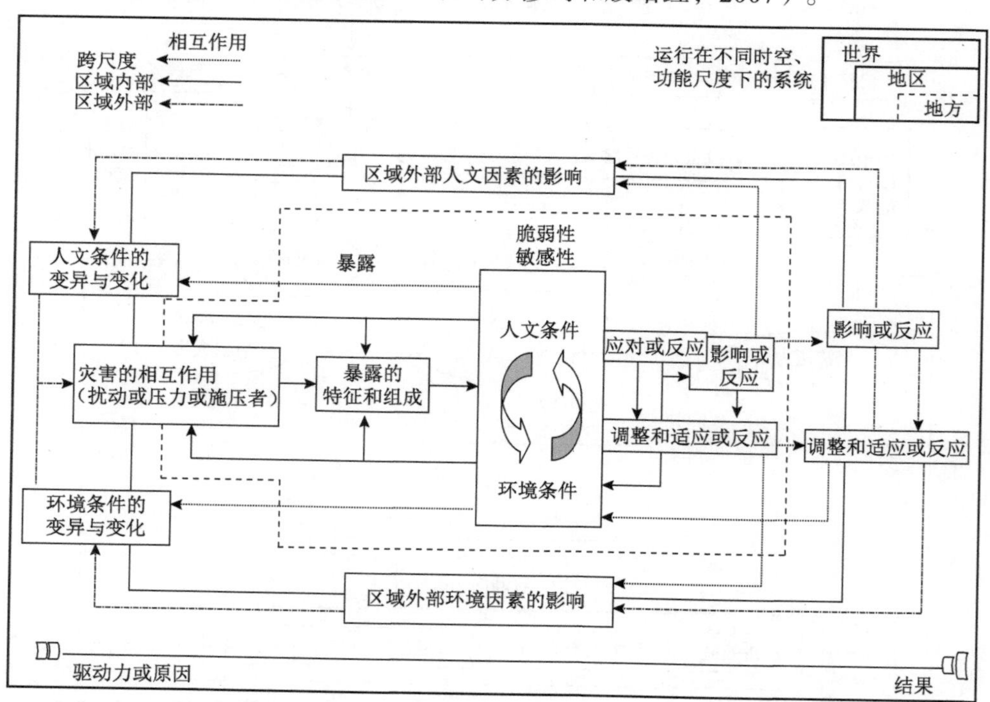

图4-8　AHV分析框架（Turner et al.，2003a）

总体来看，脆弱性分析框架经历了从单一扰动向多重扰动，由只关注自然系统或人文系统的脆弱性向关注耦合系统脆弱性的分析，由静态的、单向的脆弱性分析向动态的、多反馈的脆弱性分析转变的过程，在整个演变过程中，敏感性、恢复性、适应性等要素被纳入到脆弱性分析框架中，使脆弱性分析框架日渐完善，逐渐成为探讨人地系统相互作用机理的一种新范式和分析工具。

第五章

人海关系地域系统脆弱性研究

第一节 中国沿海地区人海关系地域系统脆弱性评价与分类

一、区域概述

中国位于亚欧大陆东南、太平洋西北，是一个海陆兼备的大国，海域分布范围广，大陆海岸线曲折漫长，北起鸭绿江河口，南至北仑河口，全长 18 000 多千米，主要呈北东向和北西向。

（一）海洋资源

1. 海洋生物资源

人类最早利用海洋的行为方式之一就是捕捞海洋生物，中国海域大多处于亚热带、热带，光热条件较好，紧邻世界上物种多样性最丰富的西太平洋海域。中国海域生物种类总量多，全部生物物种 20 000 种以上，生物种数的分布自北向南逐渐增多。其中最具捕捞价值的海洋鱼类约 2500 种，头足类 84 种，对虾类 90 种，蟹类 685 种，并形成了众多的渔场，如舟山渔场、南海渔场等。海洋渔业资源的传统利用方式是以海洋捕捞为主，随着捕捞船只数及其马力、现代渔具的增加，海洋捕捞产量成倍增长，导致一些鱼类资源处于过度捕捞状态，再加上人类开发海洋的经济活动加剧，海洋环境污染程度加大，致使中国海洋渔业资源总量处于下降状态。面对这些问题，中国已采取伏季休渔等渔业资源保护、管理措施，发展远洋渔业、水产养殖业等，以转变发展方式，走可持续发展道路。海洋植物资源主要分布在海岸带间的丘陵、山地之上，尤以广东、广西、福建的面积较大。

2. 海洋矿场资源

在经过大量的地质调查和勘探后发现，中国海底蕴藏着极为丰富的石油、天然气资源。此外还发现深海区域有锰结核、钴结核和热液矿产等资源。探测中，中国海洋石油资源约 246 亿吨，占总量的 23%。天然气 16 万亿立方米，占总量的 30%，中国辽阔的海底多金属结核总资源量为 3 万亿吨，有商业开采潜力的达 750 亿吨。天然气水合物资源储量约相当于 1000 亿吨油当量，其中近

800 亿吨分布在南海海域，海滨砂矿探明储量为 15.25 亿吨，在大陆架海区还广泛分布着金、铜、煤、硫、石灰岩等矿产。

3. 海洋空间资源

海洋土地资源主要集中在海岸带及岛屿上，其中海岸带土地资源数量大、分布广、类型多，随着人类经济活动更多地向海洋拓展，海洋土地资源将会在经济发展中扮演更重要的角色。在海洋空间资源中，港口虽然面积较小，但在海洋经济发展中作为重要的转节点，成为中国联系世界经济的桥梁和纽带。在中国超过 30 000 千米的大陆与海岛岸线上分布着宜港的大小港湾超过 100 个，长达 400 千米的深水岸段以及众多的河口，空间资源丰富，但尚未得到完全开发，有较大的开发潜力，主要集中在基岩岸段，分布不平衡。

4. 海洋动力资源

海洋动力资源是由于海水运动和海水理化特性差异所产生的各种能量的总称，包括潮汐能、波浪能、温差能、盐差能、海流能等。经调查和估算，中国海洋能资源蕴藏量约 4.3 亿千瓦。中国潮汐能估计总的蕴藏量为 1.1 亿千瓦，可以开发的地点有数百处之多，总装机容量约为 0.217 亿千瓦，年发电量超过 600 亿千瓦时。中国沿海波浪能资源根据理论计算，总功率约 2300 万千瓦。中国海洋能资源开发潜力巨大，受限于技术水平等因素，目前主要开发了潮汐能，其他如波浪能、海流能等尚处于试验和探索阶段。

5. 海水资源

海水中溶存着 80 多种元素和多种溶解的矿物质，储量十分巨大，应用前景广阔。我国沿海许多地区都有含盐量高的海水资源，平均盐度可达 2.8%～3.4%，北方沿海滩涂因晒盐自然条件优越，成为中国盐田的集中分布区和海盐生产基地，形成辽宁、长芦、山东和江苏四盐区。海水的 96.5%是淡水，海域是最大的淡水后备资源的储备基地，海水淡化和海水直接利用是十分重要的研究领域，对于解决中国水资源短缺问题具有重大现实意义。

6. 海洋旅游资源

海洋旅游资源指由海岸带、海岛及海洋的自然景观和人文景观组成的旅游资源。中国沿海旅游资源种类繁多，数量丰富，地域差异显著。2015 年，我国 273 处主要景点中有 45 处海岸景点，15 处最主要的岛屿景点，8 处奇特景点，

19 处比较重要的生态景点，5 处海底景点，6 处比较著名的山岳景点，以及 119 处比较有名的人文景点。中国海洋旅游资源集海、景、物等优势于一体，目前其开发利用，无论是内容，还是深度、层次都远远不够，开发潜力、前景广阔。

（二）海洋经济

1. 海洋经济发展

2016 年全国海洋生产总值 70 507 亿元，比上年增长 6.8%，海洋生产总值占 GDP 的 9.5%。其中，海洋产业增加值 43 283 亿元，海洋相关产业增加值 27 224 亿元。海洋第一产业增加值 3566 亿元，第二产业增加值 28 488 亿元，第三产业增加值 38 453 亿元，海洋第一、第二、第三产业增加值占海洋生产总值的比重分别约为 5.1%、40.4%和 54.5%。据测算，2016 年全国涉海就业人员 3624 万人。2007 年以来中国海洋生产总值不断增加，大致以 8%的增速不断发展，海洋生产总值占 GDP 的比重保持在 10%左右，海洋经济各产业不断发展，对国民经济发展做出重要贡献。涉海就业人员不断增加，海洋经济三次产业逐步调整，第一产业比重最小，大体保持在 5%左右，比重变化较小，第二产业比重呈下降趋势，但仍然占据重要地位，第三产业比重在波动中不断上升，尤其是近几年，上升趋势明显[①]（表 5-1，表 5-2）。

表 5-1　2007～2016 年我国海洋经济概况

年份	全国海洋生产总值/亿元	全国涉海就业人员/万人	海洋经济三次产业结构比
2007	24 929	3 151	5：46：49
2008	29 662	3 218	5：47：48
2009	31 964	3 270	5.9：47.1：47
2010	38 439	3 350	5：47：48
2011	45 570	3 420	5：48：47
2012	50 087	3 470	5.3：46：48.7
2013	54 313	3 513	5：46：49
2014	59 936	3 554	5.4：45：49
2015	64 669	3 589	5.1：42.5：52.4
2016	70 507	3 624	5.1：40.4：54.5

① 数据来源于《中国海洋经济统计公报》（2016 年）。

表 5-2 2010～2016 年我国海洋产业增加值 单位：亿元

产业类型	2010 年	2011 年	2012 年	2013 年	2014 年	2015 年	2016 年
我国海洋产业	22 370	26 508	29 397	31 969	35 611	38 991	43 283
海洋水产（海洋渔业）	2 813	3 287	3 652	3 872	4 293	4 352	4 641
海洋石油（海洋油气业）	1 302	1 730	1 570	1 648	1 530	939	869
海滨砂矿（海洋矿业）	49	53	61	49	53	67	69
海盐业（海洋盐业）	53	93	74	56	63	69	39
海洋化工	565	691	784	908	911	985	1 017
海洋生物医药业	67	99	172	224	258	3 002	336
海洋电力	28	49	70	87	99	116	126
海水直接利用（海水利用业）	10	10	11	12	14	14	15
沿海造船（海洋船舶工业）	1 182	1 437	1 331	1 183	1 387	1 441	1 312
海洋工程建筑业	808	1 096	1 075	1 680	2 103	2 092	2 172
海洋交通运输业	3 816	3 957	4 802	5 111	5 562	5 541	6 004
滨海旅游业	4 838	6 258	6 972	7 851	8 882	10 874	12 047
海洋科研教育管理服务业	6 839	7 748	8 822	9 288	10 455	12 199	14 637
海洋相关产业	16 069	19 062	20 690	22 344	24 325	25 678	27 224

2. 海洋产业

1）海洋渔业

2016 年，中国海洋渔业总体保持平稳增长，近海捕捞和海水养殖产量保持稳定，1～11 月，全国海洋捕捞产量 1333 万吨，同比增长 1.4%。海洋渔业全年实现增加值 4641 亿元，比上年增长 3.8%。2010～2016 年我国海洋渔业增加值逐年攀升，但其在主要海洋产业增加值中所占比重却未能呈现增长趋势，原因是滨海旅游业、海洋交通运输业、海洋船舶工业等海洋经济产业快速发展，对海洋渔业产业所占份额造成一定挤压。2016 年我国海洋渔业增加值在主要海洋经济产业增加值中所占比重不足五分之一，仅为 16.2%，随着海洋新兴产业的逐步发展和壮大，海洋渔业总产值在主要海洋经济产业总产值中所占比重可能还会继续下降，但是海洋渔业在保障国家粮食安全、争取国际海洋权益等方面仍具有无可替代的重要地位。我国海洋渔业资源开发面临的最大问题就是近海捕捞强度过大，渔业资源渐趋枯竭。在自然环境良好、自然资源丰富的情况下，捕捞就能增产无疑刺激和推动了单一狩猎的海洋渔业产业增长模式，最终导致海洋渔业资源开发无序，造成海洋渔业产业结构单一、生产率下降，海洋渔业资源衰退、种群退化，无法实现海洋渔业的持久发展。此外，海洋环境污染程度的加大，也对中国海洋渔业的发展造成了不良的影响，致使海洋生物无论是在数量还是质量上都出现不同程度的下滑，传统的发展模式并没有完全转变。面对海洋渔业发展的问题，中国采取一系列措施进行改善，如伏季休渔，注重保护海洋环境，为海洋生物提供良好的生态环境，促进海洋生物量的恢复，支持海洋渔业走出去，大力发展远洋渔业，同时改变原有的海洋渔业结构，支持水产养殖业的发展，逐步降低捕捞渔业的比重，增强海洋渔业的可持续发展能力，同时加大科学技术投入，对水产业进行深加工，提升海洋渔业的附加值。当前，中国渔业虽然在海洋产业中的比重下降，但其自身却不断发展，并逐步向可持续发展的方向前进。

2）海洋油气业

2016 年，中国海洋油气产量同比减少，其中海洋原油产量 5162 万吨，比上年下降 4.7%，海洋天然气产量 129 亿立方米，比上年下降 12.5%。海洋油气业全年实现增加值 869 亿元，比上年减少 7.3%。我国现已建立起了完整的海洋石油工业体系，其技术水平、装备水平、作业能力和管理能力均处于亚洲前列。目前，中国海洋油气企业已经具备了走出国门、参与国际竞争的能力。就勘探、开采技术而言，我国在 500 米以内浅海油气开发技术方面已经处于国际先进水平，进军深水将成为中国海洋石油的下一个战略目标。我国近年来对石油、天然气消费需求的巨大增长，极大地推动了我国海洋油气企业海上油气资源开发活动的开展，也促进和刺激了船舶与海洋工程产业的迅速发展。经过 30 多年的发展，我国已经逐渐成为全球海洋油气资源开发装备的主要生产国。越来越多高端的海洋油气钻探、开采装备出自我国的船舶与海洋工程生产企业。这些高端的海洋油气钻探、开采装备源源不断地从我国船舶与海洋工程企业走向全球的海洋油气开发领域，显示着我国正在向海洋强国的方向大步迈进。在地上油气资源的日渐枯竭等背景因素作用下，未来全球海洋油气勘探开发将继续以较快的速度发展，海洋油气特别是深海油气，将是未来世界油气资源开发的重点领域。海洋油气产业作为世界经济助推器的角色将日益明显。作为世界上的油气消费大国，我国的海洋油气开发产业将会在未来几年中有跨越式的发展，如何配合国家的经济发展和海洋能源开发的需要，研发出更多适合我国海洋油气产业需要的油气勘探与开采装备，是船舶与海洋工程领域的工程技术队伍必须严肃思考和认真回答的问题。受制于多种因素，中国海洋油气业产值很低，需要得到国家的进一步支持，同时作为未来能源的重要供应点，国家必须大力支持海洋油气业的发展以期在未来的竞争中占据有利地位。

3）海洋矿业

2016 年，中国海洋矿业平稳发展，全年实现增加值 69 亿元，比上年增长 7.7%。滨海砂矿的开发起步早，但规模有限，我国滨海砂矿种类较多，已发现 60 多种矿种，估计地质储量达 1.6 万亿吨。目前开采规模较大的砂矿种主要有钛铁矿、锆石、金红石、铬铁矿、磷钇矿、砂金矿、石英砂、型砂、建筑用砂等十余种。海洋矿业产值极低，海洋矿业发展的一些问题有公民资源意识淡薄，资源开发使用不当，使资源浪费，环境遭到破坏。20 世纪 80 年代以来，河砂的短缺使得人们非法从海岸线挖砂。2002～2016 年我国海岸挖砂约为 4.5 亿吨，平均每千米海岸线取砂 2.5 万吨。有些地方的企业还做起了海砂生意，利用海砂出口，并形成了巨大的产业。绝大部分海砂资源未经加工就直接被当作普通建筑材料砂使用或买卖，不仅体现出高价值资源低价出售的问题，而且造成了资源的浪费。大量开采海砂还会破坏海岸环境，带来海水入侵、海岸侵蚀等严重后果。

4）海盐业

中国是世界上最早利用海水制盐的国家之一。目前，海水资源开发采取以盐为主、盐化结合，积极发展海水综合利用的方针，形成了盐业、盐化工业，以及海水直接利用和海水淡化等新兴产业。中国盐田面积 43 万公顷，1997 年生产原盐 2928.1 万吨。中国的盐化工业产品主要有氯化钾、溴素、无水硝、氯化镁等，其中氯化钾、溴素等总产量超过 50 万吨。

5）滨海旅游业

我国滨海旅游业发展到现在，沿海地区纷纷大力开发形式多样的滨海旅游产品。除了传统的观光型滨海旅游产品之外，还包括海洋亲水活动、海洋文化体验、海洋主题活动等滨海旅游产品。表 5-3 是对我国现阶段滨海旅游产品的归纳总结。

表 5-3　中国现阶段滨海旅游产品

类型	内容
海洋亲水活动	海上游乐休闲、康体健身活动、海底潜水、探险、海边浴场等
海洋文化体验	海洋物产工业品、纪念品、保健品、化妆品及其生产基地，海洋爱国主义教育基地、海洋科学考察、海洋影视文艺作品、各种形式的渔家乐、海鲜美食等

续表

类型	内容
海洋主题活动	海洋主题公园、海洋体育赛事、海洋节庆等
创造性的滨海旅游产品	海洋影视基地、大型海港、跨海大桥等
滨海旅游产品的外延	海洋气象景观、海洋景观房产等

目前在我国海洋经济总产值中，滨海旅游业占 25.6%，位居第一，已超过捕捞渔业、船舶油气等产业，成为海洋服务业的主体。2013 年滨海旅游产业生产总值为 7851 亿元，同比增长约 12.61%；2014 年我国滨海旅游产业生产总值为 8882 亿元，同比增长约 13.13%。滨海旅游业发展迅速，主要得益于国家出台的一系列促进滨海旅游业发展的政策意见：2015 年出台的《国务院办公厅关于进一步促进旅游投资和消费的若干意见》中提出"鼓励社会资本大力开发温泉、滑雪、滨海、海岛、山地、养生等休闲度假旅游产品"；《国务院关于加快发展旅游业的意见》中提出要积极支持利用边远海岛等开发旅游项目；《中国旅游业"十二五"发展规划纲要》中提出要努力培育海洋海岛等高端旅游市场，积极发展海洋海岛等专项旅游产品；《全国海洋经济发展"十二五"规划》中提出"因岛制宜，科学发展以生态养殖、休闲渔业、生态旅游等产业为主的海岛经济"。

（三）海洋社会

1. 中国沿海地区人口

中国沿海地区的人口状况，显示了可为海洋经济产业发展提供劳动力资源的状况。中国沿海地区土地面积约为 129 万平方千米，约占全国陆地总面积的 13.4%；在几次人口普查中发现，沿海地区人口占全国人口 40%以上，人口非常稠密，沿海地区人口分布模式是"江河"之间密集，向南北两端递减。从黄河下游的山东到长江三角洲的江苏、上海一带，人口最为稠密。

2. 海洋产业就业人口

中国海洋经济的发展促进了海洋产业对劳动力的需求，同时也拓展了相关联产业对劳动力的需求，从而增加了就业机会；反过来，劳动力作为经济发展的重要因素，其数量和质量的高低又会对海洋产业的发展产生重要影响。"十二五”以来，海洋产业就业人数占我国劳动人口的比重得到提升，海洋经济的增长促进海洋产业就业人口增长，但海洋产业就业在各海洋产业部门差异明显。此外，海洋产业的从业人员也促进了海洋经济的发展，主要表现是海洋产业就业人员增加值提高，沿海地区海洋从业人员人均海洋经济总值提高。

二、研究方法与指标体系

（一）研究方法

采用主客观权重相结合和集对分析的研究方法进行中国沿海地区人海关系地域系统脆弱性的测度，并运用三角图法进行类型分异，方法见第二章。

（二）评价指标体系构建与权重的确定

1. 构建原则

在构建人海关系地域系统脆弱性评价指标体系时，不仅充分考虑研究对象的特征及规律，而且按照一定的指标体系构建原则能建立起一套有效的评估模型。归纳起来，建立人海关系地域系统脆弱性评价指标体系遵循了下列基本原则。

1）主导性与综合性相结合

影响人海关系地域系统脆弱性的因素多而杂，指标的选取应采取主导性与综合性相结合的原则。强调主导性是为了突出重点，对影响较大和具典型代表性的因素进行着重分析；强调综合性是为了全面的分析影响人海关系地域系统脆弱性的自然资源条件、环境条件及社会发展等因素。二者相辅相成，既考虑重点，又全面分析。

2）科学性和可操作性相结合

选取的评价指标要科学规范，既要能如实客观地反映影响人海关系地域系统脆弱性，又要确保数据真实可靠，在数据可得性及指标量化上具有可操作性。科学性要求我们在选取评价指标体系进行评价时，必须以科学的态度客观、公正地选取指标，来真实地反映实际情况，选取的指标体系内的各项指标能够反映研究对象的本质特征。可操作性要求选取的指标必须易于获得并便于应用，计算方法可行。

3）动态性与静态性相结合

人海关系地域系统是开放变化的巨系统，因此采取动态性与静态性的结合。

在选取的指标中应该有反映现状的指标，又应有反映未来发展变化的指标，以准确地评价人海关系地域系统的脆弱性现实情况并预测其未来发展趋势。

4）独立性与可比性相结合

独立性是指选取的指标应相互独立，剔除相关性较大的评价指标以避免重复计算。可比性是指指标的选取要易于理解，准确规范。

2. 评价指标体系的构建

人海关系地域系统是一个巨耦合系统，影响因素多而杂，目前尚未有专家学者对这方面的指标体系的建立作研究论述，只有少数零星的关于人海关系某个方面的介绍研究。如韩增林和刘桂春（2007）着重论述海洋资源的开发利用对人海关系的影响，李博等（2012）从资源环境系统着手，对环渤海地区人海资源环境系统进行脆弱性测度。本书依据脆弱性内涵，在借鉴海洋经济可持续发展研究成果的基础上，遵循科学严谨，数据可获取、可操作等原则，从资源环境、经济、社会三大系统选取22个指标，构建人海关系地域系统脆弱性评价指标体系。本书选取开发利用频繁的沿海湿地的人均湿地面积、人均海岸线长度、海洋生物资源量、海洋矿产资源系数作为资源评价指标；沿海地区80%以上近海污染是陆域污染物或沿海城市排污口排放污染物造成的，这是环境系统脆弱性产生的主要原因，本书选取沿海地区万元GDP 入海废水量，沿海地区固体废弃物综合利用量，海洋污染项目废水、固体废弃物治理竣工数作为环境评价指标。人海经济系统指标选取海岸线经济密度、海洋生产总值占GDP比重、主要海洋产业产值年增长率、海洋第三产业增长弹性系数、非渔产业结构指数、海洋第二产业占海洋生产总值的比重，以求从不同层次来分析海洋经济发展状况；此外，由于沿海地区容易遭受飓风、赤潮、海冰等不同类型海洋灾害影响，选取海洋灾害直接经济损失作为指标。人海社会系统选取海洋科研机构数、海洋科技活动专业技术人员数、涉海就业人数、科技投入占GDP比重、教育投入占GDP比重（反映科技力量和人才资源）作为指标；以滨海观测台站数、确权海域使用面积、生产用码头泊位数作指标反映海洋基础设施状况。指标体系分为三层：第一层为目标层，为人海关系地域系统脆弱性 V；第二层为准则层，包括人海资源环境系统R、人海经济系统E和人海社会系统S；第三层为指标层，包括人海资源环境系统R的 R_1～R_7，人海经济系统E的 E_1～E_7，人海社会系统S的 S_1～S_8。

3. 评价指标权重的确定

沿海地区人海关系地域系统脆弱性评价指标体系及权重，见表5-4。

表 5-4　沿海地区人海关系地域系统脆弱性评价指标体系及权重

目标层	准则层	代码	指标名称及单位	指标含义解释	权重		
					熵值法	AHP	合成法
人海关系地域系统脆弱性 V	人海资源环境系统 R	R_1	人均湿地面积/（米²/人）	反映海洋资源承载力	0.073 7	0.048 9	0.063
		R_2	人均海岸线长度/（米/人）	反映发展海洋经济的资源基础	0.110 6	0.040 1	0.069 9
		R_3	海洋生物资源量	反映海洋生物资源丰裕度	0.093 8	0.080 2	0.091 1
		R_4	海洋矿产资源系数	根据公式①计算	0.040 4	0.065 8	0.054 1
		R_5	沿海地区万元 GDP 入海废水量/万吨	反映发展海洋经济牺牲环境代价	0.041 2	0.044 3	0.044 9
		R_6	沿海地区固体废弃物综合利用量/万吨	反映废物循环利用能力	0.016 65	0.027	0.022 3
		R_7	海洋污染项目废水、固体废弃物治理竣工数/个	反映环境治理力度	0.021 6	0.027	0.025 4
	人海经济系统 E	E_1	海岸线经济密度/（万元/米）	反映海洋经济发展状况	0.024 1	0.025	0.025 8
		E_2	海洋生产总值占 GDP 比重/%	反映海洋经济对 GDP 的贡献度	0.069	0.088 4	0.082
		E_3	主要海洋产业产值年增长率/%	反映主要海洋产业发展状况	0.012 85	0.064 6	0.030 3
		E_4	海洋第三产业增长弹性系数/%	海洋三次产业的变化	0.006 4	0.043 5	0.017 5
		E_5	非渔产业结构指数/%	反映海洋二、三产业产值之和与海洋就业人口的比例	0.043 7	0.043 5	0.045 8
		E_6	海洋第二产业占海洋生产总值的比重/%	反映海洋产业结构	0.050 9	0.025	0.037 5
		E_7	海洋灾害直接经济损失/亿元	反映海洋灾害对经济的影响	0.022 6	0.043 5	0.032 9
	人海社会系统 S	S_1	海洋科研机构数/个	反映科技对海洋经济支持力度	0.057 4	0.035 1	0.047 1
		S_2	海洋科技活动专业技术人员数/人	反映发展海洋人才素质情况	0.075 84	0.064 4	0.073 4
		S_3	涉海就业人数/人	反映海洋经济发展所形成的就业能力	0.056 28	0.035 1	0.046 7
		S_4	滨海观测台站数/个	反映海洋基础设施建设水平	0.041 3	0.013 3	0.024 6
		S_5	确权海域使用面积/公顷	反映海域使用状况	0.032 08	0.035 1	0.035 2
		S_6	科技投入占 GDP 比重/%	反映科技投入力度	0.021 1	0.056 9	0.036 4
		S_7	教育投入占 GDP 比重/%	反映教育投入力度	0.031 3	0.047 9	0.040 7
		S_8	生产用码头泊位数/个	反映港口基础设施建设水平	0.057 1	0.045 5	0.053 4

注：公式①$\sum w_i p_i$，i 包含海洋原油产量、原盐产量、海洋天然气产量和海洋砂矿产量，p_i 为标准化处理后数据，w_i 为指标权重。

4. 数据来源

数据来源于《中国统计年鉴》（2002～2013年）、《中国环境统计年鉴》（2002～2013年）、《中国海洋统计年鉴》（2002～2013年）的相关数据（我国沿海地区的港、澳、台不在本书研究范围内）。

三、沿海地区人海关系地域系统脆弱性评价结果和分析

（一）评价结果

运用集对分析法，分别计算2001～2012年我国沿海地区人海关系地域系统的脆弱性指数（表5-5）。

表5-5　2001～2012年我国沿海地区人海关系地域系统脆弱性评价结果

年份	脆弱性指数										
	天津	河北	辽宁	上海	江苏	浙江	福建	山东	广东	广西	海南
2001	0.499	0.730	0.305	0.349	0.677	0.242	0.195	0.244	0.167	0.625	0.441
2002	0.471	0.672	0.269	0.372	0.653	0.231	0.175	0.213	0.169	0.594	0.399
2003	0.435	0.629	0.269	0.335	0.656	0.193	0.173	0.205	0.145	0.602	0.402
2004	0.419	0.637	0.229	0.336	0.622	0.196	0.176	0.233	0.158	0.586	0.381
2005	0.419	0.609	0.208	0.316	0.582	0.179	0.158	0.211	0.184	0.530	0.358
2006	0.412	0.543	0.237	0.316	0.598	0.190	0.154	0.214	0.153	0.479	0.335
2007	0.444	0.522	0.199	0.258	0.559	0.175	0.159	0.189	0.131	0.480	0.311
2008	0.445	0.522	0.202	0.407	0.556	0.155	0.153	0.200	0.131	0.421	0.306
2009	0.427	0.547	0.164	0.222	0.492	0.162	0.144	0.184	0.122	0.392	0.341
2010	0.446	0.579	0.158	0.343	0.517	0.156	0.138	0.177	0.134	0.388	0.312
2011	0.416	0.521	0.157	0.318	0.468	0.146	0.141	0.172	0.133	0.355	0.246
2012	0.398	0.520	0.143	0.261	0.458	0.272	0.133	0.156	0.136	0.342	0.225

依据表5-5，绘制出2001～2012年我国沿海地区人海关系地域系统脆弱性指数曲线图（图5-1）。

从表5-5和图5-1可以归纳出2001～2012年我国沿海地区人海关系地域系统脆弱性指数具有以下两个特点。

1. 脆弱性指数均呈现下降态势

除了个别省份个别年份脆弱性指数出现反弹外，沿海地区人海关系地域系

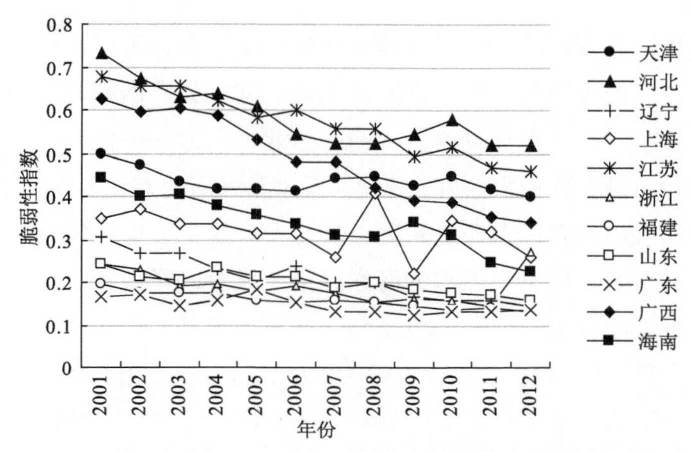

图 5-1　2001～2012 年我国沿海地区人海关系地域系统脆弱性指数曲线图

统脆弱性指数都呈现出逐年下降趋势，说明我国沿海地区人海关系地域系统脆弱性整体逐年向稳定有序状态演化，显现出良性的发展态势，可持续发展能力显著增强。近年来，随着我国海洋经济持续发展和国民海洋意识不断强化，沿海各省份相继将海洋开发确立为经济发展的重要领域。特别是从 2003 年《全国海洋经济发展规划纲要》中提出了“逐步把我国建设成为海洋强国”的战略目标后，沿海地区也相继出台措施，加快海洋经济发展的步伐。天津的滨海新区、辽宁的沿海经济带、广西的北部湾经济区、福建的海峡西岸经济区、上海的海洋功能区、山东半岛蓝色经济区、浙江的海洋经济发展示范区和广东海洋经济综合试验区规划等相继实施，这些区域战略的提出和实施无疑推动了沿海地区新一轮开发浪潮。

2. 区域差异显著

我国沿海地区分为三个梯队。广东、山东、辽宁、浙江和福建是第一梯队，其脆弱性综合指数明显较其他省份小；上海、天津和海南是第二梯队，其脆弱性指数处在中间位置；江苏、河北和广西是第三梯队，其脆弱性指数相对较大。从沿海地区人海关系地域系统的三个子系统来分析如下。

（1）资源环境系统。海洋资源包括岸线资源、湿地资源、生物资源和矿产资源。上海和海南的矿产资源与生物资源相对贫乏，但人均岸线及人均湿地资源较为丰富；山东是渔业资源大省，海洋生物资源量排在第一位，其矿产资源量处于中上等水平；浙江和广东的生物资源与矿产资源较为丰富，和江苏、辽宁一样，虽然拥有较长的海岸线，但人均拥有量较少；天津虽然海洋生物资源量较低，但油气资源丰富，矿产资源较丰富；河北和广西则是资源相对贫乏的省份，资源禀赋不高。在环境改善方面，河北、上海、浙江和山东在污染项目治理和废物利用量方面做得较好；福建、天津和海南的万元 GDP 入海废水量数值较大；浙江、福建和广东受风暴潮影响较大，受灾害损失较为严重。

（2）经济系统。广东与山东的海洋经济规模分别排第一、第二位，且领先优势明显，海洋经济实力雄厚。2012 年广东海洋生产总值为 10 506.6 亿元，占全国海洋生产总值的 21.0%，连续 17 年居全国首位；2012 年山东海洋生产总值 8972.1 亿元，占全省 GDP 的 17.4%，占全国海洋生产总值的 17.9%；海南和广西的海洋经济规模较小，始终排在后两位，2012 年两省海洋生产总值分别只有 700 多亿元；上海和天津的海洋经济规模也相对较大，且由于其海岸线长度较短，海岸线经济密度较高。在研究期内，河北和江苏的主要海洋产业产值年均增长速度较快，年均增速超过 36%；江苏和广西的第三产业年均增长速度较快，分别是 87.8%、70.4%，其次是河北，增速为 52.2%（表 5-6）。上海的非渔产业结构指数最高，非渔产业劳动生产率最高，产业的发展相对成熟。天津油气资源丰富，其第二产业在整个产业中比重最大。上海与广东作为沿海最发达的两个省份，国际旅游吸引力强，其国际旅游外汇收入较高。广东和山东作为海洋大省，其涉海就业人员最多。

表 5-6　2001～2012 年沿海地区主要海洋产业产值年均增长速度及第三产业年均增长速度

项目	天津	河北	辽宁	上海	江苏	浙江	福建	山东	广东	广西	海南
主要海洋产业产值年均增速	0.286	0.366	0.236	0.267	0.364	0.227	0.193	0.236	0.187	0.251	0.190
第三产业年均增速	0.325	0.522	0.420	0.115	0.878	0.248	0.255	0.438	0.255	0.704	0.402

（3）社会系统。山东、上海、广东和天津无论是在海洋科研机构、专业技术人员、科研课题还是在科技投入方面都处于领先地位，海洋科技力量较为雄厚，相比之下，河北、广西和海南在这四个指标上落后较多，海洋科技实力薄弱。规模以上港口生产用码头泊位数和海滨观测台站数则可以反映海洋基础设施状况。其中，规模以上港口生产用码头泊位数主要反映港口基础设施建设水平，海滨观测台站数反映海洋公共服务基础设施建设水平。广东的规模以上港口生产用码头泊位数与海滨观测台站数都排在首位，其港口基础建设和海洋公

共服务基础设施建设较好。福建和浙江由于地理位置优越，其规模以上港口生产用码头泊位数仅次于广东，排在第二、第三位。山东作为海洋大省较为重视海洋公共服务基础设施建设，其海滨观测台站数仅次于广东。

综合以上三个子系统分析，广东、山东、辽宁、浙江和福建这五个省份多数指标都处于靠前位置，各项指标发展比较均衡，其脆弱性指数较小。处于第二梯队的上海、天津分别位于长江三角洲、环渤海的核心地区，区域经济发达，腹地广阔，优势明显；而海南省由于利用海洋资源发展海洋时间较长，众多指标处于相对靠前位置，但由于受资源等条件因素的限制，与第一梯队相比资源等众多指标相差不少，其脆弱性指数相对较大。江苏、河北和广西为第三梯队，由于海域开发利用相对较晚，海洋经济相对薄弱，科技综合实力和基础设施建设长期滞后，该梯队省份在多项指标中处于落后位置，其人海关系地域系统脆弱性指数最大。

（二）三角图法分析

根据集对法对数据处理，计算出各个子系统的脆弱性指数，并加权求和，最后将三个子系统的脆弱性指数分别除以总和，得出各个子系统所占比例，并根据沿海地区脆弱性分类标准，以此确定2001～2012年我国沿海地区人海关系地域系统脆弱性分类表（表5-7）。

表5-7　2001～2012年我国沿海地区人海关系地域系统脆弱性类型

年份	天津	河北	辽宁	上海	江苏	浙江	福建	山东	广东	广西	海南
2001	RES	RES	E	RES	RE	ES	RES	RES	RE	RES	S
2002	RS	RES	E	RES	RE	ES	RES	RES	RE	RES	S
2003	R	RES	E	RES	RE	RE	RES	RES	RE	RES	S
2004	R	RES	ES	RES	RES	RE	RES	RES	RE	RES	S
2005	R	RES	RES	RES	RES	RE	RES	RES	RE	RES	S
2006	R	RES	RES	RS	RES	RE	RES	RES	RE	RES	S
2007	R	RES	RES	RES	RE	RE	RES	RES	RE	RES	RES
2008	R	RS	RES	RES	RE	RE	RES	RES	RE	RES	RES
2009	R	RE	RE	R	RES	RE	RES	RES	RE	RE	RES
2010	R	RE	RES	R	R	RE	RE	RES	RE	RE	RES
2011	R	RE	RE	R	RS	RE	RE	RE	RE	RE	RES
2012	R	RE	RE	R	RS	RE	RES	RE	RE	RE	ES

从表5-7可以清晰看出2001～2012年我国沿海地区人海关系地域系统脆弱性类型，单一子系统脆弱型的年次较少，共有24年次；复合子系统脆弱型的年次较多，共有51年次；经济资源环境社会子系统均衡脆弱型的年次最多，共有57年次。

（三）可持续发展对策

人海资源环境子系统脆弱型（R型），制约沿海城市可持续发展的主要矛盾是资源环境子系统内的问题。因此，首先在资源利用方面应适当控制资源开采的规模，培育可再生资源和加强非再生资源的勘探；其次要发展资源综合利用产业，提高资源开发利用的广度和深度。在环境保护方面主要加强对陆地和海上污染源监测，加强对废水、固体废弃物项目的治理，控制好陆地污染物排放入海，做好海上流动污染治理，特别是石油生产和海洋倾废项目管理；加快治理好重点污染海域，完善环境突发事件如油泄漏、核泄漏、化学品泄漏事件的应急反应预案。

人海经济子系统脆弱型（E型），制约沿海城市可持续发展的主要矛盾是经济子系统内的问题。其解决措施是应加强陆海统筹，优化海洋产业结构。海洋产业结构优化主要包括海洋产业结构的高度化和协调化。海洋产业结构高度化要以实现高技术化、高制度化、高知识化、高技术化和高附加值化为最终目的；海洋产业结构的协调化是指通过优化资源配置，协调海洋产业比例关系。我国海洋经济发展要在加强陆海统筹的基础上，通过资金投入、管理经验提升和技术创新协调推进，不断推进海洋产业结构优化升级，加快形成以第三产业为主、第二产业鲜明、第一产业为辅的产业结构模式。

人海社会子系统脆弱型（S型），制约沿海城市可持续发展的主要矛盾是社会子系统内的问题。其解决措施是应加大教育、科技和科研投入力度的同时，鼓励企业和科研单位相结合，注重科技成果的转化，依靠科技成果转化培育和发展新型海洋产业；加快人才培养与引进相结合，建立一批能够突破关键技术和发展海洋高新技术的专业人才；加强港口配套设施和交通建设，以进一步拓展沿海港口经济腹地，推进海洋观测系统、海洋原始信息采集与数据共享平台设施和新能源等基础设施建设。

人海经济资源环境子系统脆弱型（RE型），制约沿海城市可持续发展的主要矛盾是经济子系统和资源环境子系统内的问题。应通过控制资源开采的规模，提高资源利用效率，加强环境保护，提高“三废”利用效率，缩小资源产业的比重，优化产业结构。

人海经济社会子系统脆弱型（ES 型），制约沿海城市可持续发展的主要矛盾是经济子系统和社会子系统内的问题。应加强陆海统筹，优化海洋产业结构，缩小资源产业比重，增加科教投资和相应的基础设施建设等。

人海资源环境社会子系统脆弱型（RS 型），制约沿海城市可持续发展的主要矛盾是资源环境子系统和社会子系统内的问题。应通过控制资源开采的规模，提高资源利用效率，加强环境保护，提高“三废”利用效率，增加科教投资和相应的基础设施建设等。

对于复合子系统脆弱型和人海经济资源环境社会子系统均衡脆弱型（RES 型）的沿海城市，应根据不同省份侧重调整脆弱性较高的方面。

四、讨论

沿海地区人海关系地域系统的资源环境系统、经济系统和社会系统三个子系统各具特点，且单一子系统内及三个子系统间的要素既相互依存又相互作用，作用结果既有积极的正面影响又有消极的负面影响。当负面影响超过一定程度时就会使系统原有状态受到损失或损害，难以复原则产生脆弱性。资源环境系统、经济系统和社会系统是沿海地区人海关系地域系统三个重要子系统，其能否协调发展是实现可持续发展的重大前景问题，沿海地区在发展海洋经济时应加强陆海统筹，采取综合对策，从经济、社会和资源环境三个方面协同推进才能取得更好的效果。脆弱性研究是目前全球环境变化和可持续发展研究的前沿课题之一，引起了相关国际性科学计划和机构的高度关注。但由于研究时期较短，研究主题、研究视角不同，脆弱性概念和内涵及其分析框架尚未完全达成共识。随着研究的深入，耦合系统的脆弱性研究逐渐成为热点，其研究对象更为错综复杂，如何加强学科间交叉与融合形成一套跨学科、多尺度的脆弱性研究框架体系，是当前研究需要解决的重点和难点。人海关系地域系统是复杂的巨系统，其协调可持续发展受到自组织、人为因素及外部环境等多重影响，具有极强的不确定性，将脆弱性评价和集对分析相结合，通过多要素、多尺度和多重循环特性探索其发展趋势及影响因素，为提升海洋经济可持续发展能力提供了依据，并为人海关系地域耦合系统研究提供了一个新的研究范式。但不可否认，本书并不能完全刻画在多重因素扰动下海洋经济系统复杂的相互作用机理，在具体操作中难免存在一定主观性。区域脆弱性的综合测度仍然处在探索阶段，特别是形成全面监测、综合评价与合理的趋势预测研究框架是脆弱性研究进行下一步探索的重要方向。

第二节　环渤海地区人海关系地域系统脆弱性的时空特征及演化

一、区域概述

环渤海地区是指环绕着渤海（包括部分黄海）的沿岸地区所组成的经济区域，主要包括辽宁省、河北省、天津市和山东省三省一市的海域与陆域。

（一）海洋资源

渤海是我国最大的内海，由莱州湾、渤海湾、辽东湾、渤海海峡和中部盆地组成，海域面积约 7.7 万平方千米，平均水深 18 米，具有丰富的海洋生物资源、矿物资源和海洋能源资源。2012 年海洋捕捞产量和海水养殖产量分别为 384 万吨和 739 万吨，占全国比重分别为 27.6%和 44.9%；探明石油储量为 5.6 亿吨，可开采储量 3.5 亿吨；天然气储量为 154 亿立方米，可开采储量为 95.2 亿立方米。2012 年石油产量和天然气产量占全国比重分别为 72.2%和 25.8%。环渤海沿岸主要有东北盐区、长芦盐区和山东盐区，2012 年海盐产量 2841.1 万吨，占全国比重 95.1%。此外，环渤海地区海洋能资源丰富，波浪能理论装机容量高达 153 万千瓦，500 千瓦以上潮汐能可开发量达到 60.7 万千瓦，盐差能技术可开发量 90 万千瓦，蕴藏量达 415 万千瓦，2012 年利用风能发电量达到 726.9 万千瓦。环渤海地区规模以上港口生产用码头泊位数 877 个，沿海 6 个（大连、天津、秦皇岛、烟台、青岛、日照）年吞吐量超千万吨大型港口和 4 个（丹东、营口、龙口、威海）年吞吐量超百万吨中型港口（表 5-8）。

表 5-8　2012 年环渤海地区海洋资源表

指标	天津	河北	辽宁	山东	环渤海	全国
海岸线长度/千米	153.3	686	2 922.4	3 121	6 882.7	18 800
宜建中级以上泊位港址/个	1	6	21	24	52	164
岛屿面积/千米^2	1.6	8.4	191.5	136	337.5	7 186.3
海洋 A 级旅游景区/处	58	198	163	388	807	1 664
海洋生物资源量①/万吨	3	63	372	685	1 123	3 033.3
海盐产量/万吨	169.9	334.7	117.4	2 219.1	2 841.1	2 986.4
石油产量/万吨	2 680.3	237.8	14.3	275	3 207.4	4 444.8
天然气产量/万米^3	246 705	55 570	1 580	12 521	316 376	1 228 200
风能发电量/万千瓦	27.8	22.1	142.9	534.1	726.9	4 352.9

资料来源：表中数据由《中国统计年鉴》（2013 年）、《中国海洋统计年鉴》（2013 年）、国家旅游局网站等相关资料整理得来。

注：①海洋生物资源量包括海洋捕捞产量和海水养殖产量。

1. 海岸带资源

环渤海地区自然地理条件优越，自然资源较为丰富。环渤海地区海域面积约为 33 万平方千米，其中山东海域面积约为 17 万平方千米，辽宁约为 15 万平方千米，河北约为 7000 多平方千米，天津约为 3000 平方千米。环渤海三省一市陆域面积为 50.55 万平方千米，约占全国陆域面积的 5.27%。陆域面积大小依次为：河北、山东、辽宁、天津，其中河北占环渤海地区陆域面积的 37.3%。

辽宁有海洋岛屿 266 个，海岛岸线全长 627.6 千米。辽宁已发现各类矿产 110 种，有 24 种矿产保有储量居全国前十位，其中硼、铁、菱镁等矿产保有储量居全国首位。辽宁属温带大陆性季风气候区，四季分明，适合多种农作物生长，是我国粮食主产区。

河北有海洋岛屿 132 个，海岛岸线长 199 千米。土地是河北海洋经济发展的重要资源，河北海岸带面积有 11 379.88 平方千米，其中陆地有 3756.38 平方千米，潮间带有 1167.9 平方千米，浅海有 6455.6 平方千米。河北省矿产资源丰富，目前已发现各类矿产 153 种，有 38 种矿产排在全国前五位。河北属于温带大陆性季风气候区，四季分明，是我国重要的农业区域。

天津海陆空交通便捷，铁路、公路四通八达，天津滨海新区被称为我国经济的“第三增长极”。天津港与世界 170 多个国家和地区的 300 多个港口保持贸易往来，是连接亚欧大陆桥距离最近的东部起点。

山东有天然港湾 20 余处，分布着 299 个岛屿，面积 147 平方千米。近岸海域面积 17 万平方千米，占渤海和黄海海域总面积的 37%。山东沿海滩涂面积约为 3000 平方千米，15 米等深线以内水域面积约为 13 300 平方千米，两者合计 16 300 平方千米，占山东陆地面积的 10.4%。目前山东发现矿产 150 种，有 74 种矿产保有储量居全国前十位，42 种矿产居全国储量前五位。

2. 水资源

2014 年天津市地表水资源量为 8.3 亿立方米，地下水资源量为 3.7 亿立方米，人均水资源量为 76.1 立方米；河北省地表水资源量为 46.9 亿立方米，地下水资源量为 89.3 亿立方米，人均水资源量为 144.3 立方米；辽宁省地表水资源量为 123.7 亿立方米，地下水资源量为 82.3 亿立方米，人均水资源量为 332.4 立方米；山东省地表水资源量为 76.6 亿立方米，地下水资源量为 116.9 亿立方米，人均水资源量为 152.1 立方米。

3. 海洋资源

2014 年环渤海地区海水养殖面积分别为：天津市 3180 公顷，河北省 122 434 公顷，辽宁省 928 503 公顷，山东省 548 487 公顷。2014 年天津市海洋捕捞产量为 45 548 吨，远洋捕捞产量为 20 046 吨，海水养殖产量为 11 627 吨；河北省海洋捕捞产量为 239 595 吨，海水养殖产量为 491 999 吨；辽宁省海洋捕捞产量为 1 076 005 吨，远洋捕捞产量为 330 295 吨，海水养殖产量为 2 890 525 吨；山东省海洋捕捞产量为 2 297 194 吨，远洋捕捞产量为 365 042 吨，海水养殖产量为 4 799 107 吨[①]。

（二）海洋经济

近年来，环渤海地区利用丰富的海洋资源和后天建立的完善设施及雄厚的科研力量，使海洋经济成为环渤海地区经济增长中最具潜力和最具发展空间的重要领域。伴随天津滨海新区、辽宁沿海经济带、山东半岛蓝色经济区等上升为国家战略规划后，其海洋经济更进一步带动了地区经济快速发展（表 5-9）。

从表 5-9 中可以看出：①区域海洋经济发展具有不平衡性。由于资源环境

① 数据来源于《中国海洋统计年鉴》（2015 年）。

状况、经济基础、社会历史发展等因素的不同，环渤海地区海洋经济发展水平差异悬殊，各省份海洋经济总产值占全国海洋经济总产值比重差别较大。同一省份不同年份海洋经济总产值占全国海洋经济总产值比重也不同。②发展海洋经济是助推区域经济增长的动力。1996～2012 年环渤海地区海洋经济总值年均增长率均远大于该地区 GDP 年均增长率。一方面，海洋产业产值不断增长，直接促进地区生产总值增长；另一方面，海洋产业发展带动相关陆域产业发展，间接提高了地区 GDP。

表 5-9　环渤海地区海洋经济发展情况　　单位：%

指标	年份	天津	河北	辽宁	山东	环渤海
海洋经济总值占全国比重	1996	3.9	1.9	18.6	7.3	31.7
	2004	6.5	1.9	13.2	6.4	28
	2012	7.9	3.2	17.9	6.8	35.8
海洋经济总值占地区 GDP 比重	1996	10.1	1.6	8.9	6.6	6.6
	2004	35.9	3.3	12.9	13.6	12.3
	2012	30.6	6.1	17.9	13.7	15.7
海洋经济总值年均增长率	1996～2012	26.6	29.7	19.1	19.9	21.2
地区 GDP 年均增长率	1996～2012	16.6	13.7	14.4	13.9	14.3

资料来源：表中数据由《中国海洋统计年鉴》（1997～2013 年）、《中国统计年鉴》（1997～2013 年）和相关资料整理得来。

二、研究方法与指标体系

（一）评价指标体系的构建

环渤海地区人海关系地域系统是一个巨耦合系统，影响因素多而杂，目前尚未有专家学者对这方面指标体系的建立作研究论述。本书在借鉴海洋可持续发展指标体系论述研究基础上将环渤海地区人海关系地域系统分为三个子系统，即人海经济子系统、人海资源环境子系统和人海社会子系统，在遵循上述构建原则下，选取 19 个指标建立人海关系地域系统脆弱性评价指标体系。

人海经济子系统中分别选取海洋第一产业产值、海洋第二产业产值、海洋第三产业产值、海洋生产总值占 GDP 比重和海岸线海洋经济密度五个指标，分别从海洋第一产业、海洋第二产业、海洋第三产业和海洋经济总量来分析海洋经济发展状况。人海资源环境子系统中，资源指标选取海洋生物资源量、矿产资源丰裕度、人均涉海湿地面积、人均海洋类型保护区面积。环渤海地区 80% 以上近海污染是陆域污染物或沿海城市排污口排放污染物造成，其是环境子系统脆弱性产生的主要原因，本书选取沿海地区亿元工业固体废物排放量、沿海地区万元 GDP 入海废水量和污染项目治理数作为环境评价指标。此外，由于环渤海地区容易遭受赤潮和海冰等海洋灾害影响，因此选取海洋灾害损失作为指标。人海社会子系统选取涉海就业人数和沿海地区社会固定资产投资分别反映人力和资金投入；以海洋科技课题研究数量和海洋科技活动人员数作指标反映科技力量和人才资源；以港口货物吞吐量和滨海观测台站数作指标反映港口吞吐能力和海洋基础设施状况。

指标体系分为三层，第一层为目标层：人海关系地域系统脆弱性 V；第二层为准则层：人海经济子系统 E、人海资源环境子系统 R 和人海社会子系统 S；第三层为指标层：人海经济子系统包括 E_1～E_5，人海资源环境子系统包括 R_1～R_8，人海社会子系统包括 S_1～S_6。指标分别从正、负两方面反映其对人海地域系统的影响。当指标性质为正，其值越大，表明其对人海关系地域系统脆弱性贡献值越强；当指标性质为负，其值越大，表明其对人海关系地域系统脆弱性贡献值越弱。

（二）评价指标权重的确定

由于各个评价指标对人海关系地域系统脆弱性的影响力不同，因此对每一个指标赋以权重，以真实客观反映其对脆弱性的作用程度。鉴于人海关系地域系统脆弱性受影响的信息较多，为了科学评价环渤海地区人海关系地域系统脆弱性，给各个评价指标赋予权重以反映其对人海关系地域系统脆弱性产生的影响。本书采用主观赋权（AHP）和客观赋权（熵值法）相结合的组合赋权法确定指标权重，以达到主客观相统一，具体权重计算结果见表 5-10。其步骤如下。

（1）AHP，得各个指标主观权重 w_{1p}，$p=1, 2,\cdots, n$。

（2）熵值法，得各个指标客观权重 w_{2p}，$p=1, 2,\cdots, n$。

$$\min F=\sum_{p=1}^{n} w_p(\ln w_p-\ln w_{1p})+\sum_{p=1}^{n} w_p(\ln w_p-\ln w_{2p}) \tag{5-1}$$

式中，$\sum_{p=1}^{n} w_p=1$；$w_p>0$，$p=1, 2,\cdots, n$。

$$w_p = \frac{(w_{1p}w_{2p})^{0.5}}{\sum_{p=1}^{n}(w_{1p}w_{2p})^{0.5}} \qquad (5\text{-}2)$$

表 5-10　环渤海地区人海关系地域系统脆弱性指标及权重

目标层	准则层	代码	指标名称及单位	指标含义解释及性质	权重		
					熵值法	AHP	合成法
人海关系地域系统脆弱性 V	人海经济子系统 E	E_1	海洋第一产业产值/亿元	反映海洋第一产业发展状况（–）	0.0181	0.0304	0.0274
		E_2	海洋第二产业产值/亿元	反映海洋第二产业发展状况（–）	0.0842	0.0573	0.0642
		E_3	海洋第三产业产值/亿元	反映海洋第三产业发展状况（–）	0.0395	0.0674	0.0605
		E_4	海洋生产总值占 GDP 比重/%	反映海洋经济对 GDP 的贡献度（–）	0.0592	0.0840	0.0782
		E_5	海岸线海洋经济密度/（亿元/千米）	反映海洋经济总体发展状况（–）	0.0425	0.0942	0.0809
	人海资源环境子系统 R	R_1	海洋生物资源量/万吨	反映海洋生物资源丰裕度（–）	0.0352	0.0670	0.0590
		R_2	矿产资源丰裕度	根据公式①计算（–）	0.0603	0.0528	0.0551
		R_3	人均涉海湿地面积/（米^2/人）	反映海洋湿地资源（–）	0.0491	0.0407	0.0431
		R_4	人均海洋类型保护区面积/（米^2/人）	反映海洋生态保护状况（–）	0.0820	0.0325	0.0435
		R_5	沿海地区亿元工业固体废物排放量/（吨/亿元）	反映发展海洋经济牺牲环境代价（+）	0.0336	0.0260	0.0281
		R_6	沿海地区万元 GDP 入海废水量/（吨/万元）	反映发展海洋经济牺牲环境代价（+）	0.0142	0.0201	0.0187
		R_7	污染项目治理数/项	反映环境治理力度（–）	0.0623	0.0211	0.0299
		R_8	海洋灾害损失/亿元	反映海洋灾害影响（+）	0.0474	0.0731	0.0669
	人海社会子系统 S	S_1	涉海就业人数/万人	反映海洋经济发展所形成的就业能力（–）	0.0582	0.0817	0.0762
		S_2	港口货物吞吐量/万吨	反映港口吞吐能力（–）	0.0610	0.0393	0.0450
		S_3	海洋科技活动人员数/人	反映发展海洋人才资源状况（–）	0.0744	0.0763	0.0765
		S_4	海洋科技课题研究数量/项	反映海洋科技支持力（–）	0.0625	0.0333	0.0403
		S_5	滨海观测台站数/个	反映海洋公共服务基础设施建设水平（–）	0.0457	0.0265	0.0312
		S_6	沿海地区社会固定资产投资/亿元	反映沿海地区社会投资水平（–）	0.0706	0.0763	0.0753

注：公式①$\sum w_i p_i$，i 包含海洋原油产量、原盐产量、海洋天然气产量和海洋砂矿产量，p_i 均为标准化处理后数据，w_i 为指标权重。

三、脆弱性评价结果

（一）人海关系地域系统时间维度特征演变

1996～2012 年环渤海地区人海关系地域系统脆弱性指数整体处于持续下降态势，由 1996 年最高值 0.7363 下降到 2012 年最低值 0.2627，在这 17 年间总体下降幅度较大（图 5-2），说明环渤海地区人海关系地域系统整体发展稳定，脆弱性不断弱化，可持续发展能力不断增强。

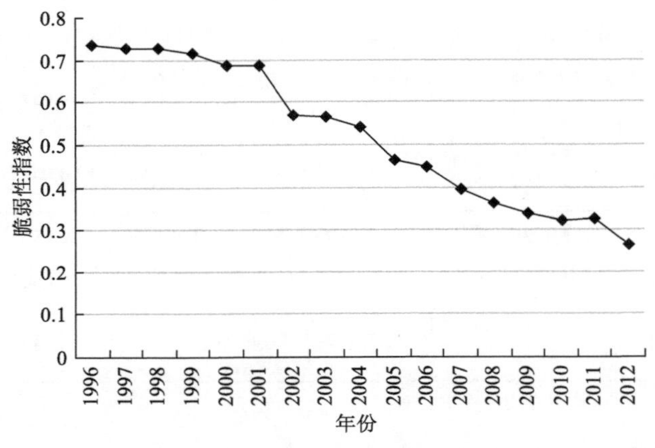

图 5-2 1996～2012 年环渤海地区人海关系地域系统脆弱性指数曲线图

（二）环渤海地区人海关系地域系统空间特征差异

运用集对分析法，分别计算 1996～2012 年环渤海地区人海关系地域系统的脆弱性指数（表 5-11）。

表 5-11 环渤海地区四个省份人海关系地域系统脆弱性评价结果

年份	天津	河北	辽宁	山东
1996	0.6607	0.8592	0.5829	0.3489
1997	0.6487	0.8510	0.5608	0.3646
1998	0.6636	0.8580	0.5458	0.3616
1999	0.6657	0.8583	0.5459	0.3289
2000	0.6480	0.8206	0.5086	0.3105
2001	0.5908	0.8703	0.5223	0.3409
2002	0.5434	0.8494	0.4646	0.2305
2003	0.4504	0.7845	0.3710	0.2337

续表

年份	天津	河北	辽宁	山东
2004	0.4066	0.7506	0.3468	0.2225
2005	0.3714	0.7655	0.2939	0.2061
2006	0.4171	0.5872	0.3067	0.1826
2007	0.4126	0.5655	0.2447	0.1515
2008	0.4327	0.5414	0.2165	0.1358
2009	0.4273	0.6396	0.1629	0.1315
2010	0.4173	0.5872	0.1511	0.1096
2011	0.3470	0.4943	0.1289	0.1000
2012	0.3507	0.4572	0.1233	0.0908

依据表 5-11 脆弱性指数绘制出 1996～2012 年环渤海地区人海关系地域系统脆弱性指数曲线图（图 5-3）。

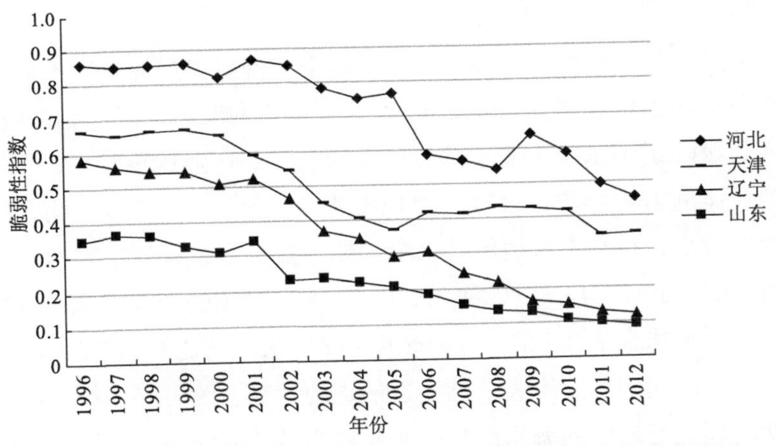

图 5-3　环渤海地区四个省份人海关系地域系统脆弱性指数曲线图

从图 5-3 和表 5-11 可以明显看出 1996～2012 年环渤海地区四个省份人海关系地域系统脆弱性指数发展趋势和区域差异。四个省份脆弱性指数整体上均呈现下降趋势，下降幅度由大到小依次是辽宁省 0.480、河北省 0.402、天津市 0.319、山东省 0.264。1996～2000 年，这一阶段河北省和天津市的脆弱性指数相对稳定，辽宁省和山东省的脆弱性指数则出现小幅度下降。2000～2012 年，这一阶段四个省份脆弱性指数变化差异明显。2004～2005 年、2008～2009 年河北省的脆弱性指数出现短暂反弹上升，2001～2004 年、2005～2008 年、2009～

2012 年脆弱性指数处于下降阶段。2000～2005 年天津市的脆弱性指数连续下降,2005～2006 年反弹上升,2006～2010 年脆弱性指数则相对稳定,2010～2011 年脆弱性指数又明显下降。2001～2012 年辽宁省和山东省的脆弱性指数均处于下降阶段，辽宁省下降幅度明显大于山东省。在研究期内，河北省的脆弱性指数整体较大，虽然已出现大幅下降，但与山东省相比，其脆弱性指数仍有较大下降空间。天津市和辽宁省的脆弱性指数分别排第二、第三位，从 2005 年以后天津市的脆弱性指数没有明显变化，其脆弱性指数相对较大，同样具有较大下降空间；辽宁省的脆弱性指数虽然在开始阶段较大，但因发展较好，其脆弱性指数下降幅度最大；山东省的脆弱性指数整体相对较小，下降空间不大。

（三）结果分析

1. 从人海经济系统分析

从人海经济系统角度分析环渤海地区四个省份海洋产业发展水平不同且海洋三次产业结构不尽合理。以 2012 年为例,天津市的海洋三次产业比例为 0.2∶66.7∶33.1，第二产业比重过高，第三产业相对第二产业比重较小；河北省的海洋三次产业比例为 4.4∶54∶41.6，呈现出“二、三、一”产业结构，但其海洋产业总产值较小，在环渤海地区乃至全国处于落后水平；辽宁省的海洋三次产业比例为 13.2∶39.5∶47.3，呈现“三、二、一”最优的产业模式，但第一产业比重高出全国平均水平 2.5 倍；山东省的海洋三次产业比例为 7.2∶48.6∶44.2，第二、第三产业比例相差不大，已接近最优的“三、二、一”产业结构模式。在研究期内环渤海地区的海洋第二产业优势明显，海洋渔业、海洋油气业、海洋交通运输业和滨海旅游业四大传统支柱产业增加值占主要海洋产业增加值的 84.2%，而海洋医药和海洋电力等新兴产业增加值比重较小。海洋第三产业相对薄弱，支撑海洋第三产业发展的海洋交通运输业和滨海旅游业占据着绝对优势，海洋科研教育管理服务业增长较快，但比重较小。同一区域内海洋产业发展差异明显，以辽宁省为例，大连的海洋产业产值占辽宁省海洋经济总产值的一半以上，而其他沿海地区的海洋产业产值则明显较弱。

从海洋经济实力比较分析，山东省海洋经济实力雄厚，海洋经济规模领先优势明显。2012 年山东省海洋生产总值 8972.1 亿元，占全省 GDP 的 17.4%，占全国海洋生产总值的 17.9%。天津市的海洋经济规模也相对较大，且其海岸线长度较短，海岸线经济密度较高。在研究期内，河北省的主要海洋产值年均增长速度较快，年均增长超过36%，河北省第三产业年均增长速度较快，增速为52.2%。

2. 从人海资源环境系统分析

海洋资源包括岸线资源、湿地资源、生物资源和矿产资源。山东省是渔业资源大省，其矿产资源量处于中上等水平；辽宁省虽然拥有较长的海岸线，但人均拥有量较低；天津市虽然海洋生物资源量较低，但油气资源丰富，矿产资源较丰富，其海洋第二产业在整个产业中比重最大；河北省则是资源相对贫乏的省份，资源禀赋不高。在环境改善方面，河北省和山东省在污染项目治理和废物利用方面做得较好；天津市的万元GDP入海废水量数值较大。

随着环渤海地区环境污染加重，海洋灾害频繁，加上该地区是人口和工业密集区，地形结构呈半封闭状态，海水交换能力差，其海洋生态系统脆弱。长期以来，环渤海地区处于持续加速开发状态，近岸海域受工业“三废”污染和海洋资源开发中所排放的污水、废物及漏油事故等影响，海域污染严重。2011年与2003年相比，受污染海域面积增加10 300平方千米，增长48.3%，适宜养殖水域面积持续缩减，旅游风景区水体透明度普遍明显降低。由此引发一系列次生灾害和衍生灾害，海水富营养化程度日益严重，对海洋生物造成了严重威胁。赤潮频发，2002年发生14次，2006年发生11次，2010年发生7次，赤潮污染面积不断扩大。此外，环渤海地区受海冰等海洋灾害影响较大，2008年因海冰灾害直接经济损失34亿元，2010年海冰灾害直接经济损失达63.18亿元，港口及码头封冻296个，船只损毁7157艘，海水养殖受损面积达20.8万平方千米，间接经济损失难以估量。

3. 从人海社会系统分析

环渤海地区海洋科技实力和人才力量整体雄厚，但区域差异显著。首先，山东省和天津市无论在海洋科研机构、专业技术人员、科研课题还是在科技投入方面都处于领先地位，其海洋科技力量较为雄厚。辽宁省海洋科技实力处于中上游水平，相比之下，河北省在这四个指标上落后较多，海洋科技实力薄弱。其次，山东省和辽宁省的科技力量和人才资源多集中在青岛、沈阳和大连，而其他地区相对薄弱；其人才类型中从事基础海洋科技研究人员居多，具有交叉学科知识的应用型研究和高层次海洋技术人员较少，阻碍产业技术创新。在科研贡献率上，山东省遥遥领先，其海洋科技对海洋经济的贡献率为50%，远远高出全国20%的平均水平。而天津市、辽宁省和河北省海洋科技成果转化率明显较低，产业化进展较慢，高新技术产业比重较小。山东省作为海洋大省，其涉海就业人员最多。

综合以上三个子系统分析，山东省和辽宁省多数指标都处于靠前位置，各项指标发展比较均衡，其脆弱性指数较小，处于第一梯队。处于第二梯队的天津市位于环渤海的核心地区，区域经济发达，腹地广阔，优势明显；而且其利用海洋资源发展海洋时间较长，在发展中逐步形成了海洋经济发展优势。但由于受资源等条件因素的限制，与第一梯队相比，天津在资源等众多指标上相差不少，其脆弱性指数相对较大。河北省为第三梯队，由于海域开发利用相对较晚，海洋经济相对薄弱，科技综合实力和基础设施建设长期滞后，在多项指标中处于落后位置，其人海关系地域系统脆弱性指数最大。但近年来，河北省表现出良好的发展势头，有望今后与第一、第二梯队逐步缩小差距。

四、环渤海地区人海关系地域系统脆弱性类型分异及对策

（一）环渤海地区人海关系地域系统脆弱性类型

根据集对法对数据处理，计算出各个子系统的脆弱性数值，并加权求和，最后将三个子系统脆弱性数值分别除以总和，得出各个子系统所占比例，根据脆弱性分类标准，确定1996～2012年环渤海地区人海关系地域系统脆弱性分类表（表5-12）。

表5-12 1996～2012年环渤海地区人海关系地域系统脆弱性类型

年份	天津	河北	辽宁	山东
1996	RES	RES	ES	ES
1997	RES	RES	RES	ES
1998	RES	RES	RES	ES
1999	RES	RES	RES	ES
2000	RES	RES	RES	ES
2001	RES	RES	RES	RES
2002	RES	RES	RES	RES

续表

年份	天津	河北	辽宁	山东
2003	RS	RES	RES	RES
2004	RS	RES	RES	RES
2005	RS	RES	RES	RES
2006	RS	RS	RES	RES
2007	RS	RES	RES	RS
2008	RS	RS	RES	RS
2009	RS	RES	RES	RS
2010	RS	RES	RES	R
2011	RS	RES	RES	R
2012	RS	RES	RES	R

从表 5-12 可以清晰看出 1996～2012 年环渤海地区四个省份人海关系地域系统脆弱性类型。从类型上看，在研究期内天津市有 10 年次复合子系统脆弱 RS 型，有 7 年次均衡脆弱 RES 型；河北省有 2 年次复合子系统脆弱 RS 型，15 年次均衡脆弱 RES 型；辽宁省有 1 年次复合子系统脆弱 ES 型，16 年次均衡脆弱 RES 型；山东省有 3 年次单一子系统脆弱 R 型，复合子系统脆弱 ES 型有 5 年次和 RS 型 3 年次，6 年次均衡脆弱 RES 型。说明单一子系统决定沿海地区人海关系地域系统脆弱性年次较少，而复合子系统和经济资源环境社会子系统决定环渤海地区人海关系地域系统脆弱性。从发展趋势上看，在研究期内天津市人海关系地域系统由均衡脆弱 RES 型转向复合子系统脆弱 RS 型，说明其经济子系统脆弱性所占比重逐渐减小；河北省和辽宁省人海关系地域系统脆弱性以 RES 型为主，说明其经济、资源环境和社会三个子系统脆弱性协调的年次较多；山东省人海关系地域系统脆弱性类型变化最为复杂，由 ES 型经过 RES 型、RS 型向 R 型的转变，在脆弱性类型的转变中，其资源环境系统脆弱性所占比重在不断加大。

（二）可持续发展对策

环渤海地区人海关系地域系统是一个由资源环境、经济和社会构成的复杂系统，不同子系统有不同特点，而每一个子系统又从属于人海关系地域系统。构成各个子系统的各要素又是由诸多更细微的子系统构成的且诸要素之间既相互依存又相互作用，既相互促进又相互制约，既有积极的正面影响又有消极的负面影响。当负面影响超过一定程度时就对子系统产生脆弱性，进而影响系统整体的发展。脆弱性评价是揭示区域发展“瓶颈”因素的重要手段，对实现环渤海地区可持续发展具有十分重要的意义。

1. 人海资源环境子系统脆弱型城市可持续发展对策分析

资源环境子系统脆弱型，制约环渤海地区人海关系地域系统可持续发展的主要矛盾是资源环境子系统内的问题。风险规避是应对风险的一种方式，指行为主体已经意识到风险的存在并且风险不可能被完全消除，在保持最终经济目标不变的前提下，选择采取适当的措施减少可能由此发生的损失或降低损失发生的概率，包括事前控制和事后补救两个方面。要规避环渤海地区可持续发展过程中遇到的扰动因素，进而达到降低该区域脆弱性的目的。

（1）充分合理利用海洋资源，改变经济增长方式。一方面依靠技术进步和资金投资培育可再生资源并加强非可再生资源的勘探来增加海洋资源储量，适当控制资源开采的规模。另一方面，提高海洋资源开发利用的广度和深度，大力发展海洋资源综合利用产业，提高其使用效率，对不可再生的资源优化利用，对可再生能源可持续地利用，形成资源高效利用的产业链，逐步形成“资源节约型、资源高效利用型”海洋经济发展格局。倡导发展海洋低碳循环经济，由粗放型经济发展向集约型经济转变。

（2）加快海洋污染治理，保护海洋环境。污染治理，刻不容缓。认清海洋污染的现状和海洋污染的严重影响，调动各方积极性加快污染治理。环渤海地区在环境保护方面主要加强对陆地和海上污染源监测，加强对排放废水、固体废弃物项目的治理，对于布局不合理、不符合产业政策、污染环境的海洋企业给予整顿和停产，控制好陆地污染物排放入海，做好海上流动污染治理和海岸、海岛环境保护，特别是石油生产和海洋倾废项目管理。

（3）进行沿海城市脆弱性监测预警系统，以便及时准确评估沿海地区的脆弱性现状，预测未来一段时间内沿海地区遭受的扰动及发展态势，及时报告沿海地区脆弱性的预警信息，进而为规避沿海地区可持续发展面临的风险提供依据，加快治理好重点污染海域，完善环境突发事件如油泄漏、核泄漏、化学品泄漏事件的应急反应预案。企业应以“节能减排、发展循环经济、低碳经济、绿色产业体系”为己任，改变生产技术，提高资源利用效率，转变海洋经济增长方式，从根本上消除经济发展与环境保护之间的矛盾，不以发展海洋经济牺牲环境为代价，做到经济系统、社会系统和资源环境系统的协调发展。同时，政府在法律法规与宣传教育上加以引导，使社会公众增强海洋资源环境保护的意识。

2. 人海经济子系统脆弱型城市可持续发展对策分析

应加强陆海统筹，即加强陆海产业之间相互结合、相互促进、相互补充，在现阶段要加强海洋产业的发展，特别是第二、第三产业的发展。环渤海沿海省份应充分利用海洋资源，统筹各自特点，结合自身优势，培育一批侧重延伸、具有相对优势的海洋产业链，带动海陆产业的共同发展，以此提高海洋产业竞争力。优化海洋产业结构：环渤海地区海洋经济发展要在加强陆海统筹的基础上，通过资金投入、管理经验提升和技术创新协调推进，以实现现代化和规模化为目标，加强传统海洋改造产业的发展，不断推进海洋产业结构优化升级，加快形成以第三产业为主、第二产业鲜明、第一产业为辅的产业结构模式。

3. 人海社会子系统脆弱型城市可持续发展对策分析

社会子系统脆弱型，制约沿海城市可持续发展的主要矛盾是社会子系统内的问题。

（1）应推进海洋科学技术创新。现代海洋经济的发展是以海洋科学知识创新和海洋高新技术发展为依托的，科学技术在海洋经济发展中的重要作用已成共识。要实现滨海旅游业、海洋交通运输业、海洋渔业、海洋油气业、海洋船舶业、海洋工程建筑业、海洋化工业等传统产业的现代化和培育代表未来发展方向的“高、精、尖”新型海洋产业，科学技术创新是关键。其解决措施是应加大教育、科技和科研投入力度的同时，鼓励企业和科研单位相结合，主张自主创新同国外引进相结合，提高海洋开发的技术水平和能力，特别是在海洋资源开发利用和海洋环境保护、海洋灾害监测预警技术、海洋渔业资源可持续利用和科学养殖技术、海洋能源开发利用技术、海洋产业循环经济利用技术等方面，从而为海洋经济可持续发展提供科技支撑。注重科技成果的转化，依靠科技成果转化培育和发展海洋新型产业，不仅增加海洋经济总产量还可以优化海洋产业结构。

（2）加快人才培养。经济的发展离不开科技，科技的创新离不开专业人才，提高海洋经济未来发展质量，特别需要发挥高层次创新型人才和高技能人才队伍的支撑、引领、带动作用。通过增加政府和涉海企业的人才投入，建立海洋产业人才教育培训基地，以海洋人才市场需求为导向，培养兼海洋专业技术化、海洋管理服务化、海洋产业化的高科技人才队伍，保证人才效益的提升及结构的优化，充分发挥海洋人才第一资源和海洋科技第一生产力的作用，为海洋经济的可持续发展提供保障。

4. 具体对策

在研究期内，天津市的脆弱性指数排在环渤海地区四个省份的第二位，从2005年以后其脆弱性指数没有明显变化，指数相对较大，具有较大下降空间。脆弱性类型2003～2012年为RS型。因此，制约天津市人海关系地域系统可持续发展的主要矛盾是资源环境子系统和社会子系统内的问题。要降低其脆弱性指数，首先要充分合理利用海洋资源。天津市虽然油气资源丰富，但其他海洋资源较为匮乏，因此应提高不可再生资源的利用率，加强可再生资源的可持续利用，以形成资源高效利用的产业链。在环境保护方面要加强对陆地和海上污染源的监测，控制好陆地污染物排放入海，加强海上石油生产和海洋倾废项目管理。要注重科技成果的转化，特别是在海洋资源开发利用技术、海洋产业循环经济利用技术、海洋环境保护技术、海洋灾害监测预警技术等方面，从而为海洋经济可持续发展提供科技支撑。

在研究期内，河北省脆弱性指数虽然大幅度下降，但其脆弱性指数仍然较大，其脆弱性类型以RES型为主，应从三个子系统分别采取措施以降低其脆弱性指数。首先，河北省属于资源匮乏省份，提高海洋资源开发利用的广度和深度，大力发展海洋资源综合利用产业，提高其使用效率，逐步形成“资源节约型、资源高效利用型”的海洋经济产业链。其次，河北省的传统海洋产业相对薄弱，其发展应结合自身优势，通过资金投入、管理经验提升和技术创新协调推进，实现滨海旅游业、海洋交通运输业、海洋化工业的现代化和规模化，进而培育一批侧重延伸、具有相对优势的海洋产业链，带动海陆产业的共同发展，以此提高海洋产业竞争力。最后，河北省要培养多层次人才，通过增加政府和涉海企业的人才投入，以海洋人才市场需求为导向，培养一批可促进海洋专业技术化、海洋管理服务化、海洋产业化的高科技专业人才。加强港口配套设施和交通设施建设，以进一步拓展沿海港口经济腹地，推进海洋观测系统、海洋原始信息采集与数据共享平台、新能源开发等基础设施建设。

在研究期内，辽宁省脆弱性指数下降幅度最大，其脆弱性类型以RES型为主，与河北省相比，辽宁省脆弱性指数整体较小，应根据自身情况侧重调整脆弱性较高的子系统。

在研究期内，山东省的脆弱性指数已相对较小，下降空间不大，其脆弱性类型涵盖了单一子系统脆弱型、复合子系统脆弱型和均衡脆弱型三种类型。但是2010～2012年山东省脆弱性类型以R型为主，制约山东省人海关系地域系统可持续发展的主要矛盾是资源环境子系统内的问题。其降低脆弱性指数的措施主要是应通过控制资源开采的规模，提高资源利用效率，调动各方积极性加快污染治理，加强环境保护，提高“三废”利用效率。同时应加强脆弱性监测预警系统，以便及时准确评估该区的脆弱性现状，预测未来一段时间内遭受的扰动及发展态势，及时报告脆弱性的预警信息，进而为规避该区可持续发展面临的风险提供依据。

第三节 大连市人海关系地域系统脆弱性测度及类型分异

一、研究对象概况

大连市所跨经纬度为121°44′E～121°49′E，39°01′N～39°04′N，位于辽宁省辽东半岛的最南端，东濒黄海，西临渤海，处于环渤海地区的圈首，是京津的门户，北依东北的辽宁省、吉林省、黑龙江省和内蒙古自治区广大腹地，南与山东半岛隔海相望。大连市具有丰富的自然资源、良好的基础设施及较高的科教水平，是全国重要的能源、冶金、石化、装备制造、船舶制造基地，以及商品粮、原油、木材生产基地。近年来，在振兴东北老工业基地战略的带动下，大连市正在逐步焕发快速发展的活力，进入又好又快的发展轨道。但是对大连市人海关系地域系统的研究表明，其资源环境系统、经济系统、社会系统的脆弱性仍然同时存在。

（一）海洋资源

1. 空间资源环境

大连市海岸线全长2211千米，占全省海岸线长度的65%，居全国沿海城市首位。其中大陆岸线长 1371 千米，渤海段大陆岸线长 621 千米。大连市海岸线曲折绵长，海岸类型复杂多样，有基岩港湾段，也有砂砾冲击岸段，从海岸线向外可达水深 60 余米，海域面积为 29 476 平方千米，是陆地面积的两倍多，占全省 81%，居辽宁省之首。其中滩涂面积为 1121 平方千米，0～50 米海域面积为 20 274 平方千米，50 米以上海域面积为 8081 平方千米。大连市共有海湾 39 个，总面积 1870.33 平方千米。大连现有岛屿 251 个，总面积为 530 平方千米。黄海北部海岛主要有里长山列岛、外长山列岛、石城列岛，渤海沿岸主要有长兴岛、凤鸣岛、西中岛、虎平岛、猪岛、蛇岛（刘文展，2011）。

2. 海洋生物资源

海洋生物共有 414 种，藻类 150 多种，海洋生物总量和类别数量分别占辽宁省的 48%和 86%。大连市独特的海洋生物资源为海洋渔业、水产业、养殖业的发展提供了高品质的资源。如鲍鱼、海参、海胆、扇贝、对虾、梭子蟹等为大连市海洋水产特有品种，海带、裙带菜、大连湾牡蛎、大连紫海胆等更加丰富了大连市海洋渔业的发展。近年来，海参养殖一直作为大连市水产养殖的特有品牌，年产海参 5 万吨，产值 200 亿元。

3. 海洋矿产及能源资源

大连市的海洋矿产资源主要有金刚石砂矿、锆英石砂矿、砂砾石料和砂金矿等，其中金刚石储量达 901 万克拉，分别占全省和全国储量的 100%和 49.2%，居全国第一位（杨大海，2008）。在海洋能源方面，大连市可利用的近地面层风能总量为 1.0×10^{12} 瓦，主要分布在庄河市、瓦房店市、长兴岛、长海县及旅顺口区等地，为大连市清洁能源的开发提供了有利条件。

（二）海洋经济

根据大连市海洋与渔业局统计，2016 年大连市海洋经济实现了持续稳步增长，海洋生产总值突破 2700 亿元。

从渔业方面来看，2015 年，大连市新建国家级海洋牧场示范区两个，新建海洋牧场 10.5 万亩[①]，三家企业被批准为省级休闲渔业示范企业，新创建省级

① 1 亩≈666.67 平方米。

水产良种场两个，远洋渔业企业达到 26 家，年产量 12 万吨，产值 244 亿元。2016 年，大连市海洋与渔业局积极调整渔业产业结构，促进渔业可持续发展，全年渔业产量和产值较往年均有所上升。海洋经济增加值约实现了 1165 亿元，同比增长 7%；渔业经济总产值 792 亿元，同比增长 7%；渔业经济增加值 398 亿元，同比增长 7.2%；水产品产量 251 万吨，同比增长 4.5%。在水产品进出口上，2016 年，大连市水产品进出口总量为 143.7 万吨，进出口贸易总额为 36.5 亿美元，同比分别增长 4.5%和 6.8%。其中水产品出口额 20.2 亿美元，同比下降 1.7%，水产品进口额 16.3 亿美元，同比增长 19.6%。2016 年大连市水产品出口美、日、韩及欧洲国家等传统市场总体较好，同时海洋捕捞冻鱼类及加工品、头足类、贝类依然是大连市水产品出口主要品种。根据《大连市海洋渔业发展“十三五”规划》，到 2020 年，大连市将实现海洋渔业经济总产值 1600 亿元，渔民人均纯收入达到 4.5 万元。

从旅游业方面来看，2015 年，大连市旅游经济收入 1008.7 亿元，占辽宁省旅游总收入的 27.1%，较 2014 年增长 12.8%；全年接待海外过夜游客人数 98.5 万人次，较 2014 年增长 2%，创外汇收入 5.16 亿美元，较 2014 年增长 2.1%；接待国内游客 6828.1 万人次，国内旅游收入 977.2 亿元，较 2014 年增长 13.2%。“十三五”期间，大连市逐步健全旅游产品体系，坚持“1+3”发展模式，即优先发展滨海旅游产品，将其作为建设东北亚国际滨海休闲旅游城市的核心产品，形成“海岛-海岸-海港”的滨海旅游结构。2016 年，大连市与丹东市依托“丹大快铁”（丹东—大连快速铁路），联手打造“北黄海旅游新干线”，实现了优势互补，合作发展。同年全市旅游业实现稳步发展，旅游经济指标持续增长，实现旅游总收入 1135 亿元，同比增长 12.5%；旅客总数 7738 万人次，同比增长 11.74%。由此，大连市的旅游业越发成为经济增长的“助推器”和经济结构调整的“转换器”。同时，大连市多管齐下促进海岛旅游、邮轮旅游、温泉旅游等海洋旅游产业的发展。

从港口运输方面来看，2015 年，大连市沿海港口货物吞吐量达到 4.15 亿吨，占辽宁省全省的 39.6%，较 2014 年下降 2%；外贸吞吐量 1.3 亿吨，较 2014 年增加 3.9%；集装箱吞吐量 944.9 万标箱，占辽宁省全省的 51.4%，较 2014 年下降 6.7%。目前大连港与大多数国家和地区保持了海运往来。2015 年，大连市拥有海运航线 111 条，其中外贸航线 86 条，内贸航线 25 条；开通航线 188 条，覆盖 13 个国家，109 个国内外城市，与 2014 年基本持平。截止到 2017 年 8 月，港口货物吞吐量为 31 254 万吨，增速为 3.4%，港口集装箱货物吞吐量为 666.5 万吨，增速为 0.1%。

（三）海洋社会发展

根据大连市统计局信息，到 2017 年 6 月，大连市城市居民人均可支配收入为 20 438 元，从城市人均可支配收入增速来看，2013 年第一季度的收入增速为 10.1%，而 2017 年第一季度人均可支配收入增速则下降 4 个百分点。相比于城市，2017 年第一、第二季度农村人均可支配收入为 9506 元，且 2017 年第一季度的农村人均可支配收入增速小于 2013 年第一季度农村人均可支配收入增速近 4 个百分点。自 2015 年开始，大连市无论城市还是农村人均可支配收入均呈下降放缓态势。2017 年，大连市将继续实施海域、海岛、海岸带整治修复项目和开发渔业增值放流活动，推进獐子岛、旅顺世界和平公园、大连银沙滩和大连滨海东路石槽岸线生态修复工程。积极推动“互联网+”渔业发展新模式，助推产业升级。顺利开展石油化工、港口航运、临港工业、陆岛交通等 80 余宗用海项目，全力推进大连湾海底隧道、地铁五号线海底隧道等重大建设用海项目审批进程。

二、脆弱性评价

（一）指标的选取和权重的确定

根据沿海城市的特点，本书选取的指标应涵盖区域发展的资源环境、经济和社会方面。沿海城市人海关系地域系统是一个复杂的巨系统，将人文系统和自然系统进行融合后，系统内的指标数量大，所以采取经验法确定指标权重，专家对沿海城市区域发展了解深入，并且有大量的实践工作和经验，能够提高研究的准确度和可信度。大连市人海关系地域系统脆弱性指标及权重如表 5-13 所示。

表 5-13 大连市人海关系地域系统脆弱性指标及权重

代码	指标名称及单位	指标内涵	权重
E_1	地区 GDP/万元	表征区域整体经济实力	W_{E_1} 0.20
E_2	固定资产投资完成额/万元	表征区域经济再生力、推动力	W_{E_2} 0.10

续表

代码	指标名称及单位	指标内涵	权重
E_3	财政自给率/%	财政收入或财政支出，表征敏感性	W_{E_3} 0.10
E_4	第三产业增加值占 GDP 比重/%	区域产业结构	W_{E_4} 0.10
E_5	第二产业增加值占 GDP 比重/%	区域产业结构	W_{E_5} 0.10
E_6	人均 GDP/元	表征人均经济水平	W_{E_6} 0.10
E_7	实际利用外商直接投资额/万美元	表征对外交流能力	
E_8	国际旅游外汇收入/万美元	表征对外交流能力	W_{E_9} 0.20
E_9	渔业产值（不变价）/万元	敏感性	
R_1	全年用电量/（万千瓦时）	表征资源支持力、供给力	W_{R_1} 0.20
R_2	全年供水总量/万米 ^{3}	表征资源支持力、供给力	W_{R_2} 0.20
R_3	人均占有耕地面积/亩	表征资源支持力、供给力	W_{R_3} 0.10
R_4	年末实有城市道路面积/万米 ^{2}	表征资源支持力、供给力	W_{R_4} 0.10
R_5	工业废水排放总量/万吨	表征环境质量	W_{R_5} 0.10
R_6	工业固体废物综合利用量/吨	表征环境质量	W_{R_6} 0.10
R_7	港航旅客吞吐量/万人次	表征海洋资源量	W_{R_7} 0.10
R_8	码头长度/米	表征海洋资源量	W_{R_8} 0.10
R_9	港航货物吞吐量/万吨	敏感性	
S_1	城乡居民储蓄年末余额/（人/元）	表征生活水平	W_{S_1} 0.10
S_2	科教投资占财政支出比重/%	表征科学教育事业投入水平	W_{S_2} 0.10
S_3	医院、卫生院床位数/张	表征医疗卫生水平	W_{S_3} 0.10
S_4	邮电业务总量/万元	表征基础设施水平	W_{S_4} 0.10
S_5	客运量/万人	表征基础设施水平	W_{S_5} 0.20
S_6	货运量/万吨	表征基础设施水平	W_{S_6} 0.20
S_7	接待海外旅游者人数/人	表征对外交流能力	W_{S_7} 0.10
S_8	居民消费价格总指数/%	表征生活水平的测度	W_{S_8} 0.10
S_9	城市就业率/%	敏感性	

资料来源：《大连市统计年鉴》（1997～2008 年）及《中国海洋统计年鉴》（1997～2005 年）。

（二）数据初步处理

为了消除原始数据的量纲影响，对指标进行同趋势化和无量纲化。系统评价体系中的客观性评价指标按其性质分为两类。

正向评价指标：其值越大，表示降低脆弱性的效果越好。其函数为

$$E_{ij} = \frac{E_{ij}}{\sum E_{ij} / N} \tag{5-3}$$

$$R_{ij} = \frac{R_{ij}}{\sum R_{ij} / N} \tag{5-4}$$

$$S_{ij} = \frac{S_{ij}}{\sum S_{ij} / N} \tag{5-5}$$

逆向评价指标：其值越大，表示降低脆弱性的效果越差。其函数为

$$E_{ij} = \frac{E_{j\max} - E_{ij}}{\sum E_{ij} / N} \tag{5-6}$$

$$R_{ij} = \frac{R_{j\max} - R_{ij}}{\sum R_{ij} / N} \tag{5-7}$$

$$S_{ij} = \frac{S_{j\max} - S_{ij}}{\sum S_{ij} / N} \tag{5-8}$$

上述函数中，E_{ij}为经济子系统指标的统计值；$E_{j\max}$为经济子系统指标的最大值；R_{ij}为资源环境子系统指标的统计值；$R_{j\max}$为资源环境子系统指标的最大值；S_{ij}为社会子系统指标的统计值；$S_{j\max}$为社会子系统指标的最大值；i为第i个样本；j为第j个指标；N为样本数。

根据原始数据，通过式（5-3）～式（5-8），得到如下矩阵。

$$E_{ij} = \begin{bmatrix} E_{11} & E_{12} & \cdots & E_{1j} \\ E_{21} & E_{22} & \cdots & E_{2j} \\ \vdots & \vdots & & \vdots \\ E_{i1} & E_{i2} & \cdots & E_{ij} \end{bmatrix} \tag{5-9}$$

$$R_{ij} = \begin{bmatrix} R_{11} & R_{12} & \cdots & R_{1j} \\ R_{21} & R_{22} & \cdots & R_{2j} \\ \vdots & \vdots & & \vdots \\ R_{i1} & R_{i2} & \cdots & R_{ij} \end{bmatrix} \tag{5-10}$$

$$S_{ij}=\begin{bmatrix} S_{11} & S_{12} & \cdots & S_{1j} \\ S_{21} & S_{22} & \cdots & S_{2j} \\ \vdots & \vdots & & \vdots \\ S_{i1} & S_{i2} & \cdots & S_{ij} \end{bmatrix} \quad (5\text{-}11)$$

式中，E_{ij} 是第 i 年份的第 j 个经济子系统发展指数的具体标准化数据；R_{ij} 是第 i 年份的第 j 个资源环境子系统发展指数的具体标准化数据；S_{ij} 是第 i 年份的第 j 个社会子系统发展指数的具体标准化数据。

（三）评价模型构建

人海经济子系统脆弱性模型为：V_E=EPS/EAR。式中，EPS 为经济子系统敏感性指数，反映经济子系统的敏感性、内外部干扰和压力，EPS=E_9；EAR 为经济子系统的适应-恢复力指数，反映经济子系统的内部稳定性、适应力和恢复力，$\text{EAR}=\sum E_{ij}\cdot W_{E_{ij}}$，$i$=1, 2, 3, 4, 5, 6, 7, 8, 9, 10, 11；j=1, 2, 3, 4, 5, 6, 7, 8。

人海资源环境子系统脆弱性模型为：V_R=RPS/RAR。式中，RPS 为资源环境子系统的敏感性指数，反映资源环境子系统的敏感性、内外部干扰和压力，RPS=R_9；RAR 为资源环境子系统的适应-恢复力指数，反映资源环境子系统的内部稳定性、适应力和恢复力，$\text{RAR}=\sum R_{ij}\cdot W_{R_{ij}}$，$i$=1, 2, 3, 4, 5, 6, 7, 8, 9, 10, 11；j=1, 2, 3, 4, 5, 6, 7, 8。

人海社会子系统脆弱性模型为：V_S=SPS/SAR。式中，SPS 为社会子系统敏感性指数，反映社会子系统的敏感性、内外部干扰和压力，SPS=S_9；SAR 为社会子系统的适应-恢复力指数，反映社会子系统的内部稳定性、适应力和恢复力，$\text{SAR}=\sum S_{ij}\cdot W_{S_{ij}}$，$i$=1, 2, 3, 4, 5, 6, 7, 8, 9, 10, 11；j=1, 2, 3, 4, 5, 6, 7, 8。

（四）评价结果

根据大连市人海关系地域系统脆弱性评价的最终结果（表 5-14），运用 Grapher 软件，构建三角图，输出后在 Word 中进行修改，形成最终的大连市人海关系地域系统脆弱性三角图（图 5-4）。

表 5-14 大连市脆弱性指数及其所占比例

年份	V_T	V_E	V_R	V_S	$V_{E'}$	$V_{R'}$	$V_{S'}$
1996	3.34	1.20	0.70	1.44	0.36	0.21	0.43
1997	3.60	1.22	0.85	1.53	0.34	0.24	0.43

续表

年份	V_T	V_E	V_R	V_S	$V_{E'}$	$V_{R'}$	$V_{S'}$
1998	3.07	1.24	0.81	1.02	0.40	0.26	0.33
1999	3.60	1.34	0.85	1.41	0.37	0.24	0.39
2000	3.48	1.27	0.89	1.32	0.36	0.26	0.38
2001	3.32	1.05	0.97	1.30	0.32	0.29	0.39
2002	3.28	1.06	1.02	1.20	0.32	0.31	0.37
2003	3.19	0.97	1.06	1.16	0.30	0.33	0.36
2004	3.10	0.88	1.21	1.01	0.28	0.39	0.33
2005	2.95	0.76	1.31	0.88	0.26	0.44	0.30
2006	2.89	0.73	1.35	0.81	0.25	0.47	0.28

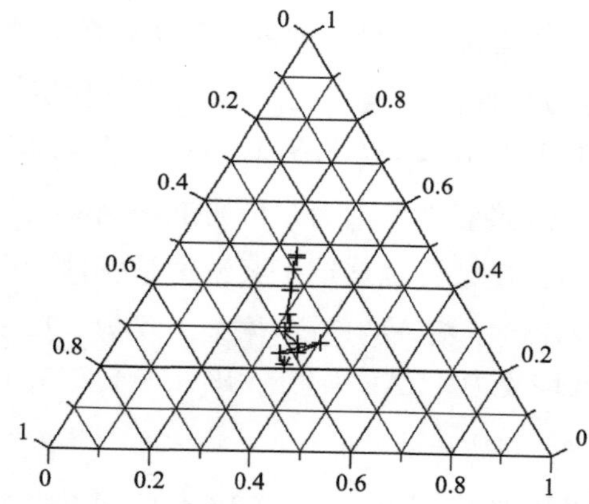

图 5-4　1996～2006 年大连市人海关系地域系统脆弱性三角图

根据大连市人海关系地域系统及其子系统脆弱性指数绘制大连市人海关系地域系统及其子系统脆弱性发展趋势图（图 5-5、图 5-6）。从图中可以看出，大连市人海关系地域系统脆弱性较低，大体上逐年降低，从 1999 年开始，脆弱性指数下降幅度均匀。大连市经济子系统脆弱性从 1999 年开始减小；资源环境子系统脆弱性增加；社会子系统脆弱性降低并且速度较快。

从三角图中（图 5-4）可以看出，1996～2006 年 11 年间，大连市人海关系地域系统脆弱型均为 RES 型，说明大连市人海关系地域系统的三个子系统内均存在一定的问题，并对其可持续发展起到相对均衡的制约作用。因此，应从经济、资源环境和社会三方面共同着手，探讨大连市人海关系地域系统的可持续发展对策。虽然 RES 型沿海城市三个子系统均存在一定的问题，但可持续发展对策应侧重调整脆弱性指数较高的子系统中的限制因素。

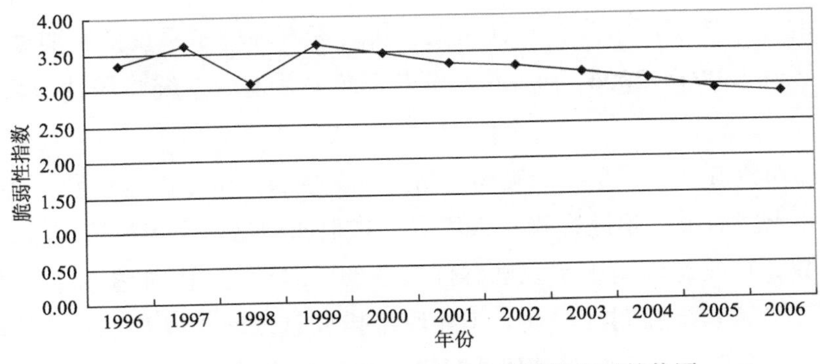

图 5-5 大连市人海关系地域系统脆弱性发展趋势图

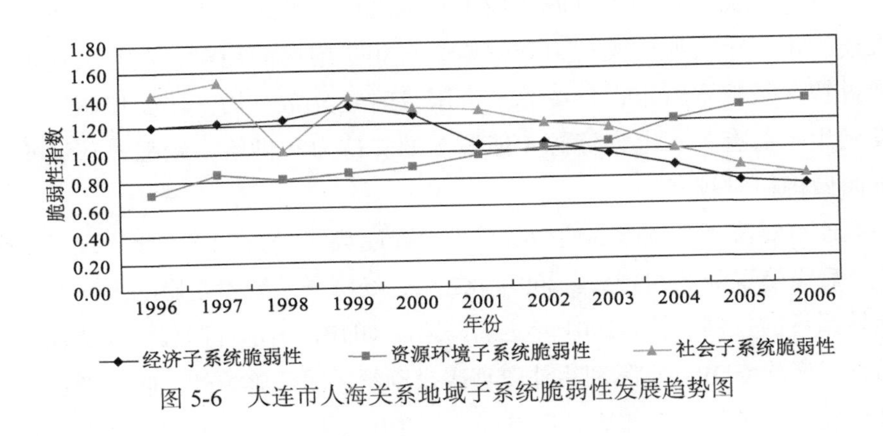

图 5-6 大连市人海关系地域子系统脆弱性发展趋势图

三、分析和讨论

通过三角图法分析，探索大连市人海关系地域系统脆弱性现状及其脆弱性影响因素，结果表明如下。

（1）大连市人海关系地域系统脆弱性较低，大体上逐年降低。$V_{E'}$值较高时，城市应增强经济实力，调整产业结构，缩小资源产业比重，增加固定资产投资额，加大吸引外资力度，增加财政收入，控制财政支出等；$V_{R'}$值较高时，城市应主要控制资源开采的规模，积极寻求替代资源，提高资源利用率，加大环境保护方面的投资和污染源治理力度，改善城市环境设施状况，增加人均绿地面积等；$V_{S'}$值较高时，城市应增加科技教育投资，提高人民的生活质量水平，改善基础设施状况等。

（2）从趋势上看，大连市经济子系统的脆弱性指数逐渐降低，社会子系统的脆弱性指数逐渐下降，并且速度较快；资源环境子系统的脆弱性指数逐渐增加，在 2004～2006 年，占大连市人海关系地域系统脆弱性指数的 1/3 以上。

大连市资源环境子系统的脆弱性指数逐渐增加。全年供电总量、全年供水总量、年末实有城市道路面积、人均占有耕地面积这四个表征适应-恢复力的指标系数，在资源环境子系统敏感性增强的同时没有相应的提高，这也导致了资源环境子系统脆弱性增强。工业废水排放总量减小以及工业固体废物综合利用量、港航旅客吞吐量和码头长度等表征适应-恢复力的指标系数逐年增大，在某种程度上抑制了资源环境子系统脆弱性的进一步提高。上述分析表明大连市水、土资源的支持力和供给力有相对削弱的趋势，这与大连市工业发展过快又是缺水城市，资源总量有限且时空分布不均、缺少控制性工程、开发利用率低有关；电力资源（能源）的支持力和供给力较强，环境质量控制方面做得相对较好。

大连市经济子系统脆弱性指数呈现下降趋势。尽管在 1999 年出现了一个小拐点，后又呈现降低的势头。2001 年之后，经济子系统不是影响大连市人海关系地域系统的关键系统。2001 年之后，地区 GDP、固定资产投资完成额、财政自给率、人均 GDP、实际利用外商直接投资额、国际旅游外汇收入增加，说明大连市在区域整体经济实力，区域经济再生力、推动力，人均经济水平和对外交流能力方面较好，但需要进一步优化调整区域的产业结构，增强区域的财政支持力，增加第三产业的比重。第三产业增加值占 GDP 比重逐年降低，这一指标相对削弱了经济子系统的适应力和恢复力。

大连市社会子系统脆弱性指数所占的比例呈现出先降低后增加然后再降低的趋势。从 2004 年开始，社会子系统的脆弱性指数所占比例已经小于 1/3，即社会子系统已经不是影响大连市人海关系地域系统脆弱性的主要子系统。

可见，1996～2006 年 11 年间，大连市人海关系地域系统脆弱性均为 RES 型，因而大连市要抓好社会子系统、经济子系统和资源环境子系统的协调发展，发展成为更加协调的 RES 型城市。在今后的工作中，需要进一步优化客观反映沿海城市人海关系地域系统脆弱性的指标，并对评估模型进行深入研究和大量的应用实践，以更好地进行沿海城市人海关系地域系统脆弱性的定量研究，为城市发展提供可靠的依据和支撑。

第四节　人海资源环境系统脆弱性评价

一、资料来源

环渤海地区人海关系地域系统的经济社会与资源环境问题逐渐凸显，并且具有明显的脆弱性特性，是典型的脆弱系统。环渤海地区人海资源环境系统的脆弱性不仅包括洪水、海啸等灾害，而且包含海洋资源利用过度、海洋环境恶化、海洋生态系统的功能退化等带来的问题。

本节资料来源于《中国海洋统计年鉴》（1997～2010 年）和《中国城市统计年鉴》（1997～2010 年）。

二、脆弱性评价指标体系和分析方法

（一）评价指标体系

以敏感性和恢复性为描述视角，构建人海资源环境系统脆弱性的评价指标体系（表 5-15）。

表 5-15　人海资源环境系统脆弱性评价指标体系

分析层次	描述角度	具体指标及性质		
		指标名称及单位	性质	
人海资源环境系统脆弱性	敏感性	沿海地区海水养殖面积/公顷	B_1	+
		盐田面积/公顷	B_2	+
		海洋捕捞产量/吨	B_3	−
		沿海地区工业废水排放总量/万吨	B_4	−
		工业固体废物排放量/万吨	B_5	−
		人均海岸线长度/米	B_6	+
	恢复性	人均海洋生产总值/（元/人）	C_1	+
		工业固体废物处置量/万吨	C_2	+

续表

分析层次	描述角度	具体指标及性质		
		指标名称及单位	性质	
人海资源环境系统脆弱性	恢复性	工业固体废物综合利用量/万吨	C_3	+
		治理废水项目/个	C_4	+
		治理固体废弃物项目/个	C_5	+
		海洋类型保护区面积/千米^2	C_6	+
		海洋原油产量/万吨	C_7	+
		海洋天然气产量/万米^3	C_8	+
		海盐产量/万吨	C_9	+
		海洋油田生产井情况/口	C_{10}	+

（二）评价模型

敏感性和恢复性是人海资源环境系统脆弱性的基本属性。人海资源环境系统脆弱性是由系统的敏感性和恢复性相互制约相互影响而形成的，且脆弱性是敏感性和恢复性的复合函数，与敏感性呈正比，与恢复性呈反比。即敏感性越强，脆弱性越强；恢复性越弱，脆弱性越强。建立脆弱性评价模型如下。

$$V_i = \frac{B_i}{C_i} \tag{5-12}$$

式中，V_i表示人海资源环境系统的脆弱性；B_i表示人海资源环境系统的敏感性；C_i表示人海资源环境系统的恢复性。

（三）熵权系数法的评价原理

如果决策中某项指标的效用数值越大，信息熵越小，该指标提供的信息量越大，该指标的权重也就越大；某项指标的效用值越小，该指标的权重也就越小。所以，可以根据各项指标测量值的效用值，利用信息熵计算各指标的权重。对原始数据进行标准化处理，进而加权求和得到人海资源环境系统的脆弱性、敏感性、恢复性数值，最终得出人海资源环境系统脆弱性的变化值及变化规律。

三、脆弱性的时空分析

（一）脆弱性时间维度分析

环渤海地区1996～2009年的数据，样本数为14个，因此，m=14。根据熵权系数法的评价步骤，并通过加权求和得出恢复性和敏感性的评价指数，最后根据脆弱性与恢复性、敏感性的函数关系模型，得出人海资源环境系统脆弱性的评价指数，见表5-16、图5-7。

表5-16　环渤海地区人海资源环境系统敏感性、恢复性、脆弱性的时间维度评价结果

年份	敏感性	恢复性	脆弱性
1996	7.2807	5.5246	1.3179
1997	3.4014	5.8471	0.5817
1998	6.4935	3.8569	1.6836
1999	8.8789	5.5984	1.5860
2000	8.4295	4.9246	1.7117
2001	4.5297	2.9641	1.5282
2002	4.3847	3.7479	1.1699
2003	4.6275	7.4874	0.6180
2004	3.8670	4.2917	0.9011
2005	3.8902	4.4007	0.8840
2006	6.8710	10.2229	0.6721
2007	6.1185	10.8516	0.5638
2008	6.7880	4.8941	1.3870
2009	6.1064	11.2711	0.5418

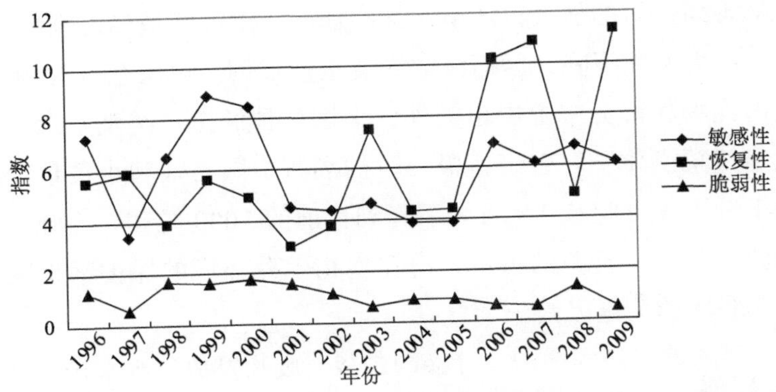

图5-7　1996～2009年环渤海地区人海资源环境系统敏感性、恢复性、脆弱性变化示意图

1. 从脆弱性评价结果分析，脆弱性呈现波动性的变化，总体上呈下降趋势

从图 5-7 来看，脆弱性变化曲线 1997～2003 年、2003～2007 年、2007～2009 年出现了三次倒 U 形发展态势，1997 年出现了较大的波动，这与敏感性水平下降和恢复性水平上升有直接的关系，脆弱性指数由 1996 年的 1.3179 下降到 1997 年的 0.5817。随后，2000～2003 年脆弱性指数逐步下降，2004 年脆弱性指数上升，2009 年下降达到了最低点 0.5418。资源环境的污染、废物和废水排放及渤海海水自身的特性直接影响着系统的脆弱性。首先，渤海属于内海，因而水交换能力较差，海水自净能力有限；其次，陆源污染，流域周边的生活用水、工业废水和农药及化肥污染严重影响着环渤海人海资源环境系统；此外，海上石油开采及海水养殖中的添加剂加大了海水的自净压力。虽然，环渤海地区环境治理问题一直受到政府的高度重视，早在 1986 年就成立了我国第一个区域性的海洋环保协作组织“环渤海环境保护协作组”，编制了《环渤海地区海洋环境保护规划》，2001 年又开始施行“渤海碧海行动计划”，但是环渤海人海资源环境系统只是得到了初步的改善。

2. 从敏感性指标分析，敏感性呈现“先降后升再下降”的趋势

敏感性指数在 1999 年达到了 8.8789 的最高点，2001 年实行的“渤海碧海行动计划”，使得敏感性得到了一定的控制，达到了 4.5297。在 2003 年开始又呈现出波动上升的趋势，“渤海碧海行动计划”效果并不明显。

从敏感性指标权重上分析，工业固体废物排放量、沿海地区海水养殖面积、沿海地区工业废水排放总量及海洋捕捞产量所占比例较大。环渤海人海资源环境系统敏感性较强的一个主要原因就是捕捞过度问题，这给渤海海域严重的影响，伴随着捕捞量的加大，环境污染的加剧，渤海海域生态系统遭到破坏，生物群落生产力不断下降，因而海洋渔业也遭重创。以山东省为例，15 万平方千米近海渔场除部分中上层鱼类外，大宗品种洄游鱼类基本形不成鱼汛，局部海域呈“荒漠化”。曾经盛极一时的渤海中国对虾和小黄鱼产量分别由历史最高年份的 4 万吨和 1.9 万吨下降到目前的 1000 吨和几十吨。环境的保护、污染源的减少、资源的再生、海洋生物生存环境的保护都是减小敏感性从而降低脆弱性的关键因素。

此外，伴随着经济的增长、社会的进步，废物排放、废水排放又是影响敏感性的另一要素。环渤海地区的工业废水排放总量从 1996 年的 326 834 万吨，

增长到 2009 年的 387 330.3 万吨，工业固体废物排放量从 1996 年的 1 337 774 万吨下降到 2009 年的 332 205 万吨。环渤海地区发展的传统资源型产业，如原油、原盐产业等，都会增长人海资源环境系统的敏感性，使渤海遭到污染。以水资源为例，环渤海地区水资源总量仅占全国的 3.5%，人均和耕地亩均水资源量分别为全国平均水平的 1/5 和 1/6，而水污染进一步加剧了水资源的短缺。流经该区域的河流上游和多数水库水质尚可，但河流进入城镇工矿区后，由于人类活动的强烈影响，水质急剧恶化，有的成为排污河，且污染物类型极为复杂。

3. 从恢复性指标分析，恢复性呈现上升的趋势

恢复性指数在 2009 年达到了最高点 11.2711，工业固体废物处置量、工业固体废物综合利用量所占比重较大，说明环渤海地区在发展经济的同时，注重资源环境的保护和利用，并且在经济的发展中，尽量避免产业的雷同，努力发展新兴产业是提高恢复性的重要途径。此外，着力构建以创新为导向的区域合作体系，善于借助行政体制的力量，并且提出进一步增强“环渤海地区经济联合市长联席会”实际运作效果，搭建更多正式和非正式平台，发挥社会各方力量整合区域资源的作用。

（二）脆弱性的空间维度分析

选择环渤海地区省份 1996～2009 年的数据进行熵权系数法评价和函数模型测度，得出结果如下所示。

1. 从脆弱性的空间维度分析，环渤海地区人海资源环境系统脆弱性的下降速度呈现出山东>辽宁>天津>河北的趋势

从表 5-17、图 5-8 来看，山东省人海资源环境系统脆弱性指数下降速度最快，从 1996 年脆弱性指数 1.7866 下降到 2009 年的 0.4755。这与山东省建立“半岛蓝色经济区”有直接关联，虽然本书所采用的数据只截止到 2009 年，而 2011 年 1 月国家才批复《山东半岛蓝色经济区发展规划》，但是早在 2009 年 4 月，胡锦涛同志在山东考察时指出，要大力发展海洋经济，科学开发海洋资源，培育海洋优势产业，打造山东半岛蓝色经济区。山东省一直把发展海洋经济、保护海洋生态环境作为首要的任务。而河北省脆弱性指数下降速度较慢，从 1996 年的 0.7885 只下降到 2009 年的 0.5276。

表 5-17 人海资源环境系统脆弱性的空间维度评价结果

年份	天津	河北	辽宁	山东
1996	1.6005	0.7885	1.6511	1.7866
1997	1.8217	1.1452	1.8416	2.1243
1998	0.8010	1.1495	1.6342	1.3165
1999	0.8215	0.9691	1.4801	1.1308
2000	2.3078	0.8164	1.3383	0.8120
2001	3.8756	1.6493	0.7758	0.8072
2002	0.7133	1.5469	0.8215	0.3191
2003	0.2067	0.5732	0.4192	0.5197
2004	0.3936	1.3510	0.8849	0.4293
2005	0.5082	1.7905	0.7362	0.2925
2006	0.8522	0.6952	1.2078	0.6651
2007	0.3972	0.5955	0.7066	0.5841
2008	0.3373	1.1539	1.3712	0.7710
2009	0.7572	0.5276	0.3958	0.4755

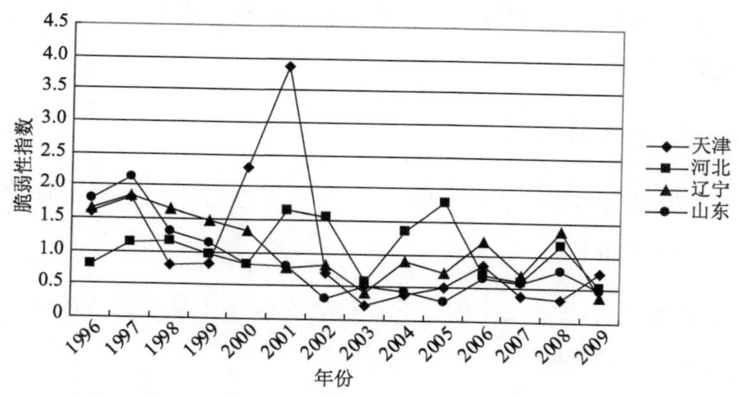

图 5-8 1996～2009 年环渤海地区脆弱性的空间比较示意图

2. 从敏感性的空间维度分析，环渤海地区人海资源环境系统敏感性的下降速度呈现出天津>辽宁>山东>河北的趋势

从表 5-18、图 5-9 来看，天津市敏感性指数从 1996 年的 11.2538 下降到 2009 年的 4.5414，下降速度最快。而河北省敏感性指数从 1996 年的 4.7063 变化到 2009 年的 5.4046，这与河北省海洋经济发展缓慢、水资源匮乏、环境污染等有着直接的关联。河北省的海洋经济发展相对薄弱，以海洋产业总产值为例，2002 年河北省海洋产业总产值 12 713 亿元，不足山东省的 1/8，居全国沿海省份倒数第二位。海洋

产业结构不合理，水资源匮乏且污染较严重，成为制约河北省海洋产业发展的重要因素。另外，其渔业资源退化、海岸侵蚀、地面沉降、海水入侵等问题突出。

表 5-18 人海资源环境系统敏感性的空间维度评价结果

年份	天津	河北	辽宁	山东
1996	11.2538	4.7063	10.4289	8.5796
1997	9.0621	9.5661	11.6967	13.2209
1998	3.1407	4.8392	4.8473	5.8314
1999	4.2730	6.4321	10.1682	6.3746
2000	9.8376	5.2967	7.8471	4.9607
2001	9.5266	3.1945	1.8958	3.9536
2002	2.5575	3.1811	1.8967	1.8582
2003	1.1564	4.4039	3.8549	4.0776
2004	1.6244	4.4638	3.5811	2.7116
2005	2.2914	4.7460	2.8289	1.6918
2006	4.8371	5.8998	6.8456	5.4536
2007	2.7244	5.7483	4.4523	4.8221
2008	2.6339	6.1589	3.8476	5.0047
2009	4.5414	5.4046	4.0965	4.8211

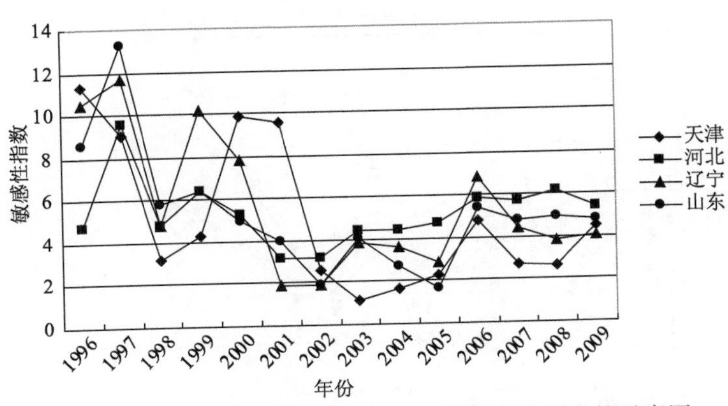

图 5-9 1996～2009 年环渤海地区敏感性的空间比较示意图

3. 从恢复性的空间维度分析，环渤海地区人海资源环境系统恢复性的上升速度呈现出山东>河北>辽宁>天津的趋势

从表 5-19、图 5-10 来看，山东省恢复性指数从 1996 年的 4.8021 上升到 2009 年的 10.1396，上升速度最快。而天津市恢复性指数从 1996 年的 7.0314 变化到 2009 年的 5.9978，天津市恢复性指标权重中，工业固体废物综合利用量、治理

废水项目、治理固体废弃物项目所占比重最大，分别为 27.22%、22.94%、16.96%，欲提升天津市恢复性指数，可从这几个方面着手，通过提升恢复性进而达到降低脆弱性的目的。

表 5-19 人海资源环境系统恢复性的空间维度评价结果

年份	天津	河北	辽宁	山东
1996	7.0314	5.9686	6.3165	4.8021
1997	4.9746	8.3534	6.3515	6.2237
1998	3.9211	4.2097	2.9662	4.4296
1999	5.2015	6.6369	6.8699	5.6374
2000	4.2628	6.4882	5.8636	6.1095
2001	2.4581	1.9368	2.4437	4.8978
2002	3.5854	2.0564	2.3088	5.8235
2003	5.5956	7.6829	9.1962	7.8457
2004	4.1267	3.3041	4.0469	6.3167
2005	4.5088	2.6507	3.8424	5.7836
2006	5.6758	8.4864	5.6680	8.2001
2007	6.8593	9.6526	6.3013	8.2559
2008	7.8080	5.3374	2.8060	6.4909
2009	5.9978	10.2444	10.3509	10.1396

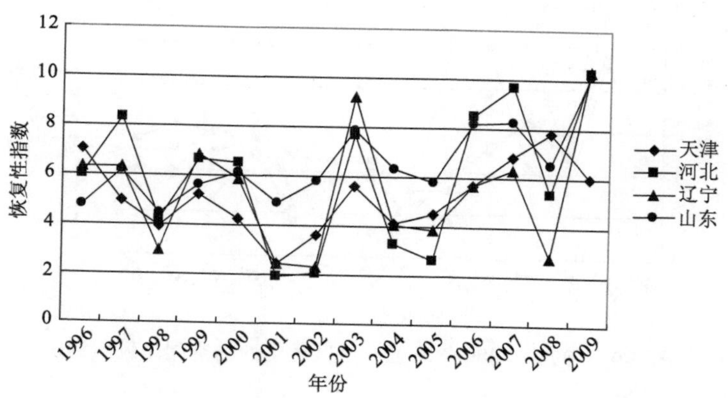

图 5-10 1996～2009 年环渤海地区恢复性的空间比较示意图

四、结论与讨论

（1）从时间维度分析，环渤海地区脆弱性呈现了波动性的变化，总体上呈下降趋势，并出现三次倒 U 形发展态势。从敏感性指标分析，敏感性呈现“先降后升再下降”的趋势，捕捞过剩及废水废弃物排放是敏感性的主要影响因素。从恢复性指标分析，恢复性呈现上升的趋势，在经济快速发展的过程中，注重资源环境的保护和利用，尽量避免产业的雷同，努力发展新兴产业成为提高恢复性的途径。

（2）从空间维度分析，环渤海地区人海资源环境系统脆弱性的下降速度呈现出山东>辽宁>天津>河北的趋势，“半岛蓝色经济区”的提出效果较显著。人海资源环境系统敏感性的下降速度呈现出天津>辽宁>山东>河北的趋势，河北敏感性指数变化与其海洋经济发展缓慢、水资源匮乏、资源环境污染等有着直接的关联。人海资源环境系统恢复性的上升速度呈现出山东>河北>辽宁>天津的趋势。

（3）本节是针对环渤海地区人海资源环境系统进行研究，由于人海资源环境系统、人海经济系统、人海社会系统是一个耦合的巨系统，如何使这三个子系统相互作用、相互影响是下一步人海关系地域系统脆弱性研究的主要方向。

第五节 人海社会系统脆弱性评价

本节通过人海社会系统的综合测度模型与方法体系及实证研究，力图找出一种可以科学判断人海社会系统脆弱性的实用性方法，以适应对经济社会发展实践的迫切需要。而人海社会系统脆弱性测度的关键是对沿海地区人海社会系统脆弱性关键过程的分析，集成多种评价方法的优点和长处，构建能够反映面对多重扰动的人海社会系统脆弱性各种影响因素及其相互关系的综合评价指标体系，依据这种相互关系及各因素对人海关系的作用机理，建立科学有效的综合评价模型并进行量化测算。

一、研究区域概况

（一）区域位置

辽宁沿海地区包括大连、丹东、锦州、营口、盘锦、葫芦岛，属渤海和黄海北部海域，处在环渤海地区和东北亚经济圈的关键地带。自 20 世纪 80 年代提出由“海上辽宁”转向“东北地区老工业基地振兴战略”，再到“五点一线”和“辽宁沿海经济带发展规划”的战略定位，辽宁海洋经济得到了全面发展，与此同时生态健康问题日益凸显，辽宁沿海地区海洋生态文明建设刻不容缓。

（二）辽宁省海洋资源环境状况

1. 海洋空间资源

辽宁省地处东北亚地区中心位置，南临渤海与黄海，朝望太平洋。辽宁省海岸带东起丹东鸭绿江口，西至绥中县万家镇红石礁。辽宁省海岛岸线总长 627.6 千米，深水岸线 400 余千米。全省水域面积为 1 万平方千米，海域面积为 15.02 万平方千米。其中渤海部分为 7.83 万平方千米，黄海北部为 7.19 万平方千米。全省滩涂面积约为 1696 平方千米，约占全国的 9.7%。辽东湾沿岸的滩涂面积约为 1020 平方千米，黄海北部的沿岸滩涂面积约为 676 平方千米。全省湿地总面积为 139.5 万公顷，其中近海与海岸为 71.3 万公顷。同时，辽宁省有岛、坨、礁 506 个，面积 0.01 平方千米以上的岛屿 205 个，总面积达 189.21 平方千米。全省直接入海河流 60 余条，其中流域面积在 500 平方千米以上的有 19 条[①]。

2. 海洋港口资源

辽宁省共有海湾 52 个，优良港址 38 处，宜港岸线总长为 186.7 千米，约占全省总岸线长度的 6.4%。其中深水岸线长 89.7 千米，中水岸线长 67.8 千米，浅水岸线长 29.2 千米。目前，全省已形成以大连港、营口港为核心，并以丹东港、锦州港、葫芦岛港为辅助，同时连接省内沿海中小型港口的全方位综合交通运输体系，同时还拥有 40 余条海上通道。大连港、营口港和锦州港已分别同全世界 100 余个国家和地区构建海上综合贸易网络。据统计，截至 2016 年底，全省沿海港口生产性泊位达到 417 个，港口综合通货能力达到 6.1 亿吨，其中集装箱泊位 26 个，通货能力 805 万标准箱。承担着东北地区 70%以上的海运货物、80%以上的外贸运输、90%以上的集装箱外贸运输（张艳玲和赵晓雯，2017）。

[①] 数据来源于《辽宁统计年鉴》（2010～2016 年）。

《中国海洋统计年鉴》指出，辽宁省集装箱吞吐量在2012～2014年由24 733万吨上升到30 834万吨。

3. 海洋生物资源

辽宁近岸水域和海岸带海洋生物种类繁多，其中浮游生物约107种，底栖生物约280种，游泳生物包括头足类和哺乳动物约有137种。辽东湾和黄海北部海洋渔业资源尤其丰富，现已为渔业开发利用的经济种类80余种。其中，鱼类30多种，主要品种有斑鱼祭、鲜鲽类、鲈鱼、绿鳍马面屯、狮子鱼等，近海鱼类有黄鲫、小黄鱼及银鲳等；海珍品主要有刺海参、皱纹盘鲍和栉孔扇贝等；虾鳖类具有较高经济价值的有中国对虾、中国毛虾、鹰爪虾、虾蛄等；蟹类有三疣梭子蟹、日本蟳和中华绒鳌蟹等；贝类有蛤仔、四角蛤蜊、文蛤、褶牡蛎等，浅海底栖贝类有毛蚶、魁蚶、脉红螺、密磷牡蛎等；其他海洋生物资源有海蜇、海带、裙带菜、紫菜等。

4. 海洋水产资源

辽宁省水产生物资源丰富，品种繁多，共三大类520多种。沿海捕捞直接利用的底栖生物和游泳生物有鱼类117种，主要有大黄鱼、小黄鱼、带鱼、鲅鱼、鲐鱼、鲳鱼、鲆鲽鱼、远东拟沙丁鱼等；虾类20余种，主要有中国对虾、中国毛虾、青虾等；蟹类10种，主要有梭子蟹、中华绒鳌蟹等；贝类20余种，主要有蚶、蛤、蛏等；多种头足类以枪乌贼、金乌贼为主；水母类以海蜇而闻名；哺乳类有长须鲸和海豹等。辽宁省10米以内的浅海面积77.3万公顷，可供海水养殖业发展。现主要养殖品种有贻贝、扇贝、海参、海带、裙带菜、鲍鱼、魁蚶等，在辽宁大连，海参养殖为辽宁水产养殖业做出了一定贡献，2015年大连市年产海参5万吨，产值为200亿元，浅海养殖产量50余万吨。有潮间带滩涂16.2万公顷，潮上带可利用面积1.7万公顷。此外，辽宁省境内除河流水域外，还有供淡水养殖的水面11万公顷，其中水库、湖泊、沙沟8.2万公顷，池塘、池沼等小水面2.8万公顷。辽宁省内陆水域共有淡水鱼类资源119种，其中典型淡水鱼类97种，河口洄游鱼类15种。淡水鱼类经济价值较高的品种有鲤鱼、鲫鱼、罗非鱼、鲢鱼、鳙鱼、青鱼、虹鳟鱼、泥鳅和池沼公鱼等20多种。淡水贝类和虾蟹类主要品种有无齿蚌、田园螺、日本沼虾、中华绒鳌蟹等。

5. 海洋矿产资源

辽宁省作为环渤海海域中矿产资源丰富的地区，同时也是矿产资源大省。海洋矿产资源种类多、分布广，现探明和发现的矿产资源主要有石油、天然气、铁、煤、硫、岩盐、重砂矿、多金属软泥（热液矿床）等。石油、天然气主要分布在辽东湾，石油资源量约有 7.5 亿吨，天然气资源量约有 1000 亿立方米，海洋石油累计探明技术可采储量为 73 513.9 万吨；海洋天然气累计探明技术可采储量为 739.9 亿立方米。渤海盆地石油资源分布层次为新生界，主要分布在渤海中部海域、辽东湾海域、渤海南部海域和渤海西部海域，其石油资源量按深度排名主要为浅层，其次为中层，深层和超深层有少量分布；资源品位主要是稠油、重油，其次为常规油，少量是低渗-特深油。天然气主要分布在渤海中部海域、辽东湾海域、渤海南部海域和渤海西部海域。辽宁的沙矿矿种有金刚石、金沙、铬石、独居石、石榴石等，其中金刚石和金沙具有较大的经济价值，金刚石主要分布在辽宁省复州湾。主要矿种特征：①金沙矿出露于鸭绿江口，在庄河、普兰店、金州等地也有矿点分布，具有潜在远景；②金刚石矿出露于瓦房店市长兴岛沿海阶地，储量大，占全国储量的一半以上。《中国海洋统计年鉴》指出，2012～2014 年，辽宁省海洋原油产量由 14.25 万吨提升到 48.27 万吨，海洋天然气产量由 1580 万立方米提升至 1881 万立方米，海洋化工产品产量由 1 020 284 吨提升至 1 162 236 吨。

6. 海洋能源资源

辽宁省的海洋能源蕴藏量约 700 万千瓦，其中开发利用价值较大的潮汐能约 193.6 万千瓦，约占全国的 1.05%；波浪能 152 万千瓦，约占全国的 1%；温差能约 150 万千瓦，约占全国的 0.3%；海流能约 100 万千瓦，约占全国的 1.1%；盐差能约有 100 万千瓦，约占全国的 1.1%。

（三）辽宁省海洋经济发展情况

辽宁省作为我国东北部的沿海省份，对于东北地区的经济发展起到了领头的作用，这说明辽宁省的海洋经济发展不容小觑。自 20 世纪 80 年代以来就提出“海上辽宁”的战略计划，由此海洋产业发展突飞猛进。到 21 世纪，辽宁省海洋经济进入到快速发展阶段，2003 年辽宁省海洋产业生产总值为 506.5 亿元，经过十年的发展，辽宁省海洋产业生产总值提升到了 4065 亿元，年均增长率为

26%。到 2014 年，海洋经济产值高达 5800 多亿元。但其经济环比增速，却并非像海洋产业生产总值那样逐年升高，反而呈下降趋势，2003 年到 2004 年经济环比处于上升阶段，由 21%升到 90%，之后逐渐下降至 2013 年的 6%。同时，为打造海洋经济强省，拉动辽宁区域经济协调发展进程以及加快东北老工业基地振兴步伐，辽宁在《辽宁省国民经济和社会发展第十一个五年规划纲要》（简称辽宁省“十一五”规划纲要）中提出发展“五点一线”战略。“五点一线”沿海经济带东起鸭绿江口，西至山海关老龙头，成 N 形走势，包含大连、丹东、锦州、营口、盘锦和葫芦岛六个省辖市。其中，“五点”指大连长兴岛临港工业区、辽宁（营口）沿海产业基地（含盘锦船舶工业基地）、辽宁西部锦州湾沿海经济区（含锦州西海工业区和葫芦岛北港工业区）、丹东临港产业园区和大连花园口工业园区五个重点区域。通过建设 1443 千米的滨海路，打造沿海公路网，连接沿黄海和渤海的“五点”。构建“以点连线，以线促带，以带兴面”的空间发展格局，辐射并带动沿岸线 100 千米范围以内的沿海经济带的发展。

随着辽宁省海洋经济不断增长，海洋第一产业比重显著降低，第二和第三产业比重大幅增加，改变了以往渔、盐、海洋交通三分天下的局面，海洋化工、海洋油气、滨海旅游、船舶制造等均有了发展。尤其滨海旅游、船舶制造和渔业在辽宁海洋产业中占有相当重要的地位。2001～2011 年，海洋第一产业占比一直维持在 10%～20%，第二产业和第三产业分别保持在 50%左右和 40%左右，但自从 2008 年，由于经济危机及海洋经济转型的影响，辽宁省海洋第二产业有下降趋势、第三产业有上升趋势后，第二、第三产业逐渐保持约相同比重。

辽宁省海洋经济发展已实施全省沿海带开发开放战略为主线，进一步提升大连核心地位，强化大连—营口—盘锦主轴，壮大“渤海翼”（盘锦—锦州—葫芦岛渤海沿岸）和“黄海翼”（大连—丹东黄海沿岸及主要岛屿），强化相互间的有机联系，形成核心突出、主轴拉动、两翼扩张的总体格局。

（四）辽宁省海洋社会发展情况

辽宁省海洋社会发展情况首先体现在辽宁省人口与劳动力及海洋产业就业上。1990 年，辽宁省人口自然增长率为 9.71%，到 2010 年人口自然增长率下降至 0.42%，成为该年全国人口自然增长率最低的省份。在年龄构成上，0～14 岁占总人口比重 11.4%，15～64 岁占总人口比重 78.3%，65 岁及以上占总人口比重 10.3%；在文化构成上，辽宁省大专以上学历人口占比 12.5%，高于全国平均水平近 3 个百分点。在教育方面，据统计，2014 年辽宁省高等教育各海洋专业本科设有 7 个专业点数，毕业人数 202 人；设立海洋专业硕士点数为 24 个，毕业生人数为 272 人。虽然专业学科设立点处于各省份前列，但是根据 2014 年海洋科研机构科技课题情况，辽宁省相关课题数占全国总课题数的 2%，科技成果应用占比 5%，在科研成果方面，辽宁省对海洋经济相关研究处于较弱势地位。

从海洋产业就业情况来看，2001 年中国 15～64 岁劳动年龄人数为 89 849 万人，其中我国海洋从业人员为 2107.6 万人，海洋从业人数占当年全国人数的 1.7%，占 15～64 岁劳动年龄人数的 2.3%（2010 年比 2001 年增长了 1.1 个百分点），各省份有明显的差异，辽宁省海洋从业人员仍保持平稳略有提升的趋势，达到 330.5 万人[①]。从就业比重来看，辽宁省海洋从业人员占辽宁省就业人员比重在 10%以上，说明辽宁省的海洋产业在吸纳就业人口方面具备一定优势。在比较劳动力生产率分析中，辽宁省该指标为 1.02，表示 1%的就业人员创造了 1.02%的 GDP，说明辽宁省海洋产业促进经济结构调整、优化资源配置的作用在增强。

二、资料来源和研究方法

（一）资料来源

数据来源于《中国海洋统计年鉴》（1997～2010 年）、和《辽宁统计年鉴》（1997～2010 年）的相关数据。

（二）脆弱性分析方法

敏感性和恢复性是人海社会系统脆弱性的基本属性。人海社会系统脆弱性是由系统的敏感性和恢复性相互制约相互影响而形成的，且脆弱性是敏感性和恢复性的复合函数，与敏感性呈正比，与恢复性呈反比。构建脆弱性评价模型为

$$V_i = \frac{B_i}{C_i} \tag{5-13}$$

式中，V_i 表示人海社会系统的脆弱性；B_i 表示人海社会系统的敏感性；C_i 表示人海社会系统的恢复性。

---

① 数据来源于《中国海洋统计年鉴》（2002～2011 年）。

（三）评价指标体系

本书分别从敏感性和恢复性的描述角度构建人海社会系统脆弱性评价指标体系（表 5-20）。

表 5-20 人海社会系统脆弱性的评价指标体系

分析层次	描述角度	具体指标及性质		
		指标名称及单位	性质	
人海社会系统脆弱性	敏感性	从事海洋科技活动人员数/人	B_1	+
		专业技术人员/人	B_2	+
		海洋科研机构科研课题数量/项	B_3	+
		城镇失业人数/万人	B_4	−
	恢复性	城镇年可支配收入/元	C_1	+
		城镇居民平均每人每年消费总支出/元	C_2	+
		人均日用水量/升	C_3	+
		人均居住面积/米^2	C_4	+
		人均道路面积/米^2	C_5	+
		医院床位数/张	C_6	+
		邮电业务总量/亿元	C_7	+
		客运量/万人	C_8	+
		货物吞吐量/亿吨	C_9	+
		旅客吞吐量/万人	C_{10}	+
		国际旅游外汇收入/万美元	C_{11}	+
		入境旅游人数/人次	C_{12}	+
		规模以上港口生产用码头泊位/个	C_{13}	+

三、人海社会系统的脆弱性评价

（一）脆弱性指标信息熵值

选择辽宁沿海地区 1996～2009 年的情况，样本数为 14 个，因此，m=14。根据公式 $E_j=-(\ln m)^{-1}\sum_{i=1}^{m}p_{ij}\ln p_{ij}$ 计算人海社会系统脆弱性指标信息熵值，通过计算得出人海社会系统敏感性和恢复性的信息熵值。

1. 敏感性信息熵值

人海社会系统敏感性的信息熵值见表 5-21。

表 5-21 人海社会系统敏感性的信息熵值

年份	B_1	B_2	B_3	B_4
1996	0.0743	0.0778	0.0813	0.0002
1997	0.0756	0.0796	0.0827	0.0002
1998	0.0738	0.0757	0.0784	0.0002
1999	0.0731	0.0756	0.0818	0.0002
2000	0.0702	0.0731	0.0753	0.0002
2001	0.0698	0.0734	0.0705	0.0003
2002	0.0690	0.0712	0.0784	0.0004
2003	0.0686	0.0709	0.0716	0.0004
2004	0.0655	0.0721	0.0699	0.0003
2005	0.0657	0.0710	0.0721	0.0003
2006	0.0557	0.0606	0.0604	0.0003
2007	0.0566	0.0642	0.0557	0.0002
2008	0.0576	0.0649	0.0564	0.0002
2009	0.1075	0.0673	0.0571	0.0002
总计	0.9829	0.9974	0.9916	0.0037

2. 恢复性信息熵值

人海社会系统恢复性的信息熵值见表 5-22。

表 5-22 人海社会系统恢复性的信息熵值

年份	C_1	C_2	C_3	C_4	C_5	C_6	C_7	C_8	C_9	C_{10}	C_{11}	C_{12}	C_{13}
1996	0.0484	0.0490	0.0784	0.0629	0.0501	0.0660	0.0207	0.0380	0.0366	0.0657	0.0375	0.0281	0.0458
1997	0.0501	0.0507	0.0798	0.0615	0.0501	0.0659	0.0269	0.0376	0.0390	0.0692	0.0393	0.0329	0.0500
1998	0.0507	0.0515	0.0796	0.0609	0.0514	0.0656	0.0362	0.0370	0.0410	0.0725	0.0368	0.0334	0.0516
1999	0.0523	0.0523	0.0780	0.0620	0.0503	0.0654	0.0412	0.0769	0.0449	0.0741	0.0413	0.0406	0.0534
2000	0.0562	0.0559	0.0744	0.0592	0.0519	0.0650	0.0554	0.0785	0.0489	0.0762	0.0506	0.0502	0.0543
2001	0.0590	0.0589	0.0738	0.0707	0.0573	0.0642	0.0507	0.0774	0.0513	0.0708	0.0600	0.0593	0.0543
2002	0.0622	0.0623	0.0690	0.0767	0.0592	0.0758	0.0564	0.0793	0.0558	0.0825	0.0645	0.0670	0.0558
2003	0.0660	0.0688	0.0695	0.0696	0.0769	0.0774	0.0113	0.0727	0.0612	0.0616	0.0557	0.0589	0.0795
2004	0.0708	0.0720	0.0701	0.0713	0.0826	0.0769	0.0721	0.0804	0.0709	0.0694	0.0683	0.0717	0.0833
2005	0.0764	0.0789	0.0686	0.0739	0.0972	0.0764	0.0819	0.0811	0.0798	0.0693	0.0756	0.0799	0.0829
2006	0.0819	0.0822	0.0643	0.0790	0.0987	0.0737	0.0931	0.0856	0.0897	0.0695	0.0843	0.0889	0.0866

续表

年份	C_1	C_2	C_3	C_4	C_5	C_6	C_7	C_8	C_9	C_{10}	C_{11}	C_{12}	C_{13}
2007	0.0908	0.0904	0.0666	0.0810	0.0987	0.0738	0.1044	0.0811	0.0973	0.0741	0.0969	0.0987	0.0877
2008	0.0987	0.0962	0.0643	0.0822	0.0783	0.0746	0.1120	0.0767	0.1055	0.0708	0.1068	0.1078	0.0921
2009	0.1032	0.1007	0.0602	0.0825	0.0617	0.0766	0.1192	0.0727	0.1119	0.0722	0.1146	0.1095	0.0928
总计	0.9666	0.9698	0.9965	0.9935	0.9644	0.9974	0.8816	0.9750	0.9339	0.9978	0.9322	0.9269	0.9702

（二）权重确定

根据公式 $D_j = 1 - E_j \ (1 \leqslant j \leqslant n)$ 和 $W_j = D_j / \sum D_i$ ，计算出人海社会系统各个指标的效用值和权重，见表 5-23、表 5-24。

1. 敏感性指标效用值与权重

表 5-23 人海社会系统敏感性指标效用值与权重

敏感性指标	敏感性信息熵总和	效用值	权重
B_1	0.9829	0.0171	1.6664
B_2	0.9974	0.0026	0.2520
B_3	0.9916	0.0084	0.8152
B_4	0.0037	0.9963	97.2664

2. 恢复性指标效用值与权重

表 5-24 人海社会系统恢复性指标效用值与权重

恢复性指标	恢复性信息熵总和	效用值	权重
C_1	0.9666	0.0334	6.7510
C_2	0.9698	0.0302	6.1041
C_3	0.9965	0.0035	0.7125
C_4	0.9935	0.0065	1.3158
C_5	0.9644	0.0356	7.2114
C_6	0.9974	0.0026	0.5269
C_7	0.8816	0.1184	23.9568
C_8	0.9750	0.0250	5.0575
C_9	0.9339	0.0661	13.3693
C_{10}	0.9978	0.0022	0.4386
C_{11}	0.9322	0.0678	13.7288
C_{12}	0.9269	0.0731	14.7994
C_{13}	0.9702	0.0298	6.0277

3. 人海社会系统脆弱性的样本评价

第 j 项指标的标准化值与权重值的乘积作为该项指标的评价值，并通过加权求和求出恢复性和敏感性的评价指标，最后根据脆弱性与恢复性、敏感性的函数关系模型，得出人海社会系统脆弱性的评价指数，见表 5-25。

表 5-25 人海社会系统脆弱性评价结果

年份	敏感性	恢复性	脆弱性
1996	98.8312	1.8972	50.3125
1997	98.7128	1.9897	49.6109
1998	98.8257	4.2599	23.1989
1999	98.5662	5.7987	16.9981
2000	98.6629	12.3050	8.0181
2001	98.3284	18.0338	5.4525
2002	98.1674	21.3962	4.5881
2003	98.3697	26.8380	3.6653
2004	98.1375	24.1128	4.0699
2005	98.0241	41.5910	2.3569
2006	98.0827	52.1282	1.8816
2007	90.1189	63.0720	0.0019
2008	97.3274	75.6201	1.2871
2009	97.3766	84.3577	1.1543

四、结论与讨论

（1）从脆弱性评价结果分析，1996～2009 年辽宁沿海地区人海社会系统的脆弱性稳步降低，1997～1999 年降低较快。

（2）从敏感性指标分析，1996～2009 年敏感性变化不大，2006～2008 年出现了一个 U 形曲线，2007 年出现了较大的波动。从敏感性指标的权重分析，城镇失业人数的权重是最大的，达到 97.27%，说明城镇失业人数是敏感性最为重要的指标，城镇失业人数出现了“先升后降”的趋势，说明欲降低辽宁沿海地区人海社会系统的敏感性进而降低脆弱性一个很好的途径就是减少城镇失业人口的数量。

（3）从恢复性指标分析，1996～2009 年恢复性稳步上升，这与国家政策有着直接的关系，国家实施东北老工业基地的振兴和辽宁沿海经济带的建设，加快城市的发展步伐，经济社会发展获得了大量的资金支持和优惠政策，构建了多种财政支持政策、税费优惠政策、服务政策，构建全方位、多层次政策支持体系，完善城市基础设施，优化布局，发展高新技术产业，用技术和人才带动社会发展，使得恢复性稳步提升，降低了人海社会系统的脆弱性。

从恢复性指标的权重分析，邮电业务总量、入境旅游人数、国际旅游外汇收入、货物吞吐量、人均道路面积和城镇年可支配收入所占的比重偏大，分别为 23.96%、14.80%、13.73%、13.37%、7.21%和 6.75%，邮电业务总量和货物吞吐量代表了基础设施水平，入境旅游人数、国际旅游外汇收入代表了旅游产业的发展水平，人均道路面积代表了城市基础设施和社会文化设施建设水平，城镇年可支配收入代表了居民经济收入水平。由此可见，欲提升辽宁沿海地区人海社会系统的恢复性进而降低人海社会系统的脆弱性，就要提升城市的基础设施和社会文化设施建设水平、重视旅游业的发展以及提高居民的经济收入，所以相关对策措施也要从这些方面着手。

从以上分析可以得出降低辽宁沿海地区人海社会系统脆弱性的对策有以下几点：一是减少城镇失业人口的数量，提升再就业的能力；二是加强基础设施和社会文化设施的建设；三是提高城镇居民的经济收入，提升其生活质量；四是加强旅游业的发展，发展旅游特色产品，从而吸引更多的国内外游客，进而增加经济收入和提升就业人数。

第六节　人海经济系统脆弱性评价

一、研究对象和研究方法

（一）研究对象

辽宁沿海地区发展中存在的经济问题逐渐凸显，并且具有明显的脆弱性特征。辽宁沿海地区由于受到资源、结构、体制和市场等方面的约束，面临着可持续发展的综合性问题，海洋资源过度开发导致资源枯竭、生态破坏甚至环境灾害；长期以来，过度依赖海洋资源而形成单一性产业结构，多样性经济结构尚未成熟，缺乏培育产业竞争优势的外部条件，导致经济系统的结构性脆弱；在经济全球化背景下，技术进步和产业结构升级，使海洋资源开发与利用面临较大的外部竞争压力，威胁着沿海城市经济的稳定性和持续性，这些共同构成了沿海城市人海经济系统的脆弱性。

（二）脆弱性分析方法

敏感性和恢复性是人海经济系统脆弱性的基本属性。脆弱性评价模型为

$$V_i = \frac{B_i}{C_i} \tag{5-14}$$

式中，V_i 表示人海经济系统的脆弱性；B_i 表示人海经济系统的敏感性；C_i 表示人海经济系统的恢复性。

（三）评价指标体系

根据前人研究及辽宁省人海经济系统特点，建立人海经济系统脆弱性的评价指标体系（表 5-26）。

表 5-26 人海经济系统脆弱性的评价指标体系

分析层次	描述角度	具体指标及性质		
		指标名称及单位	性质	
人海经济系统脆弱性	敏感性	海洋生产总值占地区生产总值比重/%	B_1	+
		涉海就业人员占地区就业人员比重/%	B_2	+
	恢复性	海洋产业增加值/亿元	C_1	+
		海洋捕捞产量/吨	C_2	+
		海洋原油产量/万吨	C_3	+
		海洋天然气产量/万米^3	C_4	+
		海盐产量/万吨	C_5	+
		海洋化工产品产量/吨	C_6	+
		海洋修造船完工量/艘	C_7	+
		海洋货物货运量/万吨	C_8	+
		货物周转量/（亿吨·千米）	C_9	+

二、人海经济系统的脆弱性评价

（一）脆弱性指标信息熵值

选择辽宁沿海地区1996～2009年的脆弱性情况，样本数为14，因此，m=14。根据公式 $E_j=-(\ln m)^{-1}\sum_{i=1}^{m}p_{ij}\ln p_{ij}$ 计算人海经济系统脆弱性指标信息熵值。通过计算得出人海经济系统敏感性（表5-27）和恢复性（表5-28）的信息熵值。

表5-27 人海经济系统敏感性的信息熵值

年份	B_1	B_2	年份	B_1	B_2	年份	B_1	B_2
1996	0.0787	0.0701	2001	0.0690	0.0616	2006	0.0646	0.0701
1997	0.0834	0.0711	2002	0.0706	0.0714	2007	0.0646	0.0734
1998	0.0824	0.0737	2003	0.0721	0.0746	2008	0.0630	0.0740
1999	0.0707	0.0762	2004	0.0580	0.0740	2009	0.0619	0.0727
2000	0.0823	0.0660	2005	0.0726	0.0701	合计	0.9939	0.9987

表5-28 人海经济系统恢复性的信息熵值

年份	C_1	C_2	C_3	C_4	C_5	C_6	C_7	C_8	C_9
1996	0.0262	0.0656	0.0553	0.0005	0.0647	0.0132	0.0236	0.0174	0.0129
1997	0.0313	0.0136	0.0733	0.0533	0.0765	0.0174	0.0485	0.0156	0.0114
1998	0.0324	0.0770	0.0747	0.0557	0.0602	0.0112	0.0407	0.0149	0.0107
1999	0.0281	0.0761	0.0839	0.0753	0.0813	0.0181	0.0420	0.0492	0.0297
2000	0.0367	0.0739	0.0804	0.0826	0.0800	0.0111	0.0298	0.0563	0.0353
2001	0.0395	0.0737	0.0785	0.0803	0.0813	0.0135	0.0236	0.0516	0.0369
2002	0.0467	0.0735	0.0724	0.0826	0.0812	0.0133	0.0334	0.0559	0.0392
2003	0.0524	0.0732	0.0685	0.0858	0.0634	0.0157	0.0432	0.0629	0.0568
2004	0.0743	0.0736	0.0685	0.0877	0.0663	0.1241	0.0291	0.0715	0.0671
2005	0.0794	0.0745	0.0663	0.0785	0.0679	0.1244	0.0388	0.0829	0.0748
2006	0.0968	0.0928	0.0663	0.0806	0.0708	0.1327	0.1394	0.0955	0.0895
2007	0.1057	0.0630	0.0750	0.0787	0.0695	0.0602	0.0800	0.1051	0.1156
2008	0.1140	0.0732	0.0743	0.0642	0.0616	0.0999	0.1085	0.1084	0.1200
2009	0.1187	0.0733	0.0568	0.0541	0.0700	0.0732	0.1017	0.1104	0.1256
合计	0.8822	0.9770	0.9942	0.9600	0.9947	0.7280	0.7825	0.8975	0.8255

（二）权重确定

根据公式 $D_j=1-E_j$（$1\leqslant j\leqslant n$）和 $W_j=D_j/\sum D_i$，计算出人海经济系统各个

指标的效用值和权重（表 5-29）。

表 5-29 人海经济系统敏感性与恢复性指标效用值和权重

	指标	信息熵总和	效用值	权重
敏感性指标	B_1	0.9939	0.0061	82.8678
	B_2	0.9987	0.0013	17.1322
恢复性指标	C_1	0.8822	0.1178	12.2902
	C_2	0.9770	0.0230	2.3990
	C_3	0.9942	0.0058	0.6087
	C_4	0.9600	0.0400	4.1705
	C_5	0.9947	0.0053	0.5557
	C_6	0.7280	0.2720	28.3795
	C_7	0.7825	0.2175	22.6899
	C_8	0.8975	0.1025	10.6983
	C_9	0.8255	0.1745	18.2082

（三）脆弱性评价结果

第 j 项指标的标准化值与权重值的乘积作为该项指标的评价值，并通过加权求和求出恢复性和敏感性的评价指标，最后根据脆弱性与恢复性、敏感性的函数关系模型，得出人海经济系统脆弱性的评价指数（图 5-11）。

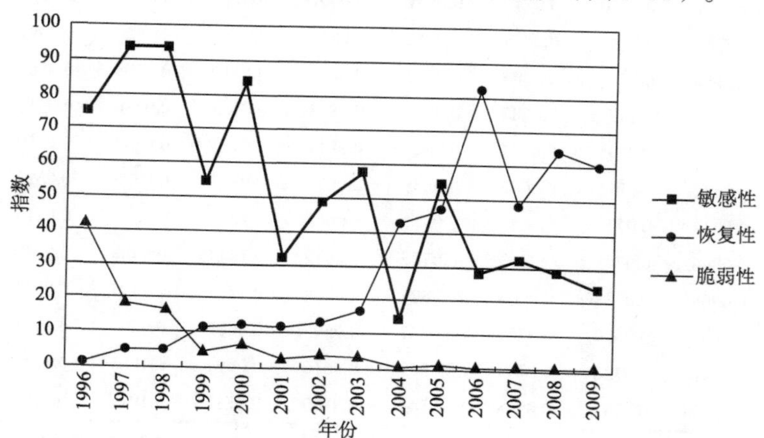

图 5-11 1996～2009 年辽宁沿海地区人海经济系统脆弱性、敏感性、恢复性变化示意图

三、人海经济系统脆弱性评价分析

（1）1996～2009 年辽宁沿海地区人海经济系统脆弱性整体上呈逐渐下降趋

势，1997 年和 1999 年出现了急剧下滑趋势，2000 年之后出现了平稳下滑的趋势，这与 1997 年和 1999 年恢复性的急剧上升有关。集合专家意见，划分人海经济系统脆弱性的等级，将其分为五个等级：<0.5 为弱脆弱性，0.5～2 为较弱脆弱性，2～4 为较强脆弱性，4～7 为强脆弱性，>7 为极强脆弱性。由此得出 1996～2009 年辽宁沿海地区人海经济系统脆弱性类型，如表 5-30 所示，总体来看表现为从极强脆弱性向弱脆弱性过渡。

表 5-30　1996～2009 年辽宁沿海地区人海经济系统脆弱性等级

年份	脆弱性	等级	年份	脆弱性	等级	年份	脆弱性	等级
1996	42.2200	极强脆弱性	2001	2.7906	较强脆弱性	2006	0.3489	弱脆弱性
1997	18.3011	极强脆弱性	2002	3.6449	较强脆弱性	2007	0.6661	较弱脆弱性
1998	16.8789	极强脆弱性	2003	3.4151	较强脆弱性	2008	0.4443	弱脆弱性
1999	4.8285	强脆弱性	2004	0.3329	弱脆弱性	2009	0.3971	弱脆弱性
2000	6.9083	强脆弱性	2005	1.1614	较弱脆弱性			

（2）从敏感性指标分析可知，1996～2009 年呈现了多个倒 U 形连续的波动。1999 年、2001 年、2004 年、2006 年为连续倒 U 形的连接点。1999 年，海洋自然灾害使得海洋水产业减少，海洋经济总产量占地区生产总值比重比 1998 年降低了约 5 个百分点，导致海洋产业出现了低谷，也是人海经济系统敏感性的一个分界点；第二个分界点出现在 2001 年，海洋生产总值占地区生产总值的比重，以及涉海就业人员占地区就业人员的比重都出现了下降；第三个分界点出现在 2004 年，海洋生产总值占地区生产总值比重降至 13.56%，这主要与海洋资源的开发利用和环境污染增加有直接关系；第四个分界点出现在 2006 年，自 2006 年以来，海洋生产总值占地区生产总值比重逐年下降，这与海洋捕捞产量的下降有直接的关系，而海洋捕捞产量的下降是由于各级渔业主管部门进一步强化了资源管理及渔业资源发生了变化，从而出现了海洋捕捞的负增长。

（3）从恢复性指标分析来看，1996～2009 年恢复性指数出现了增长的趋势。其中，海洋产业增加值逐年增加。海洋油气产业发展出现了波动性的变化，说明辽宁沿海地区要加快大型油气田的勘探开发，提高采油技术水平已经成为下一步工作的重点。海洋捕捞产量得到了一定程度的控制，1996 年的海洋捕捞产量为 1 240 708 吨，2006 年出现了最高峰，达到了 2 223 919 吨，2009 年海洋捕捞产量下降至 1 483 097 吨。海洋捕捞产量减少的原因：一是各级渔业主管部门进一步强化资源管理；二是渔业资源发生变化。

国家一直强调海洋产业结构的调整，辽宁沿海地区海洋经济产业功能结构的演变，主要是向支柱产业地位稳定，主导、潜导产业双向发展的模式演变。1996年以海洋渔业为支柱产业，海洋盐业为主导产业，船舶制造业为潜导产业，2009年演变为以海洋渔业为支柱产业，船舶制造业为主导产业，滨海旅游业为潜导产业。近年来，辽宁沿海地区提出加快新兴产业发展，优化海洋产业结构，重视海洋资源勘探调查，不断发现新的可开发资源是新兴海洋产业的总体发展方向。以高端海洋工程装备制造、海洋生物医药、海水综合利用、海洋能利用为代表的海洋新兴产业不断涌现，部分新兴产业已初具规模，政府大力支持海洋新兴产业和海洋高技术产业的发展。

由恢复性指标的权重指数分析可知，海洋化工产品产量、海洋修造船完工量、货物周转量、海洋货物货运量所占的比重分别为28.38%、22.69%、18.21%、10.70%，说明海洋化工业、造船业和运输业在海洋产业发展过程中占据重要的地位，欲降低人海经济系统的脆弱性，可从这几方面着手。

四、结论与讨论

本书提出了人海经济系统的概念，设计了用以描述人海经济系统脆弱性评价指标，尝试用熵权系数法确定指标权重，并采用脆弱性函数模型的方法对人海经济系统进行综合测度，对人海经济系统的发展水平进行了分析，通过对辽宁沿海地区进行实例分析，得出辽宁沿海地区人海经济系统的脆弱性特征。结果表明：①从脆弱性结果分析来看，1996～2009年辽宁沿海地区人海经济系统脆弱性呈下降趋势，并从极强脆弱性发展为弱脆弱性；②敏感性指数1996～2009年呈现多个倒U形连续波动；③1996～2009年，恢复性指数呈现增长的趋势。海洋产业增加值逐年增加，海洋油气产业发展出现了波动性的变化，海洋捕捞产量得到了一定程度的控制，海洋产业结构得到了一定程度上的调整，新兴产业的加快发展起到了重要的作用。此外，人海系统还包括人海社会系统和人海资源环境系统，这三个子系统是相互关联、互相影响的。对各子系统进行耦合分析，进而得出人海系统的脆弱性特征和可持续发展的对策，是今后可进一步探究的另一研究方向。

第六章

人海经济系统环境适应性评价

第一节　基于VAR模型的海洋经济增长与海洋环境污染关系的实证研究

一、国内外相关研究进展

伴随经济社会的快速发展和科学技术的日益进步，公众对海洋功能的认知逐步深入，对海洋产品与服务的需求不断增多，海洋经济社会效益与日俱增。“十三五”规划纲要中明确提出了以创新、协调、绿色、开放、共享为核心的五大发展理念，并首次将“绿色”纳入“十三五”发展规划之中，这说明我国未来的发展将把绿色发展作为生态文明建设的途径，通过绿色理念引领走向可持续发展的道路。而把绿色发展的理念引入到海洋经济建设上来，将对海洋生态文明建设起到积极作用，对于我国国民经济和社会发展，乃至实现“海洋强国”的目标都具有重大意义。海洋环境是一种无法取代的资源，海洋经济飞快增长的同时资源环境所付出的代价发人深省。因此，分析海洋经济增长与海洋环境污染之间的关系，是研究海洋经济绿色发展不可缺少的一部分。

国外学者对环境污染和经济增长的研究，主要围绕库兹涅茨曲线展开。1990年，美国经济学家Grossman和Krueger（1991）在库兹涅茨曲线的基础上探讨了多个国家环境污染与经济增长的关系，首次提出了环境库兹涅茨曲线（EKC），即大多数国家的环境污染水平与经济增长之间的变化趋势表现为由先严重恶化到后逐步改善的倒U形曲线。1992年，Bandyopadhyay和Shafik（1992）扩大了时间、地域和指标范围，进一步对经济与环境之间的关系进行研究。Lucas等（1992）、Panayotou（1993）、Andreoni和Levinson（2001）等分别运用EKC对不同国家的经济增长与二氧化碳、铅排放量等影响空气环境质量的因素之间的关系进行对比分析，其结果均表明EKC假说是成立的。随着研究的不断深入，21世纪初，除了EKC的形状呈倒U形外，Kaufmann（1998）认为人均收入和二氧化硫排放之间的关系呈现出正U形；Stern和Common（2001）的研究表明EKC呈单调递增趋势。此外也有学者对倒U形EKC提出了质疑，21世纪初期，Egli通过对德国环境数据的研究，发现倒U形EKC并不显著。国内的相关研究最初主要是以全国为研究对象，运用不同的计量方法对中国环境污染与经济增长之间是否存在 EKC 关系进行实证研究（吕健，2010）。21 世纪初，张晓（1993）、马树才和李国柱（2006）分别对我国的经济与环境之间的关系进行探究，但结论都认为它们之间不存在倒 U 形 EKC；宋涛等（2007）对中国省份的“三废”排放量和收入之间的关系进行研究，实证结果证明变量间存在长期的 EKC 关系。与此同时，许多学者开始将研究对象转向具体省份和城市。王维国和夏艳清（2007）对辽宁省经济增长和环境污染进行实证研究；彭文斌和田银华（2011）以湖南省为研究对象，探究经济与环境的关系；周德田和郭景刚（2012）建立了反映青岛市人均 GDP 和环境污染物排放量关系的 VAR 模型；周曙东等（2010）通过行业面板数据对江苏省企业总产值与大气污染之间的关系进行了分析。

从国内外现有研究看来，学者们的研究主要集中在陆域系统的经济增长和环境污染关系方面，海域系统经济增长与环境污染关系的研究也只局限于全国层面，缺少对区域海域系统中经济增长与环境污染关系的全面分析。本书通过研究环渤海地区 2001～2015 年的数据，建立了环渤海地区海洋经济增长与海洋环境污染之间的自相关模型，探析环渤海地区海洋经济增长与海洋环境污染的双向作用机制，从而找到海洋经济增长与海洋环境污染两者间存在的内在联系，为环渤海区域海洋环境的治理和海洋经济的绿色发展提供合理的建议（李治国和周德田，2013）。

二、数据来源和研究方法

（一）数据来源

数据资料来源于《中国海洋统计年鉴》（2002～2016 年）、《中国海洋环境质量公报》（2000～2009 年）、《中国海洋环境状况公报》（2010～2015 年）和《中国近岸海域环境质量公报》（2001～2014 年）。

（二）研究方法

1. 评价指标体系构建及数据选取

海洋生产总值作为海洋产业和海洋相关产业增加值之和，最能代表一个地区的海洋经济发展情况（王光升，2013）。全国近岸海域的主要超标污染因子是无机氮和活性磷酸盐，渤海海域近年来主要污染因子是无机氮、石油类、铅及镍。此外，造成海洋环境污染最主要的来源之一就是陆源污染物，而陆源污染物中的工业废水是主要污染物。

进入21世纪以来，国家开始重视海洋经济的发展，环境保护部、国家海洋信息中心等开始对我国近岸海域环境质量、海洋灾害、海域使用管理等方面的数据进行统计和整理，因而将数据的起始年份定于2001年。根据数据的可获取性和代表性，结合海洋环境污染的表现形式，本书选取环渤海地区海洋生产总值作为海洋经济指标，环渤海地区赤潮累计发生面积、含油污水排海量、无机氮和石油类点位超标率为海洋环境污染指标。选取2001～2015年海洋经济增长指标和海洋环境污染指标的时间序列数据，构建环渤海地区海洋经济增长与海洋环境污染的 VAR 模型。为消除可能存在的异方差从而获得较为平稳的时间序列，笔者对全部数据都采取了取对数的操作。

2. VAR 模型的构建

Sims（1980）提出的 VAR 模型，即向量自回归模型，把系统中的每一个内生变量作为系统中所有内生变量的滞后值的函数。随后此模型被普遍应用到经济学以及其他学科的动态性分析中。本书应用此模型，分析环渤海地区的海洋经济增长与海洋环境污染变量之间存在的关联性，并探析变量间彼此影响的因素。

VAR 模型的数学表达式是

$$\boldsymbol{y}_t=\boldsymbol{\Phi}_1\boldsymbol{y}_{t-1}+\cdots+\boldsymbol{\Phi}_p\boldsymbol{y}_{t-p}+\boldsymbol{\varepsilon}_t \qquad t=1,2,\cdots,T \tag{6-1}$$

式中，$\boldsymbol{y}_t$是 k 维内生变量列向量，p 是滞后阶数，T 是样本个数。$\boldsymbol{\Phi}_1$，…，$\boldsymbol{\Phi}_p$ 是 $k\times k$ 维矩阵，$\boldsymbol{\varepsilon}_t$ 是 k 维扰动列向量，它们相互之间可以同期相关，但不与自己的滞后值相关且不与等式右边的变量相关（高铁梅，2009）。

VAR 模型估算得是否可靠主要取决于变量是否平稳，若变量是平稳的时间序列，则能够直接建立没有约束的 VAR 模型；若变量不平稳，就必须检验所有变量之间有没有存在协整关系。若存在协整关系，则要利用模型修正向量的误差。若既不平稳又没有协整关系，则就要利用差分将变量处理为平稳。在估算出平稳的 VAR 模型后，方可利用脉冲响应函数和方差分解来继续后续的分析。

三、海洋环境污染对海洋经济的影响分析

（一）数据描述性分析

海洋环境污染指标以2001～2015年环渤海地区赤潮累计发生面积、含油污水排海量、石油类点位超标率和无机氮点位超标率为代表，海洋经济指标以2001～2015年环渤海地区海洋生产总值为代表进行分析（图6-1）。

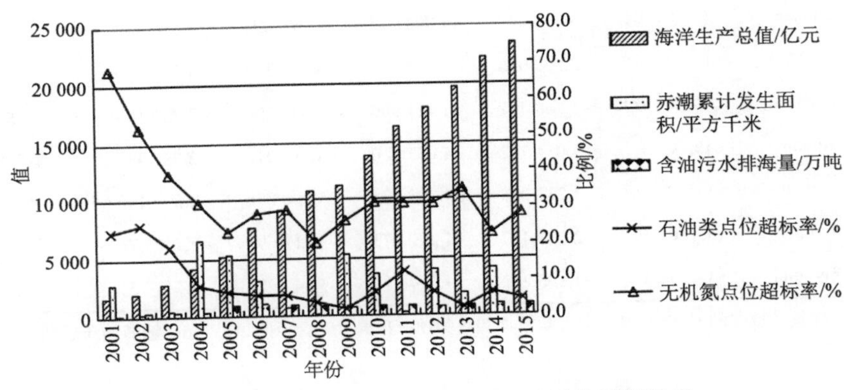

图6-1 海洋生产总值与各海洋环境污染指标关系

从图6-1可以看出，2001～2015年，我国环渤海地区海洋经济发展十分迅速，海洋生产总值从2001年的1587.35亿元增长到2015年的23 437亿元，15年间增长了近14倍，呈直线上升趋势。赤潮累计发生面积与海洋生产总值之间的关系较为复杂，在2004年赤潮累计发生面积达到最高值，突破了6000平方千米，而在2008年却基本没有发生赤潮现象。含油污水排海量总量在增长，2014年比2001年增长了近5倍，但在这14年间呈波动下降的趋势。2001～2015年，石油类点位超标率和无机氮点位超标率呈波动下降的趋势，而无机氮的排放量要多于石油类污染物。截至2015年，环渤海海域无机氮点位超标率与2001年相比，下降了约1/2，而石油类点位超标率与2001年相比，下降超过1/2。

（二）ADF检验

利用Eviews软件对2001～2015年环渤海地区海洋生产总值、赤潮累计发生面积、含油污水排海量、石油类点位超标率和无机氮点位超标率的数据进行ADF平稳性检验，若ADF所有统计检验值大于各显著水平的临界值，则代表

该序列是不平稳的；反之，则说明该序列是平稳的，结果如表 6-1 所示。

表 6-1 单位根检验过程

变量	检验形式（C，T，P）	ADF 值	显著水平			判断结论
			1%	5%	10%	
lngop	（C，0，2）	−0.812 471	−4.297 073	−3.212 696	−2.747 676	不平稳
∆lngop	（C，0，1）	−4.374 401	−4.057 910	−3.144 920	−2.713 751	平稳
lnchichao	（C，0，0）	−4.254 157	−4.297 073	−3.212 696	−2.747 676	不平稳
∆lnchichao	（C，0，0）	−3.776 049	−4.004 425	−3.098 896	−2.690 439	平稳
lnyouwushui	（C，0，0）	−2.563 686	−4.992 279	−3.875 302	−3.388 330	不平稳
∆lnyouwushui	（C，0，0）	−3.768 401	−4.121 990	−3.144 920	−2.701 103	平稳
lnwujidan	（C，0，0）	−3.014 792	−4.057 910	−3.119 910	−2.728 985	不平稳
∆lnwujidan	（C，0，0）	−3.231 268	−4.004 425	−3.098 896	−2.690 439	平稳
lnshiyoulei	（C，0，0）	−2.033 427	−4.297 073	−3.212 696	−2.747 676	不平稳
∆lnshiyoulei	（C，0，0）	−4.195 202	−4.057 910	−3.144 920	−2.713 751	平稳

注：检验类型中的 C 和 T 表示带有常数项和趋势项，P 表示综合考虑 AIC、SC 选择的滞后期，∆表示一阶差分。

从表 6-1 的结果可以得出，lngop、lnchichao、lnyouwushui、lnwujidan 和 lnshiyoulei 这五个时间序列在每一个显著性水平下都无法拒绝存在单位根的原假设，所以均为不平稳序列。但是这些变量的一阶差分序列的 ADF 值都比 10%的显著性水平下的临界值小，即其均为平稳序列。所以，lngop、lnchichao、lnyouwushui、lnwujidan 和 lnshiyoulei 均为一阶单整序列，达到了协整检验的要求。

（三）协整检验

运用 Eviews 对以上五个变量进行协整检验，检验结果见表 6-2。由表 6-2 可以看出，这五个变量之间存在协整关系，所以可以建立 VAR 模型。

表 6-2 协整检验结果

原假设			0.05 显著性水平临界值	P
协整向量个数	特征根	迹统计量值		
无	0.988 673	115.706 2	69.818 89	0.000 0
最多一个	0.820 400	67.029 04	47.856 13	0.000 0
最多两个	0.745 491	39.107 76	29.797 07	0.003 2

续表

协整向量个数	原假设 特征根	迹统计量值	0.05 显著性水平临界值	P
最多三个	0.705 263	20.220 53	15.494 71	0.009 0
最多四个	0.374 880	5.167 936	3.841 466	0.023 0

（四）VAR 模型的建立

在 ADF 检验和协整检验的基础上，建立以环渤海地区海洋生产总值、赤潮累计发生面积、含油污水排海量、石油类点位超标率和无机氮点位超标率为因变量，自变量为其滞后值的 VAR 模型。建立模型前要先得出最优滞后阶数，如表 6-3 所示。

表 6-3 VAR 模型滞后阶数

Lag	Log L	LR	FPE	AIC	SC	HQ
0	−6.584 311	NA	0.001 368	1.916 862	2.007 638	1.817 282
1	27.525 17	40.931 38	1.04e-05	−3.105 034	−2.741 932	−3.503 356
2	65.647 33	22.873 30*	7.25e-08*	−8.929 466	−8.294 038	−9.626 530
3	798.220 5	0.000 000	NA	−153.644 1*	−152.736 4*	−154.639 9*

根据表 6-3 可以将 VAR 模型的滞后阶数确定为 3 阶，即建立 VAR（3）。通过 VAR 模型单位根图（图 6-2）可知全部根的倒数都位于单位圆中，这说明 VAR（3）模型是稳定的。

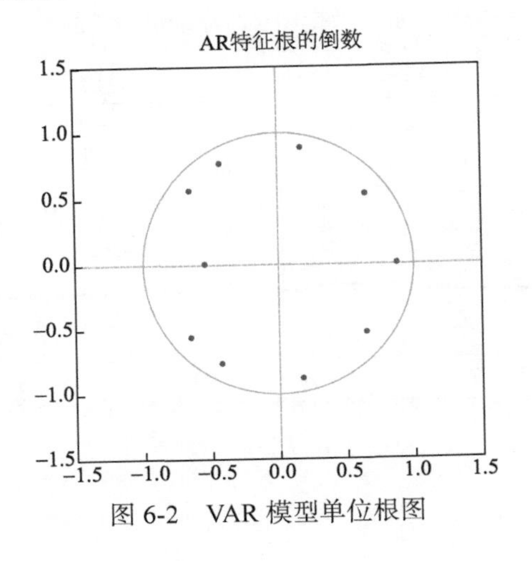

图 6-2 VAR 模型单位根图

（五）脉冲响应和方差分解

脉冲响应分析，就是分析一个变量扰动项受到一个标准差的冲击时，对模型中的其他变量是怎样造成动态变化的。脉冲响应分析表示加入一个标准差大小的冲击对于 VAR 模型中内生变量当期值及未来几期值的影响，进一步分析了一个随机变量的冲击对内生变量影响的重要性（王光升，2013）。利用 Eviews 软件对数据进行脉冲响应分析得出图 6-3、图 6-4。

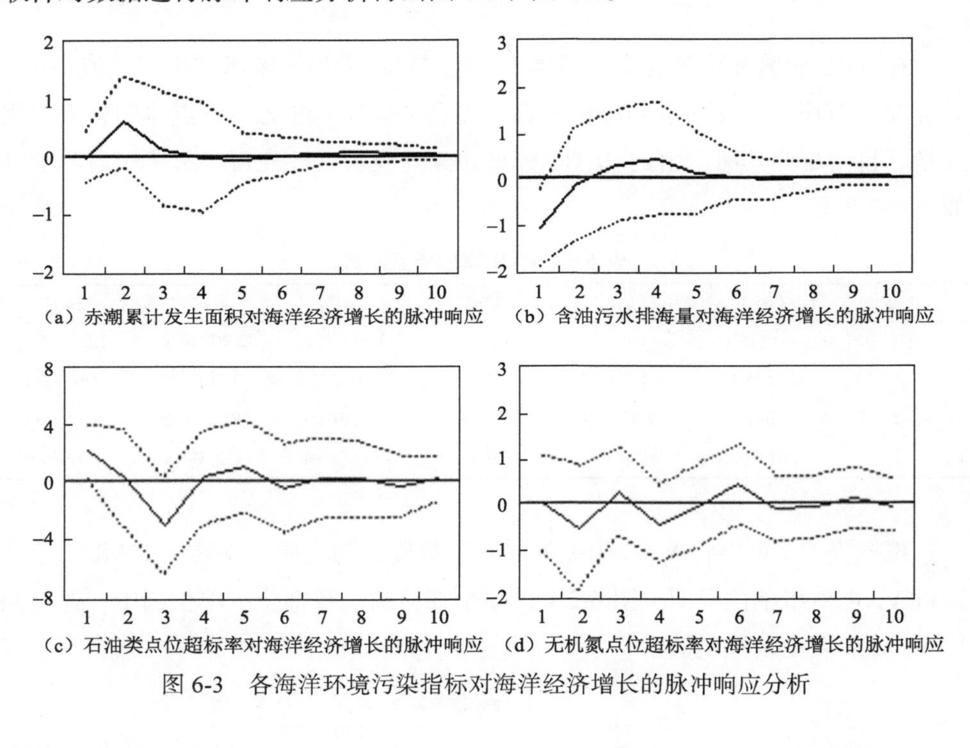

（a）赤潮累计发生面积对海洋经济增长的脉冲响应　（b）含油污水排海量对海洋经济增长的脉冲响应

（c）石油类点位超标率对海洋经济增长的脉冲响应　（d）无机氮点位超标率对海洋经济增长的脉冲响应

图 6-3　各海洋环境污染指标对海洋经济增长的脉冲响应分析

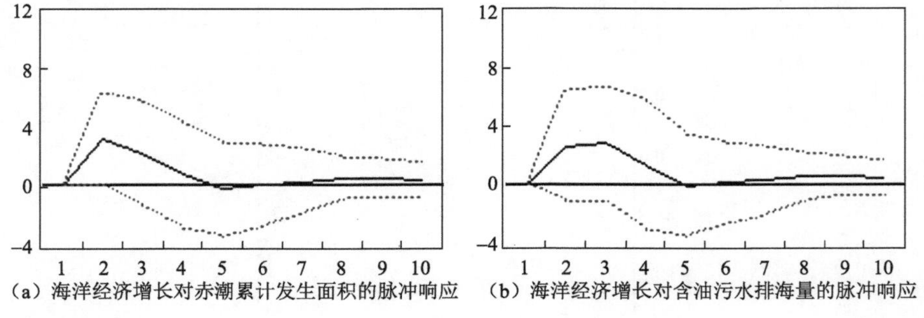

（a）海洋经济增长对赤潮累计发生面积的脉冲响应　（b）海洋经济增长对含油污水排海量的脉冲响应

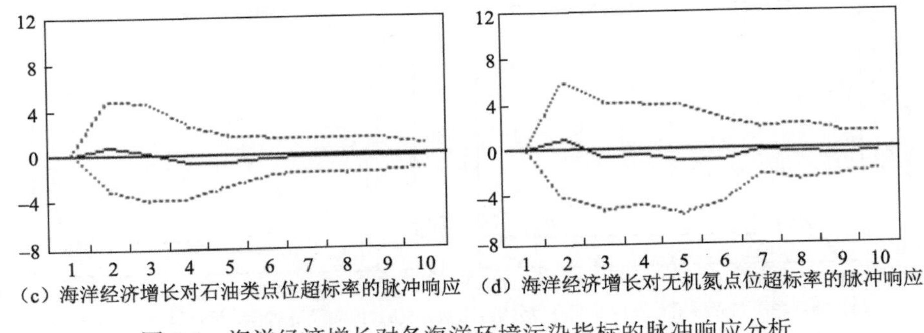

（c）海洋经济增长对石油类点位超标率的脉冲响应 （d）海洋经济增长对无机氮点位超标率的脉冲响应

图 6-4 海洋经济增长对各海洋环境污染指标的脉冲响应分析

从图 6-3 可以看出，横轴代表的是冲击作用的滞后期数，纵轴代表的是海洋生产总值，实线为脉冲响应函数，表示的是海洋生产总值即海洋经济对每一个海洋环境污染指标冲击的反应，虚线代表的是正负两倍的标准差偏离带。图 6-3 显示，海洋生产总值受到一个正的冲击之后，赤潮累计发生面积在前两期内有明显正增长，在第四期后趋于稳定。含油污水排海量在前四期呈上升趋势，第四期后趋于平稳。石油类点位超标率在前三期呈下降趋势，在第三期出现最小值，进而转为上升，并在第七期后趋于平稳。无机氮点位超标率在前六期呈现波动趋势，上升不明显，并在第七期后开始稳定。

给海洋生产总值一个正冲击后，得到各海洋环境污染指标的脉冲响应图（图 6-4）。从图 6-4 中可以看出，在当期的响应值均为 0，在剩余的时间里，含油污水排海量和石油类点位超标率均呈现先上升后下降的趋势，分别在第五期和第四期之后趋于平稳。这种先上升后下降的趋势说明了环渤海地区海洋经济增长与含油污水排海量以及石油类点位超标率呈现出一定程度上的倒 U 形 EKC。赤潮累计发生面积在第二期达到最高值，第五期后趋于平稳，并始终为正值。无机氮点位超标率总体呈现波动下降后趋于平稳的趋势，从第二期后开始为负值。赤潮累计发生面积和无机氮点位超标率基本不存在倒 U 形 EKC。由此可以看出，环渤海地区海洋经济增长对海洋环境的污染主要体现在含油污水排海量以及石油类点位超标率两方面。

基于 VAR 模型的方差分解，可以研究各个结构冲击影响内生变量变化的贡献度。一般情况下方差是度量其贡献度的方法，从而对不同结构冲击的重要性给予判断。所以，利用方差分解可以得出 VAR 模型中各个随机扰动使变量发生变化的有效信息（高铁梅，2009）。利用 Eviews 软件对数据进行方差分解分析，得出图 6-5。

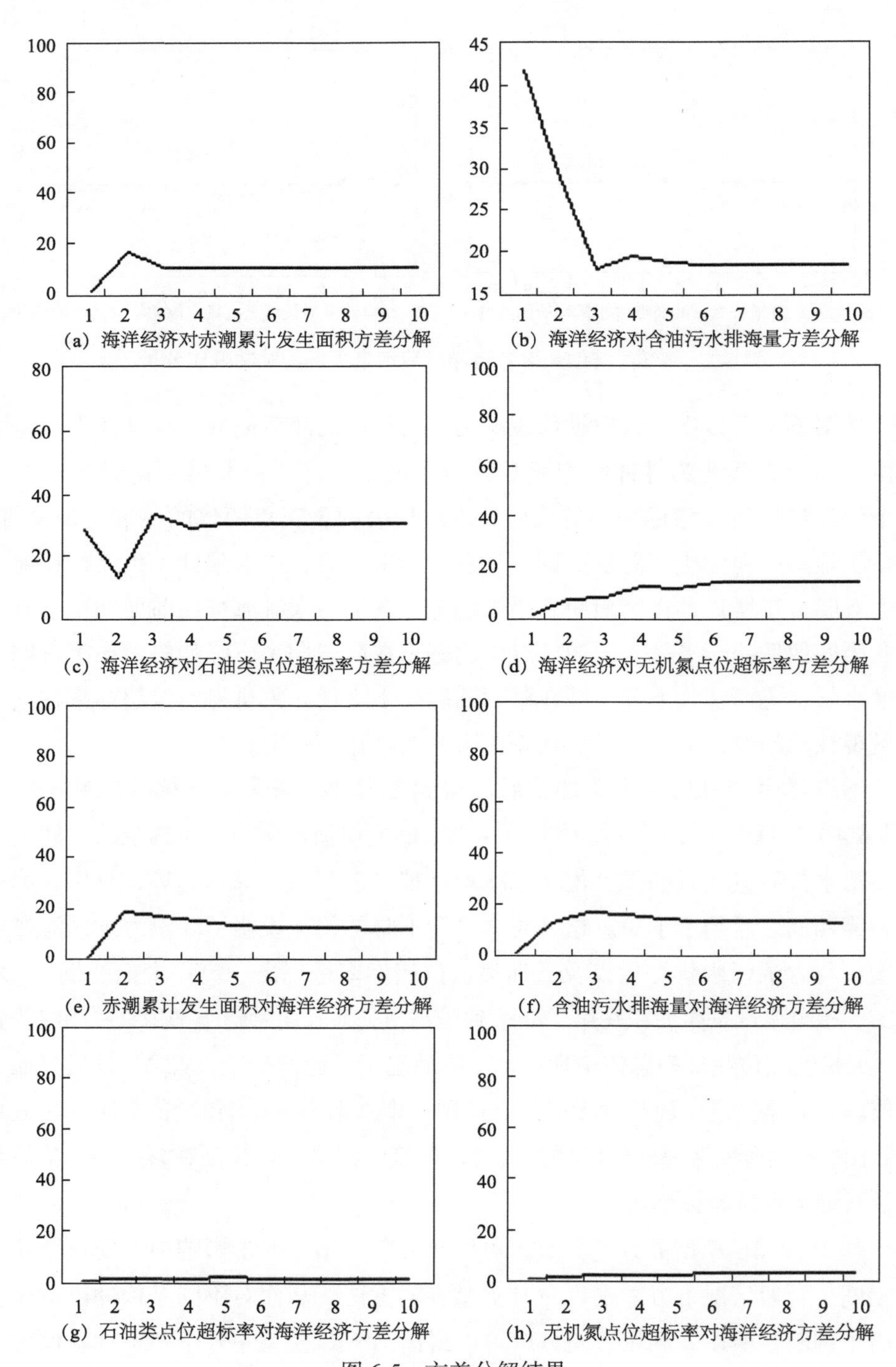
100
80
60
40
20
0
1 2 3 4 5 6 7 8 9 10
(a) 海洋经济对赤潮累计发生面积方差分解
45
40
35
30
25
20
15
1 2 3 4 5 6 7 8 9 10
(b) 海洋经济对含油污水排海量方差分解
80
60
40
20
0
1 2 3 4 5 6 7 8 9 10
(c) 海洋经济对石油类点位超标率方差分解
100
80
60
40
20
0
1 2 3 4 5 6 7 8 9 10
(d) 海洋经济对无机氮点位超标率方差分解
100
80
60
40
20
0
1 2 3 4 5 6 7 8 9 10
(e) 赤潮累计发生面积对海洋经济方差分解
100
80
60
40
20
0
1 2 3 4 5 6 7 8 9 10
(f) 含油污水排海量对海洋经济方差分解
100
80
60
40
20
0
1 2 3 4 5 6 7 8 9 10
(g) 石油类点位超标率对海洋经济方差分解
100
80
60
40
20
0
1 2 3 4 5 6 7 8 9 10
(h) 无机氮点位超标率对海洋经济方差分解

图 6-5 方差分解结果

VAR 模型的结果显示，海洋经济对海洋污染的影响显著，其中对含油污水排海量及石油类点位超标率的影响较大，最高值分别超过 40%和 30%，对赤潮累计发生面积和无机氮点位超标率的影响较小，但最高值均接近 20%。而从海洋环境污染对海洋经济的总体影响来看，尽管石油类污染物和无机氮对海洋经济的影响在逐步加强，但其对海洋经济作用的影响是非常有限的。石油类点位超标率和无机氮点位超标率对海洋经济影响的最高值分别为 0.9%和 2.1%。赤潮累计发生面积和含油污水排海量对海洋经济的影响较大。

（六）结果分析

（1）近年来我国为推动海洋经济的发展，已经在全国进行了海洋经济发展试点，并出台了《全国海洋经济发展“十二五”规划》等一系列政策，再加之“一带一路”建设，我国海洋经济的发展将面临史无前例的好时机。因此，我国沿海省份和环渤海地区的海洋开发规模正在不断扩大。在海洋大规模开发的同时，也伴随着海洋环境的污染。通过各海洋环境污染指标对海洋经济的脉冲响应分析可知，海洋生产总值与各海洋环境污染指标呈反向变动关系，即赤潮发生面积的增大、含油污水排海量以及无机氮、石油类污染物排放量的增加，对环渤海地区海洋经济增长产生阻碍影响，因此在某种程度上也论证了海洋环境污染对海洋经济增长起到反作用的观点。

（2）进入 21 世纪以来，环渤海地区发展迅猛。渤海、黄海具有丰富的海洋资源，为环渤海地区提供了充足的物质基础，使其成为继长江三角洲、珠江三角洲之后的又一重要经济发展地带。

陆域经济的飞速发展也给海洋经济带来了一定的影响，在对环渤海地区的海洋经济增长与海洋环境污染的动态关系研究中可以得出，环渤海地区的海洋经济增长并非是以含油污水和石油类污染物的排放为代价，但却在很大程度上推进了这种污染；而石油类污染物和无机氮污染物的排放量对海洋经济的影响有限。

将研究期内海洋经济增长对海洋环境污染物的各期冲击响应值进行累加，目的是进一步比对海洋经济增长与海洋环境污染之间相互作用关系的大小，其中，赤潮累计发生面积响应值为 0.0711，含油污水排海量响应值为 0.0872，石油类点位超标率响应值为–0.0100，无机氮点位超标率响应值为–0.0344；将海洋环境污染对海洋经济增长的各期冲击响应值累加，得出赤潮累计发生面积响应值为 0.5234，含油污水排海量响应值为 0.3084，石油类点位超标率响应值为–0.0849，无机氮点位超标率响应值为–0.0628。通过对比可以得出，环渤海地区的海洋经济增长对海洋环境污染水平的影响显著，而海洋环境污染有逐渐抑制海洋经济增长的趋势。

（3）由于赤潮是海洋环境受到污染所引发的，因此赤潮发生的面积成为用来衡量海洋环境污染的一项重要指标。赤潮累计发生面积和含油污水排海量对海洋经济产生的影响较大。赤潮累计发生面积影响着海洋捕捞、海水养殖业的产量，而海洋第一产业占海洋生产总值的比重较大，因此赤潮累计发生面积对海洋经济整体的发展是有影响的。2008 年，环渤海地区的赤潮累计发生面积仅为 30 平方千米，这可能与 2008 年我国举办奥运会有直接关系，同时也间接说明赤潮累计发生面积在一定程度上是可以通过人为手段来控制的。

通常来说，将不采取任何方式处理的含油污水排放到海水里，就不会产生投入处理污水的资金，因此不会降低海洋生产总值。但通过分析得知，含油污水的排放却会给海洋经济带来十分严重的负面影响，其影响程度虽然会随着时间的推移慢慢减弱，但是产生的不利影响仍然会持续较长一段时间。进入 21 世纪以来，环渤海地区石化、冶金、印染、造船等重工业企业众多，陆源污染物排放数量巨大，工业“三废”超标超量排放，每年都有海洋污染造成海洋生物死亡事件发生，近岸海域海洋污染也较重，生态系统被严重破坏、资源衰退、生物多样性下降，故含油污水和石油类污染物会对海洋渔业的产量和捕捞量造成影响，给海洋盐业、海洋化工业、海水利用业等产业带来困难，对滨海旅游业造成冲击等，即对海洋三次产业都产生不利影响，进而影响该地区海洋经济的发展。

四、建议与展望

（一）建议

本书运用 VAR 模型，探究了环渤海地区的海洋经济增长和海洋环境污染之间存在的联系，在此基础上运用脉冲响应和方差分解分析，对 2001～2015 年环渤海地区海洋经济增长和海洋环境污染各指标之间的关联程度进行了探析。探究海洋经济增长与海洋环境污染之间的关系有利于进一步探究海洋经济绿色转型，使海洋经济向健康、可持续的方向发展。

2017 年 5 月，“一带一路”国际合作高峰论坛在北京召开，习近平在作开幕致辞时倡议建立“一带一路”绿色发展国际联盟。联合国环境规划署和中华人民共和国环境保护部作为共同发起方，将携手各界共同落实这一倡议，让绿色贯通“一带一路”。环渤海地区是东北地区乃至北方地区经济发展的龙头，有着领头羊的作用，也是“一带一路”北线的必经地区。不仅陆域经济要实现绿色发展，海洋经济也要顺应时代要求，实现绿色转型。环渤海地区的海洋环境污染有抑制海洋经济增长的趋势，而海洋经济增长也会对海洋环境污染带来一定影响。因此，探究海洋经济与海洋环境污染之间的关系并且以此为海洋经济绿色转型提供依据，用绿色发展理念指导海洋经济发展就变得尤为重要。

由于环渤海地区的海洋环境污染有抑制海洋经济增长的趋势，因此可以大力推广发展海洋循环经济。一方面，从海洋环境污染方面来看，要减少含油污水排海量、石油类污染物和无机氮类污染物的排放；污水等污染物要经过严格处理，达标后方能排放入海；实行海洋垃圾分类回收，建立较为完善的海洋垃圾处理监管体系，设置相应的垃圾清收点等，逐步禁止不可降解、不可循环使用的一次性产品的使用。另一方面，从海洋经济增长方面来看，可以对现有海洋产业进行循环型改造，提高资源产出率的同时降低废弃物排放量；针对废弃物产生量较大的海洋石油开发等重点产业，专门建立废弃物回收处理体系，推动废弃物再生利用；延伸传统海洋行业循环产业链，培育新的海洋循环经济增长点，如海洋服务业、海洋旅游绿色化、海洋战略性新兴产业等。

（二）展望

本书基于 VAR 模型探究了环渤海地区的海洋经济增长和海洋环境污染之间存在的联系并进行了实证研究，但还存在一定不足。

（1）体现海洋环境污染的指标多种多样，但受限于数据的可获取性及真实性，本书选取的指标未能全面反映海洋环境污染的现实状况。

（2）本书研究的海洋经济增长与海洋环境污染之间的联系考察的是海洋系统内部的相关性，并未将陆域系统对海洋环境造成的污染考虑进去。

在能够获取数据的基础上，可以进一步探讨环渤海地区海洋经济的三次产业、主要海洋产业与海洋环境污染之间的关系，逐渐取缔对海洋环境造成严重污染的产业，支持、推广对海洋环境有利的产业；扩充测度海洋环境污染的相关指标，从而将环渤海地区的海洋经济增长和海洋环境污染之间的影响范围和程度进行量化。

第二节　环渤海地区人海经济系统环境适应性测度及影响因素

一、适应性研究概述

自 20 世纪 70 年代开始，人类为应对全球气候变化相继提出“预防”“阻止”“减缓”等概念，直至目前的“适应性”被广泛研究并被普遍认同，成为全球变化科学核心概念之一（葛全胜等，2004）。全球多项重大科学计划都将适应性作为人类应对全球变化的重要准则（Eriksen，2009；崔胜辉和李旋旗，2011），适应性战略出现在各发达国家的政策体系制定中。2013 年欧盟实施了《欧盟适应气候变化战略》，部分国家正在跟进气候变化适应行动计划，并在适应性风险管理和部门政策规划等方面进行了卓有成效的科学实践探索（Alfieri et al.，2016）。适应性研究的是主体与周围环境等的交互胁迫关系，具有普遍性特点。最初国外对适应性的研究集中在自然科学（Gallopin，2006；Smithers and Smit，1997）、社会科学（O’Brien and Holland，1992）和全球变化（Smit et al.，1999；Clar et al.，2013）领域，探讨适应性的内涵（Holling，1984；Smit and Wandel，2006）、适应性指标与框架（Kingsborough et al.，2016）、适应性测度方法的选择（Mcleod et al.，2015）和适应性策略研究（Adger et al.，2005）等方面较多。20 世纪 90 年代以后我国学者先后开展了不同学科的适应性研究，如在港口经济（严治，2012）、海洋生态（向芸芸和杨辉，2015）、农户生计（黎洁，2016）、城市景观（刘焱序等，2015）以及产业系统（王晶等，2014）等视角下对适应性进行具体研究，并且将适应性研究范围从自然适应性（贾慧聪等，2014；李昌彦等，2013）扩展到对区域生态经济耦合系统的适应性领域（仇方道等，2011；徐瑱等，2010），适应性目标从避害适应转向趋利适应，适应机制从被动适应转向主动适应，适应时效从应急适应向中长期适应延长（方修琦和殷培红，2007）。

近年来我国海洋经济总量增速放缓，海洋生产总值的增长速度从 2011 年的 10%逐步递减到 2016 年的 6.8%，意味着海洋经济步入“新常态”的增长速度换挡期，海洋活动结构和海洋资源配置正在向合理化发展。建设海洋强国，主动适应海洋经济“新常态”，在海洋领域供给侧结构性改革和“一带一路”的方向上砥砺前行，加快拓展海洋经济发展空间，促进发展方式转变，是现阶段我国海洋经济的前行方向。长期以来，我国沿海城市海洋经济依托海洋资源而逐渐发展壮大，在此过程中人与海之间、人海经济系统与人海环境系统之间产生了诸多“不适应性”，传统的海洋渔业资源过度捕捞加重海洋生物资源脆弱性并给当地渔民带来了生计风险；海岸和海域等空间资源利用不合理使得滨海湿地面积缩小，岸线缩短造成资源浪费；污染物大量排放致使海洋生境恶化，造成人海关系地域系统暴露于各种海洋灾害和经济损失的威胁中。可见这种“不适应性”已成为阻碍海洋经济与环境协调可持续的重要因素。

总体看来，目前适应性研究以人地系统为主，人海关系地域系统适应性的相关研究鲜有涉及，特别是在海洋经济地理领域。综合适应性以及人海经济系统的内涵（李博，2014；韩增林和李博，2013），认为人海经济系统环境适应性研究集评价、管理与规划于一体，是解决人海经济、社会与资源环境问题，实现陆海协调可持续发展的重要技术方法之一。鉴于海洋经济发展具有动态性，且长时序演进分析仍比较薄弱，因此从适应性视角探究人海经济系统环境适应性的时空格局、影响因素及类型分异，具有丰富的理论价值和实践意义。

二、数据来源和研究方法

（一）数据来源

研究数据来自《中国城市统计年鉴》（2001～2015 年）、《中国海洋统计年鉴》（2001～2015 年）、《中国港口统计年鉴》（2001～2015 年）、《中国区域经济统计年鉴》（2001～2015 年）以及各省份统计年鉴和统计公报。

（二）指标体系构建

纵观适应性研究思路，主要从“谁或什么适应”“适应什么”“适应如何产生”三个问题展开。同样在人海经济系统环境适应性研究中也从这三个问题展开，人海经济系统是适应主体，可以是产业内外部的生产、交换、分配和消费或者是人海经济系统的实践、运行与结构；人海环境系统是适应对象，可以是海洋资源储量、海洋生态环境质量、对不利影响或脆弱性的响应，也可以是对机遇的响应、对当前实际发生的生态环境或对未来预测的环境条件的响应；在复杂系统中交互胁迫的适应性因素是适应行为，可以是对过程或结果与条件的适应，可以是自发的、胁迫的或计划的，通过感知适应性敏感程度、稳定状态、组织和更新系统行为响应等产生适应行为和结果。以上构成了人海经济系统环境适应性的概念框架，具体表现为在人海经济系统环境适应性的总体目标下，人海经济系统在敏感性、稳定性、响应等因素交互胁迫中，不断做出环境适应性调整与选择的行动。其中，敏感性是指系统受周边环境潜在的或显现的胁迫和扰动的正反作用的程度，适应性与敏感性呈反向关系；稳定性是指系统内外发展环境发生变化时能够吸收干扰、保持原有状态的能力，适应性与稳定性呈正向关系；响应是指系统应对外界变化时所形成的调节与反馈效应（郭付友等，2016），表征系统的应对干扰和自组织更新的能力，作为先于干扰而存在的一种系统固有属性，是在系统胁迫中趋利避害的调整能力和应对能力，区别于系统响应之后的有预见性的适应性结构重组的过程。

遵循指标选取的一般原则构建了环渤海地区人海经济系统环境适应性评价指标体系（表 6-4）。

表 6-4　环渤海地区人海经济系统环境适应性评价指标体系

目标层	系统层	准则层	指标层（性质）及单位	权重
人海经济系统环境适应性	人海经济系统适应性 0.531	敏感性 0.367	X_1 海洋产业区位熵（+）/%	0.029
			X_2 海岸线经济密度（+）/（元/米）	0.023
			X_3 外贸依存度（–）/%	0.021
			X_4 旅游外汇收入占旅游总收入比重（–）/%	0.013
			X_5 沿海港口码头泊位数（+）/个	0.023
			X_6 渔业总产值（–）/亿元	0.015
			X_7 城市人口密度（+）/（人/千米^2）	0.035
		稳定性 0.285	X_8 非渔海洋产业系统结构转换率（+）/%	0.008
			X_9 海洋产业结构转换率（+）/%	0.036
			X_{10} 财政自给率（+）/%	0.025
			X_{11} 市场组织结构指数（+）/%	0.020
			X_{12} 金融机构存贷总额占 GDP 比重（+）/%	0.029
			X_{13} 产业结构高级化系数（+）/%	0.004
			X_{14} 三产产业化系数（+）/%	0.028

续表

目标层	系统层	准则层	指标层（性质）及单位	权重
人海经济系统环境适应性	人海经济系统适应性 0.531	响应 0.348	X_{15}每万人在校大学生数（+）/人	0.039
			X_{16}人均固定资产投资（+）/元	0.028
			X_{17}城镇居民登记失业人数（–）/人	0.012
			X_{18}科教投资占财政支出比重（+）/%	0.032
			X_{19}人均实际利用外资（+）/美元	0.024
			X_{20}港口货物吞吐量（+）/万吨	0.050
			X_{21}医院、卫生院床位数（+）/张	0.035
	人海环境系统适应性 0.469	敏感性 0.260	X_{22}工业废水排放密度（–）/（万吨/千米^2）	0.011
			X_{23}工业二氧化硫排放密度（–）/（吨/千米^2）	0.025
			X_{24}工业固体废物产生密度（–）/（吨/千米^2）	0.009
			X_{25}人均海水养殖面积（–）/公顷	0.050
		稳定性 0.337	X_{26}建城区绿化覆盖率（+）/%	0.008
			X_{27}人均公共绿地面积（+）/（米^2/人）	0.027
			X_{28}人均滩涂面积（+）/千米^2	0.043
			X_{29}人均海岸线长度（+）/米	0.063
			X_{30}人均海域面积（+）/（米^2/人）	0.067
			X_{31}环境质量指数（+）/%	0.019
		响应 0.403	X_{32}沿海地区污染治理竣工项目（+）/个	0.016
			X_{33}工业固体废弃物综合利用率（+）/%	0.027
			X_{34}市外支持力度（+）	0.048
			X_{35}海洋自然保护区个数（+）/个	0.031
			X_{36}环境治理投资占 GDP 的比重（+）/%	0.029

注：①表中各指标性质“+”“–”的判断是相对系统层而定的；②市场组织结构指数、产业结构高级化系数、三产产业化系数的指标数据为沿海城市产业数据累计所得（海洋产业数据无法获取）。

其中部分数据需要计算所得，包括：

（1）X_1为地区海洋生产总值占全部地区比重比地区 GDP 占全部地区比重。

（2）$X_8=\sqrt{\sum_{i=1}^{n}\frac{(N_i-G)\cdot K}{G}}$,式中，$N_i$和 G 分别为海洋产业产值（除渔业）和海洋生产总值的年均增长率，K 是海洋产业产值（除渔业）比地区海洋生产总值。

（3）X_9计算公式同（2）中，N_i和 G 分别为海洋生产总值和地区 GDP 的年均增长率，K 是海洋生产总值比地区 GDP。

（4）X_{11}用工业总产值比工业企业总数表征。

（5）X_{13}用信息传输、计算机服务、软件业单位、交通运输、仓储和邮政业单位从业人员数总和比制造业和采矿业单位从业人员总和表征。

（6）$X_{31}=\sqrt[3]{D \cdot R \cdot E}$，式中，$D$、$R$、$E$分别表示工业固体废物综合利用率、污水处理厂集中处理率、垃圾无害化处理率。

（7）X_{34}：沿海城市是我国深化改革的前沿阵地，依据各沿海城市受政策倾斜的程度进行定性打分，分别对国家试点城市、省级重点城市和一般城市赋予3、2、1的分值（仇方道等，2011）。

（三）熵权 TOPSIS 法

熵权 TOPSIS 法是熵权法和逼近理想解排序（technique for order preference by similarity to an ideal solution，TOPSIS）法的组合。熵权法依托决策信息量来提高指标分辨率，较为客观真实全面地反映指标数据中的隐含信息（何艳冰等，2016）。TOPSIS 模型是适用于解决有限方案中多目标决策问题的综合评价法。传统 TOPSIS 模型的权重是事先确定的，而基于熵权法改进的 TOPSIS 模型就能很好地消除这一主观赋权对分析结果的影响（温晓金等，2016；杜挺等，2014）。基于熵权 TOPSIS 法的环渤海地区人海经济系统环境适应性评价方法基本步骤如下。

1. 数据标准化处理

采用极差标准化方法对原始数据进行处理，对于指标性质为“+”和指标性质为“–”的处理方法分别为

$$r_{ij}=\frac{v_{ij}-\min(v_{ij})}{\max(v_{ij})-\min(v_{ij})}\;;\quad r_{ij}=\frac{\max(v_{ij})-v_{ij}}{\max(v_{ij})-\min(v_{ij})} \qquad (6\text{-}2)$$

式中，v_{ij}为第i个指标第j年的初始值；r_{ij}为第i个指标第j年的标准化值；$i=1,2,\cdots,m$, m为评价指标数；$j=1,2,\cdots,n$, n为评价年份数。

2. 确定指标权重

$$w_i=\frac{1-H_i}{m-\sum_{i=1}^{m}H_i} \qquad (6\text{-}3)$$

式中，信息熵 $H_i = -1 \Big/ \left(\ln n \sum_{j=1}^{n} f_{ij} \ln f_{ij} \right)$；指标的特征比重 $f_{ij} = r_{ij} \Big/ \sum_{j=1}^{n} r_{ij}$。

3. 构建评价矩阵

运用熵权 w_i 构建加权规范化评价矩阵 Y，具体计算公式为

$$Y = (y_{ij})_m,\quad y_{ij} = r_{mn} \times w_n \tag{6-4}$$

4. 确定正负理想解

设 Y^+ 为评价数据中第 i 个指标在 j 年内的最大值，即最偏好的方案，称为正理想解；Y^- 则为最不偏好的方案，称为负理想解。其计算方法为

$$Y^+ = \left\{ \max_{1 \leqslant i \leqslant m} y_{ij} \middle| i = 1, 2, \cdots, m \right\} = \left\{ y_1^+, y_2^+, \cdots, y_m^+ \right\} \tag{6-5}$$

$$Y^- = \left\{ \min_{1 \leqslant i \leqslant m} y_{ij} \middle| i = 1, 2, \cdots, m \right\} = \left\{ y_1^-, y_2^-, \cdots, y_m^- \right\} \tag{6-6}$$

5. 距离计算

令 D_j^+ 为第 i 个指标与 Y_i^+ 的距离，D_j^- 为第 i 个指标与 Y_i^- 的距离，计算方法为

$$D_j^+ = \sqrt{\sum_{i=1}^{m} \left(y_i^+ - y_{ij} \right)^2};\quad D_j^- = \sqrt{\sum_{i=1}^{m} \left(y_i^- - y_{ij} \right)^2} \tag{6-7}$$

6. 计算适应性要素与理想解的贴近度

令 T_j 为第 j 年适应性要素接近最优的程度，称为贴近度，分三个要素，即敏感性、稳定性、响应计算贴近度，T_j 越大，表明准则层指标越接近最优水平，计算方法为

$$T_j = \frac{D_j^-}{D_j^+ + D_j^-} \tag{6-8}$$

7. 核算适应性得分

采用均方差赋权法（仇方道等，2011）分别测度系统层和准则层指标权重值。通过加权求和方法分别得出各系统层及人海经济系统环境适应性得分。

（四）协整检验

协整检验用以确定人海经济系统环境适应性同各影响因素之间的长期稳定关系。本书首先通过 ADF 检验各变量的平稳性，在判断协整关系存在的基础上进行检验变量外生性的 Granger 分析，而后通过协整检验中的 E-G 两步法检验人海经济系统环境适应性同各影响因素之间的长期均衡关系，再用误差修正模型（ECM）对变量之间短期失衡加以纠正，最终确定协整回归参数（郭付友等，2016；鲁春阳等，2010；高铁梅，2006）。

三、结果与分析

（一）人海经济系统环境适应性指标权重

对人海经济系统适应性指标影响较大的是港口货物吞吐量（0.050），每万人在校大学生数（0.039），海洋产业结构转换率（0.036），城市人口密度（0.035），医院、卫生院床位数（0.035），科教投资占财政支出比重（0.032），说明了环渤海地区人海经济系统的发展深受内源力和外向力的双重胁迫作用，其中内源力主要来自人海经济系统港口、海洋产业综合素质等经济型基础设施应对外界发展环境变化的自我调整能力和学习能力，外向力来自海洋科技、教育、医疗卫生等社会性基础设施的支撑。

对人海环境系统适应性指标影响较大的是人均海域面积（0.067）、人均海岸线长度（0.063）、人均海水养殖面积（0.050）以及市外支持力度（0.048），说明环渤海地区人海环境系统适应性也受内外两方面的双重交互影响，人海环境系统的空间资源供给和生态本底条件使人海环境系统在环境发生变化时保持原有的状态，而政府指向又把人海环境系统摆在了相对优先的位置，加强了人海环境系统的响应能力。可见，人海经济系统环境适应性既是对系统自身的组织与更新，同时也是应对系统外部风险和冲突的防治与调整。

（二）敏感性时空差异

（1）人海经济系统敏感性。环渤海地区人海经济系统敏感性保持平稳态势（表 6-5），表明人海经济系统自身不断发展，结构和功能更趋完善，在应对各种经济压力和风险时是可控的。同时环渤海地区人海经济系统敏感性变异系数仅为

0.125，地区差异较小，具有相似性。天津人海经济系统敏感性明显高于其他地区且上升趋势明显，表明天津作为中国首批沿海开放城市，在海洋经济、港口建设、对外交流能力以及劳动力支撑的作用下，海洋经济已经具有一定的规模和实力。

表 6-5　2000～2014 年环渤海地区人海经济系统与人海环境系统敏感性时空差异

地区	人海经济系统敏感性								人海环境系统敏感性							
	2000年	2002年	2004年	2006年	2008年	2010年	2012年	2014年	2000年	2002年	2004年	2006年	2008年	2010年	2012年	2014年
天津	0.473	0.502	0.527	0.525	0.572	0.623	0.641	0.653	0.356	0.353	0.354	0.350	0.351	0.349	0.350	0.352
唐山	0.425	0.419	0.430	0.428	0.430	0.428	0.439	0.434	0.244	0.219	0.183	0.176	0.190	0.220	0.190	0.340
秦皇岛	0.366	0.405	0.401	0.420	0.413	0.435	0.436	0.402	0.280	0.249	0.243	0.236	0.246	0.246	0.172	0.248
沧州	0.409	0.410	0.410	0.409	0.414	0.421	0.428	0.520	0.184	0.198	0.233	0.213	0.225	0.224	0.109	0.139
大连	0.418	0.393	0.385	0.391	0.400	0.403	0.429	0.437	0.534	0.529	0.589	0.662	0.691	0.750	0.793	0.833
丹东	0.358	0.360	0.341	0.363	0.382	0.417	0.395	0.468	0.424	0.440	0.443	0.512	0.499	0.541	0.562	0.593
锦州	0.384	0.385	0.372	0.371	0.383	0.373	0.367	0.393	0.301	0.303	0.251	0.242	0.236	0.260	0.285	0.353
营口	0.440	0.433	0.413	0.412	0.419	0.465	0.452	0.446	0.338	0.341	0.346	0.288	0.277	0.282	0.371	0.365
盘锦	0.384	0.389	0.381	0.384	0.392	0.396	0.406	0.418	0.345	0.344	0.340	0.335	0.317	0.318	0.302	0.183
葫芦岛	0.414	0.413	0.383	0.398	0.427	0.437	0.469	0.462	0.356	0.359	0.361	0.349	0.350	0.355	0.350	0.357
青岛	0.418	0.425	0.455	0.455	0.453	0.487	0.469	0.471	0.410	0.415	0.409	0.410	0.392	0.405	0.425	0.421
东营	0.398	0.372	0.359	0.352	0.341	0.330	0.322	0.368	0.558	0.529	0.581	0.528	0.554	0.631	0.703	0.729
烟台	0.443	0.423	0.418	0.413	0.425	0.420	0.432	0.432	0.437	0.455	0.711	0.798	0.762	0.938	0.892	0.945
潍坊	0.439	0.424	0.418	0.431	0.428	0.428	0.457	0.476	0.428	0.436	0.439	0.497	0.502	0.526	0.522	0.517
威海	0.416	0.404	0.381	0.369	0.383	0.385	0.445	0.474	0.441	0.440	0.460	0.476	0.440	0.480	0.515	0.570
日照	0.434	0.439	0.414	0.498	0.518	0.498	0.474	0.457	0.361	0.363	0.358	0.360	0.376	0.392	0.419	0.441
滨州	0.388	0.398	0.375	0.373	0.381	0.383	0.386	0.388	0.446	0.480	0.453	0.403	0.509	0.530	0.529	0.556
整体均值	0.412	0.411	0.404	0.411	0.421	0.431	0.438	0.453	0.379	0.380	0.397	0.402	0.407	0.438	0.441	0.467

（2）人海环境系统敏感性。环渤海地区人海环境系统敏感性总体小于人海经济系统敏感性但上升趋势明显，可见人海环境系统敏感性更加向好（表 6-5）。大连、烟台人海环境系统敏感性高且快速上升，表明两地海洋环境质量明显提升，工业污染排放得到了有效的控制，海洋生态文明建设效果显著。人海环境

系统敏感性变异系数为0.402，地区差异相对较大，呈现南北高、中间低的“哑铃形”分布状态，区域特性鲜明。山东省人海环境系统敏感性最高，辽宁省次之，天津市和河北省的人海环境系统敏感性最低，特别是河北省人海环境系统抵御环境内外变化和扰动的能力较差，缺乏对生态风险的感知能力，工业污染排放量居高不下，海水养殖面积范围扩大威胁到海洋生物资源丰度和海洋自然再生产能力。

（三）稳定性时空差异

（1）人海经济系统稳定性。环渤海地区人海经济系统稳定性明显高于人海环境系统稳定性，除天津、日照外，其余城市人海经济系统稳定性都在U形变化趋势下缓慢上升（表6-6）。在2008年经济危机发生前后，传统海洋产业结构、财政支持力度、金融规模以及市场化发展水平等都遭受了风险扰动，降低了人海经济系统的稳定性。环渤海地区人海经济系统稳定性变异系数为0.256，指数分布较为集中，地区差异相对较小。

表6-6　2000～2014年环渤海地区人海经济系统与人海环境系统稳定性时空差异

地区	人海经济系统稳定性								人海环境系统稳定性							
	2000年	2002年	2004年	2006年	2008年	2010年	2012年	2014年	2000年	2002年	2004年	2006年	2008年	2010年	2012年	2014年
天津	0.466	0.493	0.510	0.514	0.498	0.586	0.565	0.583	0.094	0.093	0.113	0.137	0.146	0.152	0.171	0.202
唐山	0.238	0.228	0.235	0.240	0.242	0.287	0.307	0.341	0.126	0.117	0.132	0.155	0.166	0.180	0.177	0.174
秦皇岛	0.438	0.492	0.494	0.508	0.472	0.512	0.539	0.588	0.112	0.120	0.163	0.176	0.179	0.173	0.170	0.271
沧州	0.338	0.452	0.323	0.257	0.276	0.287	0.292	0.350	0.069	0.094	0.113	0.120	0.143	0.154	0.119	0.154
大连	0.454	0.442	0.436	0.472	0.451	0.503	0.493	0.514	0.652	0.650	0.646	0.644	0.641	0.641	0.675	0.670
丹东	0.424	0.427	0.414	0.375	0.356	0.389	0.398	0.469	0.178	0.186	0.188	0.190	0.188	0.226	0.207	0.231
锦州	0.445	0.419	0.383	0.367	0.327	0.375	0.367	0.440	0.082	0.091	0.085	0.103	0.114	0.121	0.140	0.151
营口	0.432	0.436	0.345	0.330	0.322	0.400	0.387	0.441	0.112	0.132	0.132	0.151	0.145	0.165	0.173	0.186
盘锦	0.215	0.267	0.283	0.230	0.212	0.281	0.326	0.358	0.277	0.281	0.295	0.277	0.274	0.277	0.306	0.311
葫芦岛	0.404	0.401	0.345	0.391	0.405	0.447	0.514	0.528	0.194	0.206	0.222	0.219	0.218	0.204	0.222	0.223
青岛	0.389	0.385	0.371	0.414	0.442	0.477	0.491	0.509	0.277	0.282	0.283	0.286	0.289	0.289	0.321	0.343
东营	0.267	0.266	0.246	0.242	0.176	0.279	0.348	0.427	0.569	0.566	0.579	0.558	0.553	0.554	0.577	0.575

续表

地区	人海经济系统稳定性								人海环境系统稳定性							
	2000年	2002年	2004年	2006年	2008年	2010年	2012年	2014年	2000年	2002年	2004年	2006年	2008年	2010年	2012年	2014年
烟台	0.359	0.335	0.303	0.294	0.207	0.317	0.339	0.412	0.455	0.456	0.463	0.466	0.468	0.474	0.471	0.473
潍坊	0.357	0.340	0.313	0.328	0.315	0.382	0.421	0.489	0.129	0.140	0.146	0.153	0.152	0.161	0.143	0.163
威海	0.303	0.274	0.261	0.284	0.286	0.320	0.332	0.423	0.654	0.657	0.658	0.666	0.661	0.663	0.681	0.691
日照	0.322	0.370	0.347	0.488	0.480	0.506	0.529	0.557	0.474	0.475	0.477	0.483	0.477	0.483	0.473	0.467
滨州	0.273	0.252	0.203	0.228	0.232	0.262	0.314	0.350	0.145	0.144	0.162	0.184	0.198	0.206	0.190	0.206
整体均值	0.360	0.369	0.342	0.351	0.335	0.389	0.410	0.457	0.270	0.276	0.286	0.292	0.295	0.301	0.307	0.323

（2）人海环境系统稳定性。环渤海地区人海环境系统稳定性大致保持平稳态势（表 6-6），部分地区略有上升。地区人海环境系统稳定性变异系数为 0.645，区际差异较大，呈东高西低、南高北低的发展态势，这与环渤海地区生态本底条件相关，威海、大连、东营、日照、烟台人海环境系统稳定性高于其他地区，人均占有海洋生态资源丰裕，环境质量指数较高，为人海环境系统保持稳定提供了保障。锦州、沧州和天津是人海环境系统稳定性最差的城市，沧州和锦州同为工业城市，很难具有较高的人海环境系统稳定性，容易受到海洋产业、海洋环境变化以及海洋灾害等的扰动。天津人海经济系统稳定性领先，而人海环境系统稳定性却比较落后，可见天津海洋经济的发展破坏了人海环境系统的稳定性，人均占有海岸线、海域面积以及绿地、滩涂面积等海洋空间资源较少，人海环境系统生态供给乏力，暴露于各种潜在的环境风险之中，急需加大海陆污染的综合防治，发展健康的人海环境。

（四）响应时空差异

（1）人海经济系统响应。环渤海地区人海经济系统响应能力弱于人海环境系统响应能力，但呈明显良性发展趋势（表 6-7），其变异系数为 0.437，表明环渤海地区人海经济系统响应能力地区差异比较大，呈现“极差化”分异特征。人海经济系统响应与地区的海洋经济状况呈正向关系，天津、大连、青岛响应能力高于其他地区且快速上升，一方面说明这些地区港口建设、人才技术支持以及科教投入等的经济响应能力高于其他地区，另一方面说明海洋经济响应的区际交流和联动作用弱，因而应在错位发展的基础上充分发挥海洋经济“增长极”的辐射带动效应。

表 6-7　2000～2014 年环渤海地区人海经济系统与人海环境系统响应时空差异

地区	人海经济系统响应								人海环境系统响应							
	2000年	2002年	2004年	2006年	2008年	2010年	2012年	2014年	2000年	2002年	2004年	2006年	2008年	2010年	2012年	2014年
天津	0.322	0.343	0.414	0.469	0.547	0.633	0.692	0.809	0.580	0.584	0.605	0.590	0.596	0.593	0.592	0.610
唐山	0.171	0.187	0.252	0.248	0.301	0.414	0.490	0.564	0.434	0.337	0.497	0.523	0.541	0.545	0.545	0.532
秦皇岛	0.208	0.206	0.290	0.344	0.377	0.394	0.483	0.493	0.507	0.538	0.549	0.562	0.548	0.521	0.495	0.525
沧州	0.169	0.183	0.273	0.254	0.318	0.297	0.324	0.356	0.250	0.297	0.414	0.425	0.427	0.563	0.511	0.563
大连	0.232	0.255	0.331	0.386	0.482	0.579	0.670	0.719	0.657	0.641	0.613	0.617	0.610	0.606	0.608	0.610
丹东	0.160	0.146	0.208	0.216	0.241	0.219	0.275	0.274	0.317	0.325	0.334	0.347	0.323	0.557	0.483	0.549
锦州	0.147	0.151	0.213	0.219	0.249	0.267	0.308	0.298	0.318	0.320	0.316	0.322	0.319	0.519	0.528	0.555
营口	0.154	0.158	0.189	0.195	0.241	0.308	0.382	0.378	0.536	0.540	0.546	0.553	0.554	0.552	0.539	0.547
盘锦	0.144	0.140	0.145	0.163	0.189	0.209	0.276	0.235	0.220	0.244	0.256	0.401	0.412	0.574	0.576	0.583
葫芦岛	0.125	0.126	0.182	0.149	0.193	0.186	0.220	0.212	0.194	0.211	0.212	0.366	0.371	0.521	0.522	0.534
青岛	0.177	0.211	0.302	0.384	0.430	0.471	0.532	0.595	0.586	0.606	0.597	0.643	0.649	0.649	0.646	0.641
东营	0.140	0.164	0.331	0.283	0.276	0.320	0.333	0.360	0.572	0.585	0.592	0.598	0.624	0.652	0.636	0.665
烟台	0.153	0.174	0.264	0.265	0.256	0.370	0.473	0.520	0.617	0.641	0.644	0.654	0.661	0.716	0.723	0.717
潍坊	0.156	0.163	0.299	0.283	0.212	0.337	0.371	0.393	0.325	0.474	0.460	0.441	0.437	0.572	0.571	0.571
威海	0.140	0.141	0.223	0.244	0.239	0.327	0.343	0.381	0.564	0.582	0.600	0.614	0.595	0.656	0.687	0.696
日照	0.158	0.167	0.256	0.275	0.278	0.336	0.381	0.422	0.603	0.596	0.596	0.604	0.590	0.582	0.587	0.582
滨州	0.133	0.135	0.220	0.215	0.257	0.253	0.291	0.283	0.280	0.286	0.311	0.309	0.434	0.428	0.549	0.556
整体均值	0.170	0.179	0.258	0.270	0.299	0.348	0.403	0.429	0.445	0.459	0.479	0.504	0.511	0.577	0.577	0.590

（2）人海环境系统响应。环渤海地区人海环境系统响应能力小幅上升（表 6-7），部分地区的人海环境系统响应能力保持不变。葫芦岛、盘锦、滨州、沧州、潍坊的人海环境系统响应能力低，但增长趋势明显，随着政策倾斜、海洋自然保护区的建设以及污染治理投资和竣工项目的实施，人海环境系统在应对当前和潜在的生态风险时，可以发挥更好的自我存续和调节能力。人海环境系统响应变异系数为 0.242，表明环渤海地区人海环境系统响应能力地区差异较小，各沿海城市人海环境系统在污染治理、政府参与以及生态保护与修复等方面的调控力度相差不大，

下一步应重点提升海域资源开发历史较长的沿海城市的响应能力。

（五）适应性时空差异

（1）人海经济系统适应性。环渤海地区人海经济系统适应性在2000～2014年呈缓慢上升态势，无明显起伏波动且特征趋势不明显（表6-8），海洋经济门户区位优势未显现，未来有巨大的发展潜力。人海经济系统适应性变异系数为0.213，可见环渤海地区人海经济系统适应性区域差异较小，天津人海经济系统适应性最好，海洋经济基础雄厚，其次是大连、青岛和秦皇岛，其他沿海城市人海经济系统适应性指数几乎都在一个水平梯度，需要寻求更多的发展机会。

表6-8 2000～2014年环渤海地区人海经济系统与人海环境系统适应性时空差异

地区	人海经济系统适应性								人海环境系统适应性							
	2000年	2002年	2004年	2006年	2008年	2010年	2012年	2014年	2000年	2002年	2004年	2006年	2008年	2010年	2012年	2014年
天津	0.418	0.444	0.483	0.502	0.542	0.616	0.637	0.687	0.358	0.358	0.374	0.375	0.381	0.381	0.387	0.405
唐山	0.283	0.284	0.313	0.312	0.331	0.383	0.419	0.453	0.281	0.232	0.293	0.309	0.323	0.338	0.329	0.362
秦皇岛	0.331	0.361	0.389	0.419	0.417	0.443	0.482	0.487	0.315	0.322	0.339	0.347	0.345	0.332	0.301	0.368
沧州	0.305	0.343	0.338	0.312	0.341	0.340	0.353	0.415	0.172	0.203	0.265	0.267	0.279	0.337	0.274	0.315
大连	0.364	0.359	0.381	0.412	0.443	0.493	0.531	0.557	0.623	0.615	0.618	0.638	0.641	0.655	0.679	0.688
丹东	0.308	0.305	0.316	0.315	0.326	0.340	0.354	0.401	0.298	0.308	0.313	0.337	0.323	0.441	0.411	0.454
锦州	0.319	0.313	0.320	0.317	0.321	0.337	0.346	0.373	0.234	0.238	0.221	0.228	0.228	0.317	0.334	0.366
营口	0.338	0.338	0.316	0.313	0.330	0.392	0.409	0.421	0.342	0.351	0.355	0.349	0.344	0.352	0.372	0.378
盘锦	0.252	0.268	0.271	0.263	0.270	0.298	0.338	0.337	0.272	0.282	0.291	0.342	0.341	0.407	0.414	0.387
葫芦岛	0.311	0.310	0.302	0.309	0.339	0.353	0.395	0.394	0.236	0.248	0.254	0.312	0.314	0.371	0.376	0.383
青岛	0.326	0.339	0.378	0.419	0.442	0.479	0.497	0.525	0.436	0.447	0.442	0.462	0.461	0.464	0.479	0.484
东营	0.271	0.270	0.317	0.297	0.272	0.312	0.333	0.382	0.568	0.564	0.585	0.566	0.582	0.614	0.634	0.651
烟台	0.318	0.311	0.331	0.328	0.304	0.373	0.420	0.457	0.515	0.530	0.601	0.628	0.622	0.692	0.682	0.694
潍坊	0.317	0.309	0.347	0.350	0.321	0.383	0.417	0.451	0.286	0.351	0.349	0.359	0.358	0.422	0.414	0.419
威海	0.287	0.275	0.292	0.301	0.306	0.346	0.377	0.427	0.562	0.570	0.583	0.596	0.577	0.613	0.640	0.661
日照	0.306	0.324	0.340	0.418	0.424	0.444	0.457	0.473	0.496	0.495	0.494	0.500	0.496	0.499	0.505	0.507
滨州	0.267	0.265	0.272	0.277	0.295	0.303	0.332	0.341	0.278	0.289	0.298	0.291	0.374	0.380	0.423	0.438
整体均值	0.313	0.319	0.336	0.345	0.354	0.390	0.418	0.446	0.369	0.377	0.393	0.406	0.411	0.448	0.450	0.468

（2）人海环境系统适应性。环渤海地区人海环境系统适应性在2000～2014年缓慢上升，几乎和人海经济系统适应性保持相同的发展态势（表6-8），人海环境系统适应性变异系数为0.316，比人海经济系统适应性的地区差异明显，呈现出南高北低的特征。在人海环境系统适应性目标上，大连及山东省的城市普遍更能够应对各种生态风险，能为海洋经济深度发展提供动力支撑和供给保障。

（六）人海经济系统环境适应性类型划分

我国环渤海地区17个沿海城市人海经济系统环境适应性在2000～2014年呈现缓慢上升趋势（表6-9），其变异系数为0.210，可见环渤海地区沿海城市的人海经济系统环境适应性变化差异不是很大。为了具体解释环渤海地区人海经济系统环境适应性差异，通过聚类分析（覃雄合等，2014；郭均鹏等，2015）将环渤海地区人海经济系统环境适应性进行类型划分。

表6-9　2000～2014年环渤海地区人海经济系统环境适应性时空差异

地区	2000年	2002年	2004年	2006年	2008年	2010年	2012年	2014年
天津	0.390	0.404	0.432	0.443	0.466	0.506	0.520	0.555
唐山	0.282	0.259	0.303	0.310	0.327	0.362	0.377	0.410
秦皇岛	0.324	0.342	0.366	0.385	0.384	0.391	0.397	0.431
沧州	0.243	0.277	0.304	0.291	0.312	0.338	0.316	0.368
大连	0.486	0.479	0.492	0.518	0.536	0.569	0.600	0.618
丹东	0.304	0.306	0.314	0.325	0.325	0.388	0.381	0.426
锦州	0.279	0.278	0.274	0.275	0.277	0.328	0.341	0.370
营口	0.340	0.344	0.334	0.330	0.336	0.373	0.392	0.401
盘锦	0.261	0.274	0.280	0.300	0.303	0.349	0.374	0.361
葫芦岛	0.276	0.281	0.280	0.311	0.328	0.361	0.386	0.389
青岛	0.378	0.390	0.408	0.439	0.451	0.472	0.489	0.506
东营	0.410	0.408	0.443	0.423	0.417	0.454	0.474	0.508
烟台	0.411	0.414	0.458	0.469	0.453	0.523	0.543	0.568
潍坊	0.302	0.329	0.348	0.354	0.338	0.401	0.416	0.436
威海	0.416	0.414	0.428	0.439	0.433	0.471	0.501	0.537
日照	0.395	0.404	0.412	0.456	0.458	0.470	0.480	0.489
滨州	0.272	0.276	0.284	0.284	0.332	0.339	0.375	0.386

高适应性城市（适应性均值为 0.537）是大连。大连 2000～2014 年人海经济系统环境适应性平均值为 0.537，明显高于其他沿海城市。由于人海经济系统与人海环境系统的适应性双高且协同发展，大连成为环渤海地区人海经济系统环境适应性最高的城市。

较高适应性城市（适应性均值为 0.442～0.482）包括天津、烟台、青岛、日照、东营、威海。尽管此类城市人海经济系统环境适应性持续上升，但其人海经济系统与人海环境系统未保持协调发展态势。从行政区域上分析，除天津外，其余较高适应性城市都集聚在山东省，可见山东省在适应性集群发展方面优势突出。

中适应性城市（适应性均值为 0.346～0.378）包括秦皇岛、潍坊、营口和丹东。潍坊、营口、丹东人海经济系统和人海环境系统和谐发展，整体中等偏弱；秦皇岛地区在人海经济系统适应性上具有比较优势，以后应注意在人海环境系统的健康阈值内开展海洋经济活动。

低适应性城市（适应性均值为 0.303～0.327）包括唐山、葫芦岛、滨州、盘锦、沧州和锦州。唐山和沧州属于高人海经济系统适应性低人海环境系统适应性城市，二者位于首都经济圈范围内，在京津经济外溢效应下的海洋环境发展趋于脆弱；滨州为低人海经济系统适应性高人海环境系统适应性城市，海洋资源环境供给充足的滨州仍然有很大的海洋经济发展空间；盘锦、葫芦岛、锦州属人海经济系统与人海环境系统适应性双低的城市，迫切需要海洋产业结构转型，创造良性共生的适应性环境。总之，低适应性城市应针对不同的适应性弱势系统，分类具体调控人海经济系统与人海环境系统相互作用过程中的“不适应性”。

四、人海经济系统环境适应性的影响因素

结合环渤海地区沿海城市的发展情况，选取海洋产业区位熵代表海洋经济发展水平，外贸依存度代表海洋经济对外交流能力，沿海港口码头泊位数代表港口建设水平，财政自给率代表政府调控力，每万人在校大学生数代表人才支持力，环境质量指数代表环境管理力度，科教投资占财政支出比重代表科学技术因素，定量识别人海经济系统环境适应性的影响因素。

通过对面板数据进行相关性验证，得到人海经济系统环境适应性的影响因

素中海洋经济发展水平、政府调控力以及科学技术因素的 Pearson 相关系数分别为 0.330、0.526、0.154，相关性不强，其余影响因素的 Pearson 相关系数均为 0.6～0.8，属于强相关关系。所以排除海洋经济发展水平、政府调控力以及科学技术因素的影响。为避免伪回归，在 Eviews 7.2 软件中对海洋经济对外交流能力（X_1）、港口建设水平（X_2）、人才支持力（X_3）和环境管理力度（X_4）4 个解释变量进行 ADF 检验，验证了在一阶差分后各变量同阶单整，对残差序列再进行 ADF 检验后确定了协整关系的存在。建立误差修正模型，进行 Granger 分析，得到在滞后一阶时 X_1、X_2、X_3、X_4 与人海经济系统环境适应性（Y）互为 Granger 原因，由此运用 OLS 回归参数估计，结果为

$$Y=0.023X_1+0.021X_2+0.015X_3+0.115X_4-0.319 \tag{6-9}$$

式中，解释变量 X_1、X_4 的检验值在 1%水平下效果显著；X_2 的检验值在 1%水平下效果显著；X_3 的检验值在 10%水平下效果显著。

（一）环境管理力度

海洋环境管理力度对人海经济系统环境适应性起正向主导作用，影响系数高达 0.115，是最低值人才支持力 0.015 的约 7.7 倍，表明研究区重视海洋生态文明建设，国家实施海洋环境污染损害生态补偿、减排防污试点、海陆污染综合治理等方面效果显著，一定程度上控制了人海经济系统发展对人海环境系统带来的压力。

（二）海洋经济对外交流能力

海洋经济对外交流能力对人海经济系统环境适应性的作用强度为 0.023，表明海洋经济的国际交流能力可带动人海经济系统环境适应性的发展。虽然海洋经济对外交流能力对于人海经济系统是一个负向指标，提高了人海经济系统对外资、外贸以及旅游外汇的依存度，但综合来看，对于人海经济系统环境适应性，海洋经济的国际化拉动沿海城市贸易口岸的增加、海外技术资金流入、国际集装箱吞吐能力与临港工业的发展。天津在 2008 年金融危机之前的对外贸易依存度高达 118.5%，对外贸易曾一度拉动天津海洋经济的飞速发展，可见海洋经济对外交流能力直接外向牵动适应性的调整。

（三）港口建设水平

回归结果显示港口建设水平每提高 1 个单位，人海经济系统环境适应性提升 0.023 个单位，沿海港口建设水平的优化直接促进人海经济系统环境适应性的提升。在 2015 年全球港口货物吞吐量排名统计中，天津港、青岛港、唐山港、大连港分别位列第 5、第 7、第 8、第 11 名，环渤海地区港口建设规模日渐扩大。继续加强环渤海沿岸城市港口群建设，优化港口建设布局，推进新港建设步伐，配套建设中小港口，搞好港口疏浚和码头配套设施，壮大以港口群为依托的现代临港产业是环渤海地区沿海城市走向港行强市的新机遇。

（四）人才支持力

人才支持力的影响系数为 0.015，其一定程度上驱动人海经济系统环境适应性的发展。海洋经济的发展吸引了越来越多的科技人才和专业技术人员，涉海人才队伍建设及海洋科技教育基地为海洋产业现代化和海域环境优化提供了强大的智力资源。在知识经济时代，将更多的智力成果投入海洋生产中，是人海经济系统环境适应性的迫切需求。

五、结论

从区域尺度上科学测度人海经济系统环境适应性，探讨人海经济系统应对不可避免的发展环境变化的能力，捕捉影响人海经济系统环境适应性的影响因素，则成为新常态背景下准确把握沿海城市开发方向与目标、陆海统筹、保持人海经济系统可持续发展的关键所在。运用熵权 TOPSIS 法分析适应性主体及适应性要素的时空差异，通过聚类分析和协整检验对 2000～2014 年环渤海地区人海经济系统环境适应性进行类型划分及影响因素分析，结论如下。

（1）环渤海地区人海经济系统与人海环境系统的发展深受内源力和外向力的双重扰动作用，人海经济系统环境适应性既是对系统自身的全面组织和更新的能力，同时也是应对系统外部风险和冲突的防治与调整的能力。

（2）不同适应性要素时空分异特征显著。环渤海地区人海经济系统敏感性强且保持着较小的区域差异，相反，人海环境系统敏感性弱且地区差异较大，呈现南北高、中间低的“哑铃形”分布状态；人海经济系统较为稳定且总体差异不大，除天津、日照外，其余沿海城市人海经济系统稳定性都呈现 U 形变化特征，人海环境系统稳定性差，呈现东高西低的发展态势；人海经济系统响应能力快速上升，并表现出“极差化”地区分异特征，人海环境系统响应能力较强，多数地区保持平稳发展态势，区际差异较小。

（3）人海经济系统适应性和人海环境系统适应性时空分异特征显著。环渤海地区人海经济系统适应性偏低但上升趋势明显，与人海环境系统适应性变化特征基本一致。人海环境系统适应性呈现南高北低的区域发展特征。

（4）环渤海地区人海经济系统环境适应性缓慢发展，可将其划分为四个梯度，其中高适应性城市为大连；较高适应性城市为天津、烟台、青岛、日照、东营、威海；中适应性城市为秦皇岛、潍坊、营口和丹东；低适应性城市为唐山、葫芦岛、滨州、盘锦、沧州和锦州。

（5）海洋环境管理力度、海洋经济对外交流能力、港口建设水平以及人才支持力是影响环渤海地区人海经济系统环境适应性的重要因素，其影响程度强弱排序为海洋环境管理力度>海洋经济对外交流能力>港口建设水平>人才支持力，并对人海经济系统环境适应性起正向驱动作用。

本书尝试将适应性引入人海经济系统的研究，解决人海经济与环境问题，为实现海洋经济可持续发展提供了一种新的研究范式；构建人海经济系统环境适应性的综合评估体系，侧重于敏感性、稳定性、响应过程的表征，规避了以往笼统的数据指标组织，为适应性进一步研究奠定了基础。适应性概念框架有待完善，市级单位海洋数据难以获取，这对人海经济系统环境适应性研究也造成一定影响。此外，揭示环渤海地区人海经济系统环境适应性空间视角下的影响机制，并通过控制变量进行模拟优化与传导机理研究，提炼人海经济系统环境适应性预警对策是下一步的工作重点。

第三节　辽宁沿海地区人海经济系统环境适应性测度及机制

适应性理论是分析城市人海关系地域系统相互作用程度、机理和过程的重要工具，为可持续性评估研究提供了新的视角。从适应性视角出发，基于熵权TOPSIS法和面板Tobit模型，运用2000～2014年市级面板数据测度辽宁沿海地区人海经济系统环境适应性时空差异和影响因素。结果表明：①辽宁沿海地区人海经济系统环境适应性缓慢上升，各城市发展趋势呈线性相关关系，且出现大连市最为突出的局面。②不同适应性要素及适应性子系统时空分异特征显著，均呈现出两极分化现象；人海经济系统适应性和人海环境系统适应性缓慢上升，具有线性变化关系特征，其中人海环境系统适应性是人海经济系统环境适应性差异形成的主要原因。③科学技术因素、环境管理力度、海洋经济发展水平、港口建设水平是人海经济系统环境适应性良性发展的驱动因子。

一、指标选取和研究方法

（一）指标体系构建与数据来源

衡量人海经济系统环境适应性水平，既要考察其人海经济系统适应性发展变化，同时还要考察人海环境系统的状况，这两者相互联系、相互制约，形成了不同层次、不同内容的系列子系统。其中，人海经济系统是适应主体，人海环境系统是适应对象，系统内外部交互胁迫过程是适应行为，具体表现为在人海经济系统环境适应性的总体目标下，系统在敏感性、稳定性、响应等适应性因素交互胁迫过程中，不断做出适应性调整与选择的行动。因此，为客观、全面、科学地对人海经济系统环境适应性进行评价，从敏感性、稳定性、响应三方面构建辽宁沿海地区人海经济系统环境适应性评价指标体系（表6-10）。其中第一层为目标层，即人海经济系统环境适应性；第二层为系统层，包括人海经济系统适应性和人海环境系统适应性；第三层为准则层，包括敏感性、稳定性和响应三个适应性要素。本书具体选取研究所涉及的指标共计36个，研究数据来自2001～2015年《辽宁统计年鉴》《中国海洋统计年鉴》《中国港口统计年鉴》《辽宁省海洋经济统计公报》以及各市统计年鉴和统计公报。

表6-10　辽宁沿海地区人海经济系统环境适应性评价指标体系

目标层	系统层	准则层	指标层及单位	性质	指标含义	权重
人海经济系统环境适应性	人海经济系统适应性 0.519	敏感性 0.394	X_1 海洋产业区位熵/%	+	反映海洋产业集聚水平	0.020
			X_2 海岸线经济密度/（元/米）	+	反映海洋经济发展潜力	0.019
			X_3 渔业总产值/亿元	–	反映渔业发展状况	0.013
			X_4 沿海港口码头泊位数/个	+	反映港口建设基础状况	0.043
			X_5 外贸依存度/%	–	反映海洋经济的对外贸易依存度	0.025

续表

目标层	系统层	准则层	指标层及单位	性质	指标含义	权重
人海经济系统环境适应性	人海经济系统适应性 0.519	敏感性 0.394	X_6 旅游外汇收入占旅游总收入比重/%	–	反映旅游经济对海外旅游依赖度	0.013
			X_7 城市人口密度/（人/千米^2）	+	反映沿海城市人口潜力	0.041
		稳定性 0.304	X_8 海洋产业结构转换率/%	+	反映海洋产业综合素质和潜力	0.025
			X_9 非渔海洋产业系统结构转换率/%	+	反映海洋非渔产业综合素质和潜力	0.017
			X_{10} 财政自给率/%	+	反映财政支持力	0.029
			X_{11} 市场组织结构指数/%	+	反映城市市场化发展水平	0.025
			X_{12} 金融机构存贷总额占 GDP 比重/%	+	反映沿海城市金融规模状况	0.028
			X_{13} 产业结构高级化系数/%	+	反映城市产业结构状况	0.024
			X_{14} 第三产产业化系数/%	+	反映城市第三产业发展状况	0.027
		响应 0.302	X_{15} 港口货物吞吐量/万吨	+	反映港口在经济发展中的应对性	0.038
			X_{16} 人均固定资产投资/元	+	反映区域经济再生力与推动力	0.031
			X_{17} 城镇居民登记失业人数/人	–	反映劳动力的应对能力	0.009
			X_{18} 科教投资占财政支出比重/%	+	反映科教支出对海洋经济的支撑力	0.023
			X_{19} 人均实际利用外资/美元	+	反映沿海城市利用外资水平	0.030
			X_{20} 每万人在校大学生数/人	+	反映沿海城市人才支持力	0.038
			X_{21} 医院、卫生院床位数/张	+	反映城市基础设施响应能力	0.026
	人海环境系统适应性 0.481	敏感性 0.393	X_{22} 人均海水养殖面积/公顷	+	反映海洋生物资源丰度	0.049
			X_{23} 工业废水排放密度/（万吨/千米^2）	–	反映沿海城市污染状况	0.007
			X_{24} 工业二氧化硫排放密度/（吨/千米^2）	–	反映沿海城市污染状况	0.014
			X_{25} 工业固体废弃物产生密度/（吨/千米^2）	–	反映沿海城市污染状况	0.011
		稳定性 0.299	X_{26} 环境质量指数/%	+	反映沿海城市环境质量	0.020
			X_{27} 人均海岸线长度/米	+	反映海洋空间资源供给状况	0.059
			X_{28} 人均公共绿地面积/（米^2/人）	+	反映沿海城市环境状况	0.019
			X_{29} 人均滩涂面积/千米^2	+	反映海洋空间资源供给状况	0.059
			X_{30} 人均海域面积/（米^2/人）	+	反映海洋空间资源供给状况	0.055
			X_{31} 建城区绿化覆盖率/%	+	反映沿海城市环境状况	0.010

续表

目标层	系统层	准则层	指标层及单位	性质	指标含义	权重
人海经济系统环境适应性	人海环境系统适应性 0.481	响应 0.308	X_{32} 环境治理投资占 GDP 的比重/%	+	反映环境调整能力	0.019
			X_{33} 工业固体废弃物综合利用率/%	+	反映环境循环更新能力	0.023
			X_{34} 沿海地区污染治理竣工项目/个	+	反映环境治理力度	0.022
			X_{35} 海洋自然保护区个数/个	+	反映生态建设响应能力	0.046
			X_{36} 市外支持力度	+	反映环境政策调控能力	0.042

注：表中各指标性质“+”“–”的判断是相对系统层而定的。

（二）熵权 TOPSIS 法

基于熵权 TOPSIS 法的辽宁沿海地区人海经济系统环境适应性评价方法基本步骤同第六章第二节“二、数据来源和研究方法”中“（三）熵权 TOPSIS 法”。

（三）面板 Tobit 模型

由于辽宁沿海地区人海经济系统环境适应性指数为截尾数据，因变量取值（0，+1），回归方程的因变量被限定在该范围，如果直接采用最小二乘法，估算出的参数容易产生偏差，而面板 Tobit 模型正是处理这种因变量受限情况的回归模型，固采用该模型对可能影响人海经济系统环境适应性的因素进行回归分析（Song et al.，2017；Guo and Wang，2015；孔昕，2016）。解释变量分别选取海洋产业区位熵（X_1）表征海洋经济发展水平、外贸依存度（X_2）表征海洋产业对外开放水平、科教投资占财政支出比重（X_3）表征科学技术因素、港口货物吞吐量（X_4）表征港口建设水平、产业结构高级化系数（X_5）表征产业结构、工业固体废弃物综合利用率（X_6）表征环境管理力度。设定面板数据回归模型为

$$y=\beta_0+\beta_1X_1+\beta_2X_2+\beta_3X_3+\beta_4X_4+\beta_5X_5+\beta_6X_6+\varepsilon \quad (6\text{-}10)$$

式中，y 代表人海经济系统环境适应性；X_1，X_2，…，X_6 代表人海经济系统环境适应性影响因素的向量；β_0，β_1，…，β_6 指各变量回归系数；ε 为误差项。

二、结果与分析

（一）人海经济系统环境适应性评价结果

辽宁沿海地区人海经济系统环境适应性在 2000～2014 年呈现缓慢上升趋势（表 6-11），各城市适应性发展趋势大致呈线性相关关系，表明各沿海城市联动发展。适应性变异系数为 0.328，表明辽宁沿海地区人海经济系统环境适应性地区变化差异适中。人海经济系统环境适应性排名依次是大连、营口、丹东、盘锦、葫芦岛和锦州，其适应性 15 年的均值分别为 0.622、0.349、0.340、0.339、0.300、0.295。大连人海经济系统环境适应性远远高于辽宁省其他沿海城市，且适应性差距逐渐扩大，呈现大连极化增长的态势。营口、丹东、盘锦、葫芦岛和锦州人海经济系统环境适应性普遍较低，且地区差距不显著。未来要加强大连辐射和服务功能，实现各沿海城市差异发展，错位竞争是提高辽宁沿海地区人海经济系统环境适应性的驱动路径。

表 6-11 2000～2014 年辽宁沿海地区人海经济系统环境适应性演变

地区	2000年	2001年	2002年	2003年	2004年	2005年	2006年	2007年	2008年	2009年	2010年	2011年	2012年	2013年	2014年	均值
大连	0.525	0.522	0.521	0.558	0.572	0.593	0.602	0.608	0.629	0.651	0.674	0.696	0.720	0.726	0.735	0.622
丹东	0.276	0.293	0.280	0.293	0.301	0.311	0.330	0.319	0.332	0.362	0.387	0.381	0.396	0.406	0.434	0.340
锦州	0.266	0.267	0.260	0.278	0.270	0.261	0.267	0.271	0.276	0.301	0.319	0.331	0.336	0.351	0.378	0.295
营口	0.324	0.326	0.330	0.319	0.325	0.321	0.323	0.325	0.329	0.347	0.370	0.366	0.401	0.408	0.414	0.349
盘锦	0.297	0.299	0.305	0.310	0.309	0.304	0.324	0.335	0.330	0.354	0.367	0.384	0.400	0.379	0.387	0.339
葫芦岛	0.254	0.263	0.261	0.271	0.269	0.257	0.281	0.288	0.304	0.325	0.323	0.332	0.358	0.352	0.359	0.300

1. 人海经济系统环境适应性的敏感性

从时间上看，辽宁沿海地区人海经济系统敏感性指数发展较为平稳（表 6-12），由于敏感性是负向指标，因此指数越小表示越敏感，适应性越差。说明辽宁沿海城市在应对各种经济压力和风险时依然保持敏感程度不上升。从空间上看，其变异系数为 0.251，地区人海经济系统敏感性指数比较集中，差异不大。大连人海经济系统敏感性指数明显高于其他地区且上升幅度最大，大连港区建设、流动人口涌入以及海洋经济的快速发展稳固了人海经济系统，使其受经济环境变动和胁迫的影响程度降低。

表 6-12 2000～2014 年辽宁沿海地区人海经济系统与人海环境系统的敏感性演变

地区	人海经济系统敏感性								人海环境系统敏感性							
	2000年	2002年	2004年	2006年	2008年	2010年	2012年	2014年	2000年	2002年	2004年	2006年	2008年	2010年	2012年	2014年
大连	0.483	0.482	0.590	0.585	0.608	0.626	0.661	0.668	0.554	0.544	0.640	0.749	0.792	0.868	0.922	0.939
丹东	0.244	0.243	0.238	0.277	0.304	0.326	0.318	0.372	0.383	0.400	0.407	0.525	0.510	0.560	0.595	0.636
锦州	0.385	0.387	0.376	0.373	0.387	0.384	0.383	0.389	0.219	0.217	0.181	0.176	0.172	0.187	0.198	0.266
营口	0.477	0.481	0.491	0.499	0.506	0.546	0.551	0.559	0.261	0.262	0.265	0.226	0.203	0.191	0.299	0.293
盘锦	0.389	0.392	0.388	0.393	0.400	0.405	0.407	0.414	0.260	0.260	0.254	0.250	0.234	0.236	0.210	0.145
葫芦岛	0.357	0.368	0.342	0.351	0.379	0.383	0.417	0.403	0.272	0.274	0.274	0.267	0.267	0.270	0.264	0.269
整体均值	0.389	0.392	0.404	0.413	0.431	0.445	0.456	0.468	0.325	0.326	0.337	0.366	0.363	0.385	0.415	0.425

从时间上看，辽宁沿海地区人海环境系统敏感性指数整体呈小幅上升趋势（表 6-12），表明人海环境系统整体运行状况良好，受系统环境变化的影响减弱。从空间上看，由于变异系数为 0.581，因此敏感性指数分布比较分散，地区差异较大。大连敏感性指数最高，其次是丹东，二者敏感性逐渐向好，主要原因是大连和丹东的工业废水、工业二氧化硫以及工业固体废弃物排放得到了有效的控制，海洋生物资源及海洋自然再生产能力渐强。葫芦岛、锦州、盘锦、营口的人海环境系统敏感性指数明显偏低且出现连续下降趋势，表明这些沿海城市人海环境系统较为敏感，粗放式的经济发展方式导致环境污染加重，在应对环境内外变化和扰动时的能力变差，缺乏对生态风险的感知能力。

2. 人海经济系统环境适应性的稳定性

从时间上看，辽宁沿海地区人海经济系统稳定性 15 年间先下降后上升，呈现 V 形的变化特征（表 6-13）。其主要原因是经济发展模式转变，辽宁省一直是中国重工业基地，生产要素高投入、高消耗的传统产业暴露出越来越多的问题，在 2008 年经济危机之后以及 2009 年实施各种国家振兴和发展战略之后，这些问题得以缓解，经济发展模式趋向绿色、循环、低碳，金融等配套增值服务增加，海洋经济的发展作为新的经济增长极被提上日程。从空间上看，辽宁沿海地区人海经济系统稳定性变异系数为0.145，地区差异相对较小，辽宁沿海各地区人海经济系统稳定性表现出一定的相似性特征。

表 6-13　2000～2014 年辽宁沿海地区人海经济系统与人海环境系统的稳定性演变

地区	人海经济系统稳定性								人海环境系统稳定性							
	2000年	2002年	2004年	2006年	2008年	2010年	2012年	2014年	2000年	2002年	2004年	2006年	2008年	2010年	2012年	2014年
大连	0.479	0.449	0.431	0.460	0.458	0.489	0.515	0.546	0.632	0.629	0.626	0.622	0.619	0.618	0.637	0.632
丹东	0.407	0.407	0.426	0.410	0.394	0.451	0.480	0.539	0.157	0.166	0.166	0.168	0.166	0.215	0.183	0.220
锦州	0.478	0.418	0.456	0.414	0.402	0.466	0.474	0.609	0.058	0.068	0.062	0.085	0.098	0.107	0.131	0.157
营口	0.483	0.471	0.366	0.360	0.368	0.478	0.468	0.526	0.077	0.108	0.109	0.134	0.128	0.157	0.155	0.172
盘锦	0.280	0.338	0.354	0.314	0.313	0.371	0.485	0.498	0.468	0.466	0.473	0.459	0.454	0.452	0.467	0.469
葫芦岛	0.392	0.397	0.380	0.401	0.431	0.457	0.555	0.548	0.154	0.174	0.195	0.191	0.191	0.168	0.201	0.198
整体均值	0.420	0.413	0.402	0.393	0.394	0.452	0.496	0.544	0.258	0.269	0.272	0.277	0.276	0.286	0.296	0.308

从时间上看，辽宁沿海地区人海环境系统稳定性趋势特征不明显，大致保持平稳状态（表 6-13）。从空间上看，人海环境系统稳定性变异系数为 0.710，地区差异显著。大连和盘锦稳定性较高，一定程度上说明其生态本底条件优质，可开发的海域空间资源丰富；而葫芦岛、锦州、营口、丹东的人海环境系统稳定性较差，大连的稳定性均值分别是这些城市的 3.5 倍、6.5 倍、4.9 倍和 3.5 倍，此类城市人均占有的海域岸线和近海滩涂等海洋空间资源较低，人海环境系统的生态供给乏力，环境质量也有待修复。

3. 人海经济系统环境适应性的响应

从时间上看，辽宁沿海地区人海经济系统响应向良性发展，响应指数呈明显的上升趋势（表 6-14）。从空间上看，其变异系数为 0.574，地区响应差异较大。大连人海经济系统响应能力最强，发展速度明显快于其他地区，表明大连在港区建设、投资拉动、科技人才资源配置以及健全基本公共服务等方面效果显著；除大连外的其他地区响应能力无明显差异，且各地区响应能力增长缓慢，港口、资金和人才驱动路径是该地区人海经济系统响应提升路径。

表 6-14　2000～2014 年辽宁沿海地区人海经济系统与人海环境系统的响应演变

地区	人海经济系统响应								人海环境系统响应							
	2000年	2002年	2004年	2006年	2008年	2010年	2012年	2014年	2000年	2002年	2004年	2006年	2008年	2010年	2012年	2014年
大连	0.264	0.295	0.395	0.458	0.588	0.737	0.866	0.890	0.771	0.760	0.745	0.724	0.688	0.676	0.690	0.706
丹东	0.163	0.152	0.261	0.252	0.290	0.254	0.334	0.319	0.280	0.287	0.294	0.306	0.284	0.487	0.434	0.480
锦州	0.141	0.156	0.245	0.253	0.296	0.319	0.377	0.363	0.269	0.271	0.268	0.273	0.273	0.444	0.451	0.487
营口	0.145	0.154	0.204	0.205	0.263	0.347	0.431	0.419	0.454	0.459	0.465	0.471	0.470	0.468	0.458	0.478
盘锦	0.150	0.124	0.133	0.166	0.212	0.255	0.358	0.302	0.227	0.242	0.251	0.368	0.378	0.518	0.521	0.548
葫芦岛	0.108	0.107	0.199	0.141	0.217	0.204	0.259	0.243	0.191	0.196	0.191	0.308	0.313	0.445	0.446	0.489
整体均值	0.162	0.165	0.240	0.246	0.311	0.353	0.437	0.423	0.365	0.369	0.369	0.408	0.401	0.506	0.500	0.531

从时间上看，辽宁沿海地区人海环境系统响应指数总体呈上升趋势，上升幅度小于人海经济系统响应指数（表 6-14）。从空间上看，人海环境系统响应的变异系数为 0.377，表明辽宁沿海地区人海环境系统响应能力地区差异适中。大连人海环境系统响应最好，但下降趋势明显；营口人海环境系统响应中等，且无明显起伏波动；盘锦、丹东、锦州、葫芦岛人海环境系统响应能力差但呈阶段性上升趋势，表明其在海洋生态文明建设中取得了初步效果。未来辽宁沿海地区应继续响应国家政策，加强海洋生态供给侧改革，加强政府参与，建立和划定海洋自然保护区，保证海洋生态系统的休养生息，遏制生态环境恶性发展，提高人海环境系统应对目前或潜在生态风险的调整和恢复的能力。

4. 人海经济系统适应性与人海环境系统适应性

从地区差异上看，辽宁沿海地区人海经济系统适应性变异系数为 0.248，区域差异较小，能明显分为大连和其他沿海城市两个梯度（表 6-15）。辽宁沿海地区人海环境系统适应性变异系数为 0.466，地区差异比较明显，同样呈现大连最为突出的特征。人海环境系统适应性的提升对消除人海经济系统环境适应性的两极分化具有重要的作用。

表 6-15 2000～2014 年辽宁沿海地区人海经济系统与人海环境系统适应性演变

地区	人海经济系统适应性								人海环境系统适应性							
	2000年	2002年	2004年	2006年	2008年	2010年	2012年	2014年	2000年	2002年	2004年	2006年	2008年	2010年	2012年	2014年
大连	0.416	0.415	0.483	0.508	0.556	0.618	0.678	0.698	0.644	0.636	0.668	0.703	0.708	0.734	0.765	0.776
丹东	0.269	0.265	0.302	0.310	0.327	0.342	0.372	0.407	0.284	0.295	0.300	0.351	0.338	0.434	0.422	0.464
锦州	0.340	0.327	0.361	0.349	0.364	0.389	0.409	0.448	0.187	0.189	0.172	0.179	0.181	0.242	0.256	0.301
营口	0.379	0.379	0.366	0.368	0.391	0.465	0.489	0.506	0.266	0.277	0.280	0.274	0.263	0.266	0.305	0.314
盘锦	0.284	0.295	0.301	0.300	0.317	0.349	0.416	0.406	0.312	0.316	0.319	0.349	0.344	0.387	0.382	0.366
葫芦岛	0.292	0.298	0.310	0.303	0.346	0.351	0.411	0.399	0.212	0.220	0.225	0.257	0.259	0.293	0.301	0.315
整体均值	0.330	0.330	0.354	0.356	0.383	0.419	0.463	0.477	0.317	0.322	0.327	0.352	0.349	0.393	0.405	0.423

综合来看，人海经济系统适应性和人海环境系统适应性均缓慢上升，二者变化趋势相一致，呈线性变化关系特征。辽宁各个沿海城市人海经济系统与人海环境系统适应性发展较为协调，没有具有突出的比较优势的系统。以后应针对不同的适应性弱势要素，分类具体调控人海经济系统与人海环境系统运行过程中的不适应性。

（二）人海经济系统环境适应性的影响因素分析

运用 Stata12.0 软件，采用面板 Tobit 模型对可能影响人海经济系统环境适应性的因素进行实证分析（表 6-16）。

表 6-16 人海经济系统环境适应性影响因素的 Tobit 回归结果

解释变量	系数估计值	标准误差	Z 统计量	P
X_1	0.041 671 3	0.008 506 4	4.90	0.000
X_2	−0.095 119 7	0.026 148 2	−3.64	0.000
X_3	0.295 058 8	0.070 338 8	4.19	0.000
X_4	0.040 309 6	0.003 976 4	10.14	0.000
X_5	0.032 412	0.045 900 4	0.71	0.480
X_6	0.093 169 7	0.017 972 8	5.18	0.000
常数项 C	0.200 494 3	0.049 701 8	4.03	0.000

（1）模型估计显示，产业结构未通过1%的显著性检验，产业结构与人海经济系统环境适应性无明显相互关系。辽宁沿海地区产业结构不合理，转型升级成效不明显，面临产能过剩压力，经济发展仍然依赖传统产业，且产业结构在海洋领域范围上存在一定的时滞性，因此海洋产业结构的升级并不能显著提高人海经济系统环境适应性，海洋产业结构高低的适应性差别并不明确，未来应做好海洋经济发展模式的加减法，充分发挥海洋新兴产业的优势。

（2）海洋经济发展水平、科学技术因素、港口建设水平、环境管理力度对辽宁沿海地区人海经济系统环境适应性呈正向作用。其中科学技术因素的作用强度高达0.295，对人海经济系统环境适应性起主导作用，辽宁沿海城市科教投资占财政支出比重平均值从2000年的7.576%增加到2014年的12.635%，政府对海洋科技的投入力度逐渐加大，对海洋资源和产业的去产能、调结构、强产品意义重大；回归结果显示，环境管理力度每提高1个单位，人海经济系统环境适应性提高0.093个单位，应继续坚持海洋环境管理驱动路径，增强系统风险抵御能力，在海洋生态系统良性发展阈值内开展海洋经济活动；海洋经济发展水平每提高1个单位，人海经济系统环境适应性提高0.042个单位，海洋经济的专门化程度以及海洋经济在区域的地位和作用能够获得更多的发展机会，直接作用于人海经济系统环境适应性上；港口建设水平作用强度为0.403，仅次于海洋经济发展水平，辽宁省拥有大连港和营口港两个吞吐量超亿吨大港，万吨级以上生产泊位197个，辽宁沿海地区正在优化港口建设布局，以抓住发挥港口资源优势的机遇。

（3）海洋产业对外开放水平对辽宁沿海地区人海经济系统环境适应性呈负向作用。虽然对外开放会拉动沿海城市贸易口岸增加，使技术、资金大量流入，但对外开放的效果并不明显。对外开放带来了极高的外资投入和频繁的外贸往来，旅游外汇的依存度上升、出口的疲软，以及对岸线和近海滩涂等的污染和破坏，使人海经济系统暴露于风险和胁迫中，不利于适应性的良性发展。

三、结论

从适应性角度出发，以辽宁沿海地区人海经济系统和人海环境系统为评价对象，构建人海经济系统环境适应性指标体系，借助熵权TOPSIS法和面板Tobit模型对辽宁沿海地区人海经济系统环境适应性的时空差异及影响因素进行实证分析，结论如下。

（1）辽宁沿海地区人海经济系统环境适应性缓慢上升，各城市适应性发展趋势呈线性相关关系，人海经济系统环境适应性排名依次是大连、营口、丹东、盘锦、葫芦岛和锦州，总体呈现大连最为突出的态势。

（2）不同适应性要素及适应性子系统时空分异特征显著，均呈现出两极分化的态势。从适应性要素看，城市敏感性和稳定性在人海环境系统上的时空差异显著，城市响应能力在人海经济系统上的时空差异显著，因此要从各系统的弱势要素进行适应性空间关系的改良；从子系统看，人海经济系统适应性和人海环境系统适应性变化趋势相对一致，都呈缓慢上升趋势，并且人海环境系统的地区差异较人海经济系统大，这是适应性差异形成的主要原因。未来可根据适应性要素和适应性子系统制定适应性的风险规划，由点及面推进人海经济系统环境适应性的螺旋式演进。

（3）从影响因素来看，产业结构对人海经济系统环境适应性的作用并不显著；海洋产业对外开放水平负向影响人海经济系统环境适应性；科学技术因素、环境管理力度、海洋经济发展水平、港口建设水平从强到弱正向影响人海经济系统环境适应性。未来可据此制定提高适应性的对策措施。

将面板 Tobit 模型应用到适应性研究中，丰富了适应性影响因素测度方法；尝试将适应性引入人海经济系统的研究，解决人海经济与环境问题，为实现陆海协调发展和可持续发展提供了一个新的研究范式。同时本书也存在一些不足之处，有关市级相关海洋数据缺失，用城市统计数据代替纯海洋数据会给评价结果带来一定的偏差；我国基于适应性理论的人海经济系统发展过程和机制研究还处于起步阶段，研究上存在一些难点，提炼总结人海经济系统环境适应性的选取模式、情景模拟不同适应性目标、优化适应性预警机制等是未来该领域的研究重点。

第七章 人海经济系统环境适应性预警

随着全球变化研究的不断深入，适应而非控制成为人类应对环境变化的核心要点，人海经济系统环境适应性预警作为中国海洋强国建设的“晴雨表”越发受到关注。本书基于敏感性、稳定性、响应等适应性要素构建人海经济系统环境适应性指标体系，运用熵值法和ARIMA-BP组合预测模型对中国人海经济系统环境适应性演化和预警进行了研究。

第一节 研究背景

进入21世纪以来，中国海洋经济以年均两位数的高增长速度成为国家经济发展的重要引擎，但大量高强度的海洋污染排放、高风险的海洋环境威胁使沿海地区不可避免地成为海洋生态环境问题突出的高度敏感区和“重灾区”。习近平同志在党的十九大上提出坚持陆海统筹，加快建设海洋强国。海洋经济发展重心应向质量效益型升级，因此迫切需要解决当前中国人与海之间、人海经济系统和人海环境系统之间的不适应性和不可持续性的冲突。

适应性作为应对全球气候变化的前沿和热点被提出以来备受关注（Smit et al.，1999），目前陆域适应性研究在社会-生态系统（温晓金等，2016）、景观-生态系统（张小飞等，2017）、产业-生态系统（李博等，2017）、土地-生计系统（黎洁，2016）等耦合系统中不断充实适应性理论。海域适应性研究在受海平面上升和海洋灾害剧烈影响的沿海发达地区的政策制定中兴起（Bradley et al.，2015）。欧盟（Alfieri et al.，2016）、澳大利亚（Stewart，2015）等发达地区和国家以及国际海底管理局（薛桂芳和徐向欣，2017）等部门率先倡导气候变化的适应性管理战略，在边做边调整的适应性决策和管理方式下分阶段跟进适应性行动计划。关注焦点集中在海洋生物的生境适宜性（Holbrook and Johnson，2014）、海洋自然灾害的适应性管理（Mokrech et al.，2015）等方面，而海域适应性的经济影响一直是被忽视的领域。相比海域自然适应性研究，海域经济适应性研究更加侧重于海洋生态经济、海洋资源经济和海洋产业经济的适应性，这种适应性足以改变系统本身，有时将系统向新的态势转变从而达到质变。

在风险难以控制而人为因素可调节的现实背景下，各沿海城市如何充分考量自身资源的比较优势，前瞻性地科学选择和集中培育符合未来海洋产业发展趋向的海洋经济产业，如何有效缓解海洋多元主体利益竞合的空间博弈及海洋资源过度开发和开发不足并存等矛盾，迫切需要进行人海经济系统环境适应性监测预警研究。这既是适应性研究和海域研究的新领域，也是沿海开发决策过程中及时调整限制性和约束性政策下的重要管理方式。目前在海洋领域预警方面，殷克东（2016）在景气指数选取指标基础上研究海洋经济走向，倪海儿和周瑞娟（2009）对海洋渔业资源的可持续性进行了预测，王佳等（2015）对滨海旅游经济进行预警评价，由此说明学界缺乏对人海经济系统环境适应性的多学科、宽领域、高层次的综合集成预警研究。鉴于此，本书以适应性思想指导海洋经济活动，将预警理论运用到人海经济系统环境适应性的综合研究中，来评价中国人海经济系统环境适应性演化及预警，及时发出预警信号，以期为中国海洋经济的可持续发展提供决策依据，推进海洋强国战略目标的实现。

第二节 研究方法

一、内涵界定和指标体系

结合适应性的科学内涵和特征，界定人海经济系统环境适应性内涵为：立足海洋资源环境的供求、技术、开发与管理现状，对当前海洋经济功能进行定位，旨在谋求人海经济系统内外各要素之间在结构和功能上的相对平衡，降低敏感性，保持稳定状态，确保有效的风险响应，促进人海经济系统有序健康发展。其中，人海经济系统是适应主体，人海环境系统是适应对象，适应性构成要素是适应行为，具体表现为人海经济系统和人海环境系统在敏感性、稳定性、响应等适应性因素交互胁迫下，不断地在适应性双向调整下循环渐进的过程。敏感性、稳定性、响应三维要素遵循了地理学中强调的“压力胁迫—静态格局—动态持续”这一路径，深刻地反映了系统内外各要素之间交互胁迫和代谢循环的因果关系，有利于对系统进行有效的统筹配置和优化（图 7-1）。

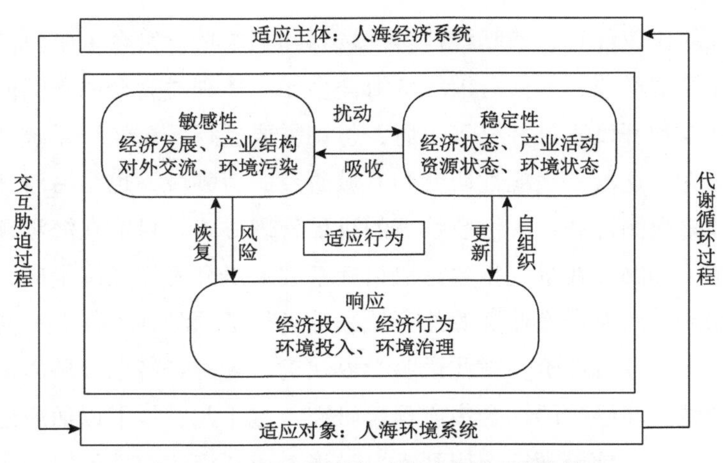

图 7-1　人海经济系统环境适应性逻辑框架

其中，敏感性具体涉及渔业发展、港口建设、全球化以及海域污染、水质、排放、海平面、海洋灾害、渔业捕捞等暴露于风险扰动中的指标。稳定性具体涉及海洋各个产业发展的综合现状和海洋生物、矿产、空间资源现状等自我调控指标。响应具体涉及海洋人才、就业、科教劳动率以及环境监测、自然保护区建设和海洋资源开发技术等指标，而适应性被看作是系统响应之后的结构重组过程的特性。

基于人海经济系统环境适应性内涵界定和指标选取原则构建人海经济系统环境适应性评价指标体系（表 7-1）。本书共选取 34 个评价指标，研究数据来自 2001～2016 年《中国海洋统计年鉴》，以及中国海洋经济、中国海洋环境质量、中国海洋环境状况、中国海洋灾害、中国海平面、全国海水利用等统计公报和报告，对于缺失的个别年份数据采用移动平滑和趋势外推的方法获得。其中，海洋产业系统结构熵 $=\sum_{j=1}^{n} P_j \times \ln P_j$，$P_j$ 为第 j 种产业比重，n 为第 n 种产业；海洋生物资源量 $=\sum w_i p_i$，i 包含海洋捕捞和海洋养殖产量，p_i 为标准化处理后的数据；海洋矿产资源系数 $=\sum w_i p_i$，i 包含海洋原油、海洋原盐、海洋天然气和海洋砂矿产量，p_i 为标准化处理后的数据。

表 7-1　人海经济系统环境适应性评价指标体系

系统层	准则层	指标和权重
人海经济系统适应性（0.588）	敏感性（0.323）	海洋产业系统结构熵（0.040）、海洋生产总值（0.047）、海洋渔业增加值（0.049）、沿海港口吞吐量（0.047）、旅游外汇收入（0.042）

续表

系统层	准则层	指标和权重
人海经济系统适应性（0.588）	稳定性（0.380）	海洋油气业增加值（0.051）、海洋矿业增加值（0.053）、海洋盐业增加值（0.042）、海洋化工业增加值（0.050）、海洋生物医药业增加值（0.054）、海洋电力业增加值（0.066）、海水利用业增加值（0.046）、海洋船舶工业增加值（0.060）、海洋工程建筑业增加值（0.053）、海洋交通运输业增加值（0.041）、滨海旅游业增加值（0.048）、海洋新兴产业增加值年均增速（0.039）
	响应（0.297）	海洋博士研究生数量（0.047）、涉海就业人员数（0.033）、海洋科研教育管理服务业增加值（0.042）、海洋全员劳动生产率（0.049）
人海环境系统适应性（0.412）	敏感性（0.304）	赤潮累计面积（0.071）、全海域未达到清洁海域水质标准的面积（0.112）、海洋油气平台含油污水排海量（0.079）、海平面上升（0.065）、疏浚物海洋倾倒量（0.062）、海洋灾害总经济损失（0.049）、海水捕捞或海水养殖（0.056）
	稳定性（0.361）	海洋生物资源量（0.093）、海洋矿产资源系数（0.088）、人均海域面积（0.069）
	响应（0.335）	海洋监控站位个数（0.077）、海洋类型自然保护区个数（0.061）、全国海水淡化工程规模（0.118）

二、测算方法

采用极差标准化方法对原始数据进行处理，对于指标性质为“+”和指标性质为“–”的处理方法分别为

$$r_{ij}=\frac{v_{ij}-\min(v_{ij})}{\max(v_{ij})-\min(v_{ij})};\quad r_{ij}=\frac{\max(v_{ij})-v_{ij}}{\max(v_{ij})-\min(v_{ij})} \qquad (7\text{-}1)$$

通过熵值法对指标权重进行赋值，采用递阶多层次综合评价方法得出人海经济系统和人海环境系统适应性指数（AD），计算公式为

$$\mathrm{AD}_k=\prod\left[\sum\left(y_{ij}w_j\right)\right]^{w_r} \qquad (7\text{-}2)$$

式中，AD_k 为子系统适应性指数；y_{ij} 为各具体指标的标准化值；w_j 为各具体指标的权重；w_r 为要素层指标的权重。

由于适应性综合评价是各分系统适应性效应的结果，各系统对系统整体适应能力的贡献不同，因此采用加权求和方法计算人海经济系统环境适应性综合指数。

$$\mathrm{AD}=\sum_{K=1}^{2}\left(\mathrm{AD}_k W_k\right) \qquad (7\text{-}3)$$

式中，AD 为人海经济系统环境适应性综合指数，W_k 为系统层权重。

三、预警方法

ARIMA-BP 组合预测模型是一种由自回归积分滑动平均模型（ARIMA）和误差反向传播算法（BP 神经网络）组合提出的算法（雷可为和陈瑛，2007；赵成柏和毛春梅，2012）。ARIMA（p，d，q）模型（韩瑞玲等，2014）是时间序列分析中处理动态数据的一种精确度较高的线性预测方法。BP 神经网络模型（陈晓红等，2014）是能灵活挖掘、学习和处理复杂非线性数据的方法。由于适应性时间序列具有同时包含线性和非线性时序规律的复杂特征,单纯使用 ARIMA 模型和 BP 神经网络模型都难以表达理想的预测效果。因此,可以先使 ARIMA 模型预测适应性历史数据，使其线性规律信息包含在 ARIMA 模型的预测结果中，非线性规律包含在 ARIMA 模型的预测误差中。继而通过 BP 神经网络预测 ARIMA 模型的计算误差，使非线性规律包含在 BP 神经网络的预测结果中。最后用 ARIMA 的预测结果与 BP 神经网络的预测结果相加得到组合预测模型的预测值，其原理如图 7-2 所示。

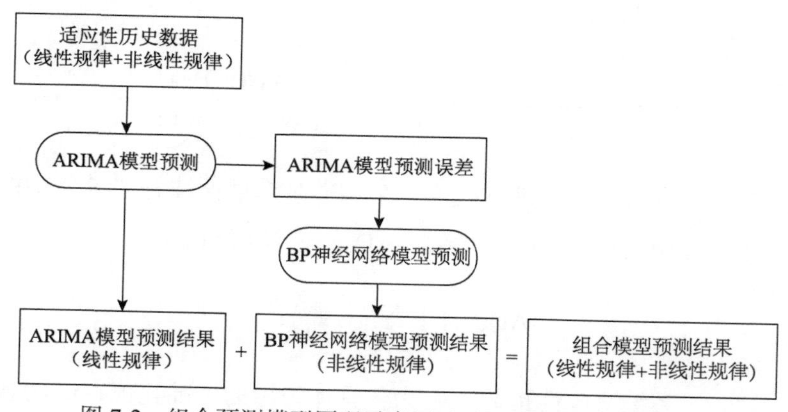

图 7-2　组合预测模型原理示意图（雷可为和陈瑛，2007）

（一）ARIMA 模型

（1）数据平稳化分析。本书以 Eviews 7.2 软件为实现工具，对中国人海经济系统环境适应性历史数据进行 ARIMA 模型分析。通过适应性序列的自相关函数（ACF）和偏相关函数（PACF）判断序列平稳性，在非平稳基础上对序列进行差分处理。序列进行 ADF 检验，结果显示二阶差分序列通过 0.05 显著性检验。

（2）模型识别。数据平稳化分析得出 ARIMA（*p*，*d*，*q*）模型的 *d* 定阶为 2，*p*、*q* 的识别可通过样本的 ACF 与 PACF 分析获得。二阶差分序列的 ACF 在 1 次滞后呈现几何速度递减，可取 q=1。PACF 在滞后阶数等于 1 和 2 时显著不为 0，之后很快趋于 0，即 2 阶截尾，故可考虑 p=1 或 2，即 ARIMA（1，2，1）、ARMA（2，2，1）模型，结合赤池信息准则（AIC）和贝叶斯信息准则（BIC）最终得到 ARIMA（2，2，1）模型。通过对残差 resid 进行纯随机性检验，显示没有任何 ACF 和 PACF 是显著的，估计出来的残差是纯随机的白噪声序列，拟合模型有效。

（3）模型估计。利用 ARIMA（2，2，1）模型对人海经济系统环境适应性进行拟合，所得参数估计值来表示预测序列。估算的 ARIMA 模型是平稳的，其瞬时响应渐近于 0，而积累的响应渐近于其长期值，ARIMA 模拟效果较好。

（二）BP 神经网络预测模型

先单步预测，然后再将输出反馈给输入端作为网络输入的一部分，构建滚动神经网络预测模型，以 2003～2016 年人海经济系统环境适应性 ARIMA 模型预测误差为样本，对 2003～2005 年、2004～2006 年……2013～2015 年 ARIMA 预测误差数据分组作为网络输入，以 2006 年、2007 年……2016 年数据作为理想输出，组成样本数据，并在 Matlab 2016a 中对网络进行训练。因此，BP 神经网络的输入神经元为 3，输出神经元为 1，中间神经元个数通过对比优化确定。经研究，网络结构采用 3-8-1 的莱温博格-马克沃特（Levenberg-Marquardt，L-M）计算 BP 神经网络。设定 L-M 算法的网络训练误差要求为 10^8，经过 35 次训练，网络训练 R^2 达到 0.99，训练输出值和实际值基本吻合，模型具有较好的泛化能力。

四、灯显机制

本书结合专家意见，考虑所讨论的人海经济系统环境适应性的动态性，即适应计划本身必须是“适应性的”，为确保长期采取的行动是适当的，按照 3δ 准则（王佳等，2015；殷克东，2016），比较预警期望值（平均值 X）与标准差（δ）的偏离程度，选择 2 倍标准差（2δ）作为异常与否的临界参考值，将适应性警度划分为五个标准体现在灯显机制中（表 7-2）。

表 7-2 适应性预警等级划分标准

警度	警限	警情特征	指示灯
巨警（Ⅰ级）	$[-\infty, X-2\delta]$	系统处于极不适应状态，系统结构粗放并残缺不全，敏感性、脆弱性问题显著，自组织自适应能力丧失，人海经济系统和人海环境系统难以协调发展	红色
重警（Ⅱ级）	$[X-2\delta, X-\delta]$	系统处于较不适应状态，系统代谢循环和免疫功能存在健康问题，人海环境系统风险存在不确定性和多样性，人海经济系统和人海环境系统契合程度低	橙色
中警（Ⅲ级）	$[X-\delta, X+\delta]$	系统处于临界适应状态，系统结构继续敏感恶化，但尚能维持稳定状态，风险管理响应能力趋于整合，人海经济系统和人海环境系统冲突减缓	黄色
轻警（Ⅳ级）	$[X+\delta, X+2\delta]$	系统处于较适应状态，系统结构弹性增加，恢复力涌现，开始了自发的、计划的适应性风险规避，人海经济系统和人海环境系统向平衡方向演化	蓝色
无警（Ⅴ级）	$[X+2\delta, \infty]$	系统处于自适应状态，不断涌现新功能，整体生命力增强，行为能力和组织结构完善，人海经济系统和人海环境系统积极配合、螺旋式上升	绿色

第三节 中国人海经济系统环境适应性状态演化及预警

运用 ARIMA-BP 组合预测模型分别计算出人海经济系统适应性和人海环境系统适应性的预警指数，绘制中国人海经济系统环境适应性状态演化（2001～2016 年）及预警图（2017～2020 年）（图 7-3）。

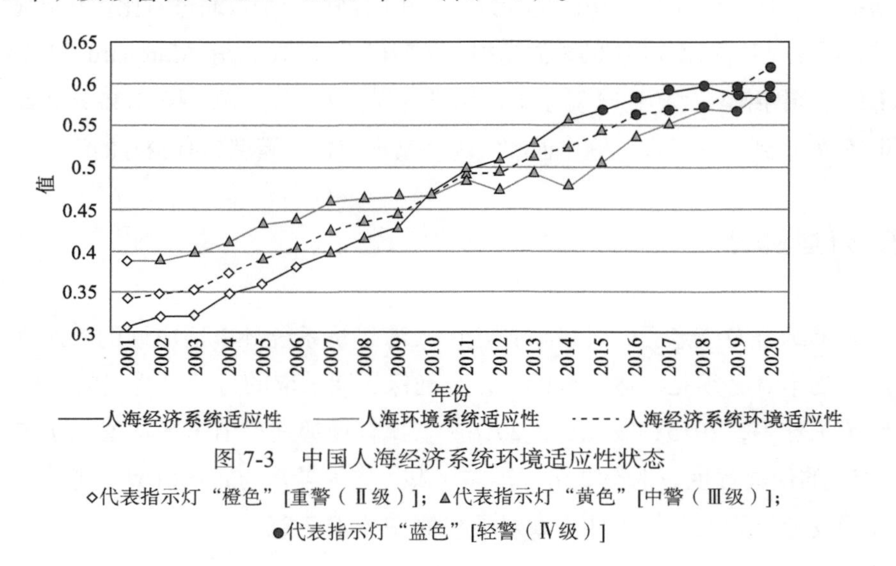

图 7-3 中国人海经济系统环境适应性状态

◇代表指示灯“橙色”[重警（Ⅱ级）]；▲代表指示灯“黄色”[中警（Ⅲ级）]；

●代表指示灯“蓝色”[轻警（Ⅳ级）]

一、人海经济系统适应性状态演化及预警

2001～2016 年中国人海经济系统适应性预警指数整体呈快速发展趋势，警度由重警上升至轻警，指示灯由橙变蓝。2001～2006 年中国人海经济系统处于较不适应的重警状态，一方面中国加入世界贸易组织为沿海对外开放城市的海洋经济发展创造了良好的发展环境，海洋经济从尚待开发转向全面发展状态；另一方面中国海洋经济正处于起步阶段，初期以资源依赖型、劳动密集型和自给自足型的海洋产业为主，规模较小且结构单一，造成人海经济系统环境适应性的粗放和残缺。2007～2014 年人海经济系统处在临界适应的中警状态下，敏感性降低，维持和修复自身状态的稳定能力快速增强，期间中国海洋矿业增加值年均增长 25%，海洋生物医药业增加值年均增长 31%，海洋电力业增加值年均增长 53%，海洋船舶工业增加值年均增长 21%，海洋工程建筑业增加值年均增长 23%，其他海洋产业增加值的年均增长率为 10%～20%，海洋市场活跃，科技兴海效果初步显现，海洋博士研究生数量由 3666 人增加到 8277 人，一批高素质海洋科技队伍正在形成，学术创新能力的学科带头人和海洋技术专家将提升中国海洋经济的综合竞争力。2015～2016 年中国人海经济系统由中警发展为轻警，处于较适应的蓝灯状态，人海经济系统敏感性继续降低，海洋产业结构趋于合理，呈现多样化特征，海洋产业链延伸，沿海地区初步形成了“大进大出”的临港工业体系，滨海旅游及海洋产品的跨国交流都让海洋经济呈现欣欣向荣之势，海洋生物医药、海洋电力、海水利用等高技术集成产业飞速发展，新兴海洋产业异军突起，人海经济系统的应对能力在海洋人才战略部署、科技兴海以及吸引和解决劳动力问题上表现得尤为出色，2016 年海洋科研教育管理服务业增加值增长率高达 20%。预计 2017～2020 年中国人海经济系统适应性仍将一路蓝灯地发展，人海经济系统适应性持续上升趋势预计会在 2019～2020 年被打破，出现小幅下降。人海经济系统适应性机遇与挑战并存，因此要抓住适应发展机遇，发展质量效益型、科技主导型、竞争力稳健性人海经济系统，发掘适应潜力更加适应海陆一体化的多元海洋产业。

二、人海环境系统适应性状态演化及预警

2001～2016 年中国人海环境系统适应性预警指数呈波动上升趋势，警度

由重警上升至中警，指示灯由橙变黄。2001 年，人海环境系统处于较不适应的重警状态，海洋活动发展初期，人海环境系统的响应能力较差，初期海洋开发活动注重数量增长，增加了人海环境系统的敏感性。2002～2016 年中国人海环境系统持续在临界适应的中警状态下波动起伏，反弹现象比较明显，其中 2002～2008 年是人海环境系统适应性的缓慢上升阶段，开始响应海洋活动的扰动，海洋监测站位数的建设增长了 7 倍，逐渐建立健全的中国海洋资源、海洋生态环境和海洋防灾减灾的综合监测体系，为信息共享和提供决策支持依据提供基础保障，增加 107 个海洋自然保护区，完善了海洋生态和海洋生物保护后备资源，逐步提升自身应对干扰的能力，同时海洋生态风险也在这一时期凸显。2005 年海洋赤潮累计面积和海洋灾害经济损失为研究期内最高，海洋水质不容乐观，海水倾倒量逐年增加，海洋捕捞量与海水养殖量几乎持平，渔业产业结构有待转型等问题使沿海地区面临多因素叠加的威胁。2009～2016 年人海环境系统适应性波动明显，海洋环境问题的多重属性造成人海环境系统活动剧烈，赤潮面积和海洋灾害损失等得到有效控制，海洋渔业逐渐由养殖代替捕捞、由近海向远洋发展，渔业综合生产能力优化，海洋生物资源和海洋矿产资源维持了人海环境系统的稳定性，海水淡化工程和技术的发展为系统提供了水安全保障，为海洋科技应用在环境供给和保护并转化为现实生产力起到了很好的示范作用，但是海域水质问题严重，海洋含油污水排放、海洋倾倒以及海平面上升等问题依旧严重，这种环境治理与环境污染并存造成了人海环境系统适应性的波动。预计在 2017～2020 年人海环境系统适应性将从中警状态进入生态文明建设的轻警状态，但仍需不断地加强人海环境系统安全保障，注意海洋资源的开发与保护并重，坚持以人为本、绿色发展和生态优先的理念。

三、人海经济系统环境适应性状态演化及预警

2001～2016 年中国人海经济系统环境适应性预警指数整体呈现稳定上升的良好态势，警度由较不适应的重警上升至较适应的轻警状态，指示灯由橙变蓝，其中近 70%的年份（2005～2015 年）处于中警状态。人海经济系统环境适应性预警状态演变是一个人海经济系统和人海环境系统的权衡过程（图 7-4）。人海经济系统适应性与人海环境系统适应性作为总体目标的双链

条，是以双螺旋的形式有序演进的。两者在时间上、空间上存在耦合逻辑，在实践中相互支撑，互为前进动力，表现为双螺旋上升的态势。2001～2009年中国人海经济系统环境适应性由重警向中警状态发展，处于高人海环境系统适应性、低人海经济系统适应性的阶段，两系统适应性从初期差别发展逐渐转向耦合协调发展；2010～2016年中国人海经济系统环境适应性从中警状态发展到轻警状态，此时人海经济系统适应性具有了比较优势，两系统适应性错位发展，差距再次拉大；预计在2017～2020年中国人海经济系统和人海环境系统适应性差距缩小，矛盾缓和，使人海经济系统环境适应性在轻警状态中向两系统动态平衡演化。总体看来，人海经济系统和人海环境系统没有出现严重冲突，有关部门应针对弱势系统制定针对性和限制性策略，灵活调整人海经济系统和人海环境系统共生发展和良性循环的政策。

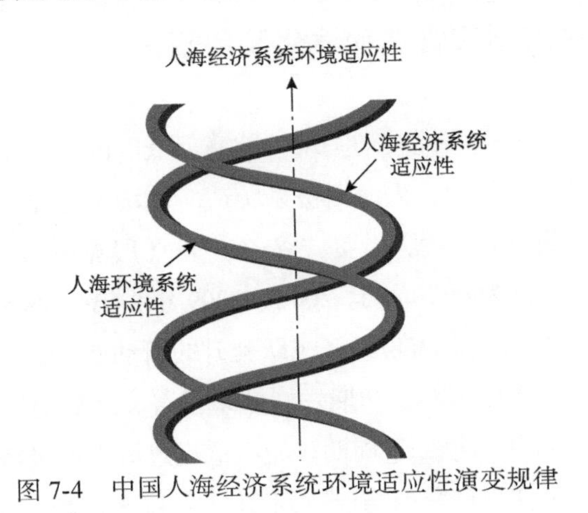

图7-4　中国人海经济系统环境适应性演变规律

第四节　中国人海经济系统环境适应性波动演化及预警

状态预警只能反映适应性的累积量是否处于报警状态，而波动预警分析则是对适应性增长速率的快慢与前景的分析，判断适应性发展方向是否存在恶化趋势。通过计算适应性增长率，绘制人海经济系统环境适应性波动演化（2002～2016年）及预警（2017～2020年）图（图7-5），才能较为完整地进行监测及预警。

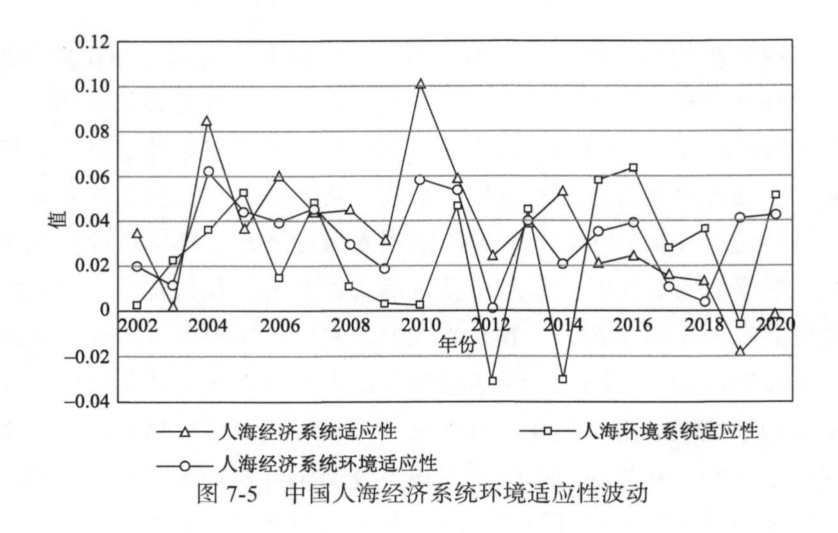

图 7-5 中国人海经济系统环境适应性波动

一、人海经济系统适应性波动演化及预警

中国人海经济系统适应性波动呈现“前高后低”的增长型走势，周期性特征明显。同经济增长周期相似，人海经济系统适应性增长总体趋势也经历了有规律的扩张和收缩的周期波动过程，借鉴“谷-谷”法（殷克东，2016）将人海经济系统适应性波动过程划分为两个周期。2002～2009 年为第一个周期，峰位 0.085、谷位 0.001。海洋经济作为沿海省份经济飞跃提升的新动能，受城市经济和产业空间蔓延以及全球经济一体化影响，初期发展效果显著，之后受国内宏观经济影响出现下滑。2009～2020 年为第二个周期，经济危机过后人海经济系统迅速回暖，于 2010 年达到峰值，海洋生产总值增速达到 21 世纪以来最高，海洋支柱产业、海洋主导产业、海洋基础产业全面复苏；2010 年以后适应性增速平稳下降，衰退期变长，海洋经济发展方式进入深度调整期，主动适应经济新常态，着重发展质量效益型、循环利用型和创新引领型海洋经济；预计 2019 年人海经济系统走入低谷，打破增长型波动，出现负增长。发挥沿海城市辐射带动作用，加快拓展蓝色经济空间，理清海洋经济发展数量和质量的关系是海洋经济的未来发展方向，为塑造一个开放、抵抗力强、厚积薄发的人海经济系统的跨越式发展蓄势。

二、人海环境系统适应性波动演化及预警

中国人海环境系统适应性增长波动剧烈，具有不规则性。其中 2002～2010

年振幅不大，在 0～0.053，2010～2016 年人海经济系统适应性活动最为剧烈，振幅加大，在–0.032～0.063，且振幅宽度收窄，2012 年谷位出现–0.032，海域水质时好时坏，反弹现象严重，人均海域面积严重缩小，各涉海行业存在用海矛盾，不同行业在分配使用岸线等海洋空间资源方面存在冲突，在海平面上升速率高达 54%、海洋灾害经济损失严重等紧迫形势下，人海环境系统适应性出现负增长，2013 年触底反弹后又迅速在 2014 年跌落为–0.031，海洋防污减污、防灾减灾能力较弱，海洋赤潮面积的增加也意味着海洋生态系统健康状况和海洋生态农业建设效果不佳，随后又在 2016 年回升至峰位 0.063。人海环境系统适应性可能在 2016 年之后进入衰退期，2020 年才会出现反弹。随着开发过程中无序、无度、无偿现象的井喷式爆发，海洋资源和海洋环境状况频频告急，目前的人海环境系统不足以应对各种外部风险和冲突，适应性成为人类应对海洋环境变化能力的一大挑战，需继续加强海洋生态文明建设，把破坏降低到最低限度，拒绝环境治理效果的反弹现象，减少生态瓶颈约束对海洋强国建设的阻碍。

三、人海经济系统环境适应性波动演化及预警

中国人海经济系统环境适应性呈上升期短、衰退期长的周期波动现象。大致经历了三个周期：2002～2009 年为第一个周期，2009～2012 年为第二个周期，2012～2016 年为第三个周期。每一个周期的快速上升期只有 1 年，分别是 2004 年、2010 年和 2013 年，而此后数年皆为衰退期，人海经济系统环境适应性发展的后劲和持续性严重不足。预计到 2018 年仍为第三个周期的下行阶段，2019 年和 2020 年走出低谷进入第四个周期的上升阶段。未来在经济下行和生态瓶颈约束的双重影响下，人海经济系统环境适应性仍然存在下行压力，适应性预期不容乐观，因此要延长适应性周期波动中上升期的活动，避免适应性零增长的发展，防止陷入建设与保护两难的境遇，主动研究和寻找结构合理、速率适当的适应方案。

第五节 结论与讨论

对人海经济系统环境适应性进行预警的目的在于预防区域系统在运行和发

展过程中偏离可持续发展的轨道，防止海洋经济发展和海洋生态文明建设之间发生严重冲突，合理核算适应的代价和效果。研究表明：

（1）2001～2016 年中国人海经济系统环境适应性呈现稳定上升的发展态势，警度由重警上升至轻警，指示灯由橙变蓝，近 70%的年份处于中警状态。人海经济系统环境适应性演化是人海经济系统和人海环境系统适应性权衡的过程，两系统适应性经历了错位发展（人海环境系统比较优势阶段）—耦合协调—差别发展（人海经济系统适应性比较优势阶段）的交互适应阶段；预计在 2017～2020 年，中国人海经济系统和人海环境系统契合度提升，使人海经济系统环境适应性在轻警状态中向两系统动态平衡演化。

（2）2001～2016 年中国人海经济系统环境适应性速率存在上升期短、衰退期长的现象。人海经济系统环境适应性发展的后劲和持续性不足是该阶段的主要问题，预计这种下行趋势于 2019 年得以缓解。从各系统看，人海经济系统适应性波动呈现“前高后低”的增长型走势，周期性特征明显；人海环境系统适应性增长波动剧烈，具有不规则性。未来在经济下行和生态瓶颈约束的双重影响下，人海经济系统环境适应性增长不容乐观。

沿海适应行动大致分为非主动干预、调节、保护、回避或撤退四种方案，由于人海经济系统环境适应性演化过程存在独特性和动态性，因此制定适应性方案的依据也应该突出差别化和灵活性。适应的过程是独一无二的，适应的系统类型不同、空间范围不同，适应的目的、计划、行动和所处阶段也不尽相同，适应性独特的过程要求充分考虑风险演变路径、弱势系统及主要致警因子，制定具有针对性的差别化调控措施，追求总体效益最大化；适应性是动态的，随着适应风险不确定性和适应需求的增加，难免陷入系统的恶性循环，需进一步突破一系列科学难题和关键技术，如适应性阈值计算、适应性警情的溯源与追因、各构成要素之间的相互依存关系和尺度转换特征，实现定期监测、定期评估、定期预警，在边做边学边调整中灵活地为各级各类空间规划编制、区域政策制定提供策略依据。

参 考 文 献

白营闪. 2009. 基于 ARIMA 模型对上证指数的预测. 科学技术工程, 9(16): 485-488.

毕思文. 2003. 地球系统科学. 北京: 科学出版社.

蔡榕硕, 齐庆华. 2014. 气候变化与全球海洋: 影响、适应和脆弱性评估之解读. 气候变化研究进展, 10(3): 185-190.

蔡运龙, Smit B. 1996. 全球气候变化下中国农业的脆弱性与适应对策. 地理学报, 51(3): 202-212.

曹珂, 李和平, 肖竞. 2016. 山地城市防灾避难规划的适应性设计策略. 中国城市规划年会.

陈攀, 李兰, 周文财. 2011. 水资源脆弱性及评价方法国内外研究进展. 水资源保护, 27(5): 32-38.

陈萍, 陈晓玲. 2010. 全球环境变化下人–环境耦合系统的脆弱性研究综述. 地理科学进展, 29(4): 454-462.

陈玮. 2010. 现代城市空间建构的适应性理论研究. 北京: 中国建筑工业出版社: 42-48.

陈香. 2008. 台风灾害脆弱性评价与减灾对策研究. 防灾科技学院学报, 3(10): 18-22.

陈晓红, 吴广斌, 万鲁河. 2014. 基于 BP 的城市化与生态环境耦合脆弱性与协调性动态模拟研究——以黑龙江省东部煤电化基地为例. 地理科学, 34(11): 1337-1343.

陈宜瑜. 2004. 对开展全球变化区域适应研究的几点看法. 地球科学进展, 19(4): 495-499.

程翠云, 钱新, 盛金保, 等. 2010. 基于数据包络分析的溃坝洪水灾害脆弱性评价. 水土保持通报, 30(3): 144-147.

储毓婷, 苏飞. 2013. 国内外经济脆弱性研究述评. 生态经济, (2): 122-125.

崔胜辉, 李旋旗. 2011. 全球变化背景下的适应性研究综述. 地理科学进展, 30(9): 1088-1098.

邓波. 2004. 草原区域草业生态系统承载力与可持续发展的研究. 甘肃农业大学博士学位论文.

董李勤. 2013. 气候变化对嫩江流域湿地水文水资源的影响及适应对策. 中国科学院东北地理与农业生态研究所博士学位论文.

杜挺, 谢贤健, 梁海艳, 等. 2014. 基于熵权 TOPSIS 和 GIS 的重庆市县域经济综合评价及空间分析. 经济地理, 34(6): 40-47.

方创琳. 2004. 中国人地关系研究的新进展与展望. 地理学报, 59(s1), 21-32.

方琳瑜, 王智源. 2009. 我国中小企业自主知识产权脆弱性的评价及其预警. 经济管理, (10): 141-146.

方修琦，王媛，朱晓禧. 2005. 气候变暖的适应行为与黑龙江省夏季低温冷害的变化. 地理研究, 24(5): 664-672.
方修琦，殷培红. 2007. 弹性、脆弱性和适应——IHDP 三个核心概念综述. 地理科学进展, 26(5): 11-22.
方一平，秦大河，丁永建. 2009. 气候变化脆弱性及其国际研究进展. 冰川冻土, 31(3): 540-545.
冯振环，赵国杰. 2005. 区域经济发展的脆弱性及其评价体系研究. 现代财经, (10): 54-57.
冈纳·缪尔达尔. 1992. 亚洲的戏剧：对一些国家贫困问题的研究. 北京：北京经济学院出版社: 15-25.
高铁梅. 2006. 计量经济分析方法与建模: Eviews 应用及实例. 北京：清华大学出版社: 260-278.
高铁梅. 2009. 计量经济分析方法与建模: Eviews 应用及实例(第二版). 北京：清华大学出版社.
盖美，王宇飞，马国栋，等. 2013. 辽宁沿海地区用水效率与经济的耦合协调发展评价. 自然资源学报, 28(12): 2081-2094.
葛全胜，陈泮勤，方修琦，等. 2004. 全球变化的区域适应研究：挑战与研究对策. 地球科学进展, 19(4): 516-524.
郭付友，佟连军，魏强，等. 2016. 吉林省松花江流域产业系统环境适应性时空分异与影响因素. 地理学报, 71(3): 459-470.
郭均鹏，王梅南，高成菊，等. 2015. 函数型数据的分步系统聚类算法. 系统管理学报, 24(6): 814-820.
郭强，郭耀煌，向必灯. 2006. 我国社区管理模式适应性研究. 软科学, 20(1): 65-68.
郭泉水，刘世荣，陈力，等. 1996. 适应全球气候变化的中国林业适应对策探讨. 生态学杂志, 15(5): 47-54.
哈肯·赫尔曼. 1984. 协同学. 北京：原子能出版社: 384-396.
海洋经济可持续发展战略研究课题组. 2012. 我国海洋经济可持续发展战略蓝皮书. 北京：海洋出版社.
韩瑞玲，佟连军，朱绍华，等. 2014. 基于 ARMA 模型的沈阳经济区经济与环境协调发展研究. 地理科学, 34(1): 32-39.
韩勇，余斌，卢燕，等. 2015. 国外人地关系研究进展. 世界地理研究, 24(4): 122-127.
韩增林，李博. 2013. 中国沿海地区人海关系地域系统脆弱性研究进展. 海洋经济, 3(2): 1-6.
韩增林，刘桂春. 2007. 人海关系地域系统探讨. 地理科学, 27(6): 761-767.
韩增林，张耀光，栾维新，等. 2004. 海洋经济地理学研究进展与展望. 地理学报, 59(s1): 183-190.
郝璐，王静爱，史培军，等. 2003. 草地畜牧业雪灾脆弱性评价——以内蒙古牧区为例. 自然灾害学报, 12(2) : 51-57.
何为，刘昌义，刘杰，等. 2015. 气候变化和适应对中国粮食产量的影响——基于省级面板模型的实证研究. 中国人口·资源与环境, 25(s2): 248-253.
何翔舟. 2002. 我国海洋经济研究的几个问题. 海洋科学, 1: 71-73.
何艳冰，黄晓军，翟令鑫，等. 2016. 西安快速城市化边缘区社会脆弱性评价与影响因素. 地理学报, 71(8): 1315-1328.
侯向阳，韩颖. 2011. 内蒙古典型地区牧户气候变化感知与适应的实证研究. 地理研究, 30(10): 1753-1764.
黄欣欣. 2014. 人海关系地域系统可持续性评估——以山东半岛蓝色经济区为例. 山东师范

大学硕士学位论文.
贾慧聪, 潘东华, 王静爱, 等. 2014. 自然灾害适应性研究进展. 灾害学, 29(4): 122-128.
蒋慧, 谭映宇, 贾青. 2015. 中国沿海地区经济增长与海洋环境污染现状分析研究. 环境科学与管理, 40(4): 17-19.
蒋满元. 2007. 耗散结构、协同效应问题与区域可持续发展. 河北科技师范学院学报(社会科学版), 6(4): 1-7.
靳毅, 蒙吉军. 2011. 生态脆弱性评价与预测研究进展. 生态学杂志, 30(11): 2646-2652.
孔昕. 2016. 基于 Tobit 模型的低碳经济农业生产率增长影响因素实证研究. 中国农业资源与区划, 37(10): 140-145.
雷可为, 陈瑛. 2007. 基于 BP 神经网络和 ARIMA 组合模型的中国入境游客量预测. 旅游学刊, 22(4): 20-25.
黎洁. 2016. 陕西安康移民搬迁农户的生计适应策略与适应力感知. 中国人口·资源与环境, 26(9): 44-52.
李博. 2008. 东北地区煤炭城市脆弱性与可持续发展模式研究. 中国科学院东北地理与农业生态研究所硕士学位论文.
李博. 2014. 辽宁沿海地区人海经济系统脆弱性评价. 地理科学, 34(6): 711-716.
李博, 韩增林. 2010a. 沿海城市人地关系地域系统脆弱性研究: 以大连市为例. 经济地理, 30(10): 1722-1728.
李博, 韩增林. 2010b. 沿海城市人海关系地域系统脆弱性分类研究. 地理与地理信息科学, 26(3): 78-81.
李博, 韩增林, 孙才志, 等. 2012. 环渤海地区人海资源环境系统脆弱性的时空分析. 资源科学, 34(11): 2214-2221.
李博, 杨智, 苏飞. 2015. 基于集对分析的大连市人海经济系统脆弱性测度. 地理研究, 34(5): 967-976.
李博, 张志强, 苏飞, 等. 2017. 环渤海地区海洋产业生态系统适应性时空演变及影响因素. 地理科学, 37(5): 701-708.
李昌彦, 王慧敏, 佟金萍, 等. 2013. 气候变化下水资源适应性系统脆弱性评价: 以鄱阳湖流域为例. 长江流域资源与环境, 22(2): 172-181.
李朝奎, 李吟, 汤国安, 等. 2012. 基于文献计量分析法的中国生态脆弱性研究进展. 湖南科技大学学报, 15(4): 91-94.
李鹤. 2009. 东北地区矿业城市人地系统脆弱性评价与调控研究. 中国科学院东北地理与农业生态研究所博士学位论文.
李鹤, 张平宇. 2011. 全球变化背景下脆弱性研究进展与应用展望. 地理科学进展, 30(7): 920-929.
李小冲, 付军, 周明星. 2014. 耗散结构理论视阈下的区域经济可持续发展探析. 科技创业月刊, 27(12): 162-164.
李英年, 张景华, 王杰, 等. 1998. 青海半干旱农区对气候变暖后适应状况的探讨. 干旱区研究, 15(4): 41-46.
李治国, 周德田. 2013. 基于 VAR 模型的经济增长与环境污染关系实证分析——以山东省为例. 企业经济, 8: 11-16.
梁启龙, 田广生, 殷永元. 2000. 长江三角洲地区气候变化影响和适应对策综合评价研究. 环境科学研究, 13(5): 479-485.

梁增贤，解利剑. 2011. 传统旅游城市经济系统脆弱性研究：以桂林市为例. 旅游学刊，26(5): 40-46.
林而达. 2005. 气候变化危险水平与可持续发展的适应能力建设. 气候变化研究进展，1(2): 76-79.
林而达，许吟隆，吴绍洪. 2007. 气候变化国家评估报告(Ⅱ)：气候变化的影响与适应. 气候变化研究进展, 3(z1): 51-56.
林冠慧，吴佩瑛. 2004. 全球变迁下脆弱性与适应性研究方法与方法论的探讨. 全球变迁通讯杂志, (43): 33-38.
刘诚，潘国庆，李瑞. 2015. 成都城市群发展模式下公交优先的适应性探讨. 城市地理, (12): 24.
刘继生，陈彦光. 2002. 基于 GIS 的细胞自动机模型与人地关系的复杂性探讨. 地理研究，21(2): 155-162.
刘俊杰，王述英. 2004. 中国制造业竞争因素评价及其适应性调整. 亚太经济, (4): 59-62.
刘淑芬，郭永海. 1996. 区域地下水防污性能评价方法及其在河北平原的应用. 石家庄经济学院学报, (1): 41-45.
刘文展. 2011. 科学利用海洋资源发展壮大海洋经济(上)——大连市海洋资源开发利用探析. 辽宁经济, (12): 76-79.
刘晓清，赵景波，于学峰. 2006. 黄土高原气候暖干化趋势及适应对策. 干旱区研究，23(4): 627-631.
刘雪华. 1992. 脆弱生态区的一个典型例子——坝上康保县的生态变化及改善途径//赵桂久，刘燕华，赵名茶，等. 生态环境综合整治和恢复技术研究(第一集). 北京：北京科学技术出版社: 99-103.
刘燕华，李秀彬. 2001. 脆弱性生态环境与可持续发展. 北京：商务印书馆.
刘焱序，王仰麟，彭建，等. 2015. 基于生态适应性循环三维框架的城市景观生态风险评价. 地理学报, 70(7): 1052-1067.
刘毅，黄建毅，马丽. 2010. 基于 DEA 模型的我国自然灾害区域脆弱性评价. 地理研究，29(7): 1153-1162.
楼文高，王廷政. 2003. 基于 BP 网络的水质综合评价模型及其应用. 环境污染治理技术与设备, 4(8): 23-26.
鲁春阳，杨庆媛，文枫. 2010. 城市化与城市土地利用结构关系的协整检验与因果分析：以重庆市为例. 地理科学, (4): 551-557.
陆大道. 2002. 关于地理学的“人-地系统”理论研究. 地理研究. 21(2): 135-145.
罗佩，阎小培. 2006. 高速增长下的适应性城市形态研究. 城市问题, (4): 27-31.
吕健. 2010. 上海市经济增长与环境污染——基于 VAR 模型的实证分析. 华东经济管理，8: 1-6.
马立平. 2000. 统计数据标准化——无量纲化方法. 北京统计, (3): 34-35.
马树才，李国柱. 2006. 中国经济增长与环境污染关系的 Kuznets 曲线. 统计研究, 8: 37-40.
毛汉英. 1995. 人地系统与区域持续发展研究. 北京：中国科学技术出版社: 48-60.
梅长林，周家良. 2002. 实用统计方法. 北京：科学出版社: 53-60.
莫辉辉，王姣娥，宋周莺. 2015. 丝绸之路经济带国际集装箱陆路运输的经济适应范围. 地理科学进展, 34(5): 581-588.
倪海儿，周瑞娟. 2009. 舟山渔场渔业资源可持续利用水平的灰色评价与预测. 海洋与湖沼，40(3): 319-324.

潘家华, 郑艳. 2010. 适应气候变化的分析框架及政策涵义. 中国人口·资源与环境, 20(10): 1-5.
彭文斌, 田银华. 2011. 湖南环境污染与经济增长的实证研究——基于VAR模型的脉冲响应分析. 湘潭大学学报(哲学社会科学版), 35(1): 31-35.
普里戈金. 1980. 复杂性的进化和自然界的定律. 自然科学哲学问题, (3): 36-43.
钱学森, 于景元, 戴汝为. 1989. 一个科学新领域——开放的复杂巨系统及其方法论. 自然杂志, 13(1): 3-10.
覃雄合, 孙才志, 王泽宇. 2014. 代谢循环视角下的环渤海地区海洋经济可持续发展测度. 资源科学, 36(12): 2647-2656.
秦正, 张艺露. 2009. 地质遗迹资源脆弱性评价方法及应用. 河南科学, 27(2): 230-235.
仇方道. 2009. 东北地区矿业城市产业生态系统适应性研究. 东北师范大学博士学位论文.
仇方道, 佟连军, 姜萌. 2011. 东北地区矿业城市产业生态系统适应性评价. 地理研究, 30(2): 243-255.
石洪华, 丁德文, 郑伟, 等. 2012. 海岸带复合生态系统评价、模拟与调控关键技术及其应用. 北京: 海洋出版社: 15-39.
史培军, 王静爱, 陈婧, 等. 2006. 当代地理学之人地相互作用研究的趋向: 全球变化人类行为计划(IHDP)第六届开放会议透视. 地理学报, 61(2): 115-126.
宋承新, 邹连文. 2001. 山东省地表水资源特点及可持续开发分析. 水文, 21(4): 38-40.
宋涛, 郑挺国, 佟连军. 2007. 基于面板协整的环境库茨涅兹曲线的检验与分析. 中国环境科学, 27(4): 572-576.
苏飞, 张平宇. 2010. 基于集对分析的大庆市经济系统脆弱性评价. 地理学报, 65(4): 454-464.
孙才志, 刘玉玉. 2009. 地下水生态系统健康评价指标体系的构建. 生态学报, 29(10): 5665-5673.
孙才志, 潘俊. 1999. 地下水脆弱性的概念、评价方法与研究前景. 水科学进展, 10(4): 444-449.
孙才志, 奚旭. 2014. 不确定条件下的下辽河平原地下水本质脆弱性评价. 水利水电科技进展, 34(5): 1-7.
孙才志, 闫晓露, 钟敬秋. 2014. 下辽河平原景观格局脆弱性及空间关联格局. 生态学报, 34(2): 247-257.
孙才志, 张坤领, 邹玮, 等. 2015. 中国沿海地区人海关系地域系统评价及协同演化研究. 地理研究, 34(10): 1824-1838.
孙才志, 左海军, 栾天新. 2007. 下辽河平原地下水脆弱性研究. 吉林大学学报, 37(5): 943-948.
孙良书. 2006. 煤炭城市社会系统脆弱性评估. 东北师范大学硕士学位论文.
孙平军, 修春亮. 2010. 东北地区中老年矿业城市经济系统脆弱性. 地理科学进展, 29(8): 935-942.
谭前进, 勾维民. 2015. 辽宁省海洋经济运行监测评估研究. 北京: 海洋出版社: 90-94.
陶鹏, 童星. 2011. 灾害社会科学: 基于脆弱性视角的整合范式. 南京社会科学, (11): 51-57.
田亚平, 常昊. 2012. 中国生态脆弱性研究进展的文献计量分析. 地理学报, 67(11): 1515-1525.
佟金萍, 王慧敏. 2006. 流域水资源适应性管理研究. 软科学, 20(2): 59-61.

王爱民, 刘加林. 2001. 我国人地关系研究进展评述. 热带地理, 21(4): 364-373.
王斌. 2013. 环境污染治理与规制博弈研究. 首都经济贸易大学博士学位论文.
王光升. 2013. 中国沿海地区经济增长与海洋环境污染关系实证研究. 中国海洋大学博士学位论文.
王国庆, 张建云, 章四龙. 2005. 全球气候变化对中国淡水资源及脆弱性影响研究综述. 水资源与水工程学报, 16(2): 7-15.
王航, 高强, 毓昌. 2010. 基于攻击图和安全度量的网络脆弱性评价. 计算机工程, 36(3): 128-130.
王红毅. 2012. 区域社会经济系统脆弱性综合评价及应用研究. 燕山大学博士学位论文.
王佳, 黄细嘉, 张广海, 等. 2015. 我国沿海地区旅游经济预警评价时空差异研究. 商业经济与管理, (3): 64-74.
王建军, 杨德礼. 2010. 基于 AHP-PROMETHEEII 的外包信息系统脆弱性评价模型. 管理工程学报, 24(2): 94-99.
王晶, 沙景华, 周进生, 等. 2014. 霍邱矿业经济区产业生态系统适应性评价研究. 资源与产业, 16(3): 87-94.
王士君, 王永超, 冯章献. 2010. 石油城市经济系统脆弱性发生过程、机理及程度研究——以大庆市为例. 经济地理, 39(3): 397-402.
王维国, 夏艳清. 2007. 辽宁省经济增长与环境污染水平关系研究. 社会科学辑刊, (1): 103-107.
王文杰, 潘英姿, 王明翠, 等. 2007. 区域生态系统适应性管理概念、理论框架及其应用研究. 中国环境监测, 23(2): 1-8.
王晓丹, 钟祥浩. 2003. 生态环境脆弱性概念的若干问题探讨. 山地学报, 21(b12): 21-25.
王鑫. 2014. 环境适应性视野下的晋中地区传统聚落形态模式研究. 清华大学硕士学位论文.
温晓金, 杨新军, 王子侨. 2016. 多适应目标下的山地城市社会-生态系统脆弱性评价. 地理研究, 35(2): 299-312.
吴传钧. 1998. 人地关系与经济布局. 北京: 学苑出版社: 28-33.
吴殿廷. 2003. 区域经济学. 北京: 科学出版社: 480-481.
夏军, 石卫, 雒新萍, 等. 2015. 气候变化下水资源脆弱性的适应性管理新认识. 水科学进展 26(2): 279-286.
向芸芸, 杨辉. 2015. 海洋生态适应性管理研究进展. 中国海洋, (11): 544-550.
谢忠秋. 2015. 区域经济复杂适应能力差异的测度与实证研究——基于全国主要城市及苏锡常的数据. 江淮论坛, (6): 81-87.
辛馨, 张平宇. 2009. 基于三角图法的矿业城市人地系统脆弱性分类. 煤炭学报, 34(2): 284-288.
徐广才, 康慕谊, 贺丽娜, 等. 2009. 生态脆弱性及其研究进展. 生态学报, 29(5): 2578-2588.
徐瑱, 祁元, 齐红超, 等. 2010. 社会-生态系统框架(SES)下区域生态系统适应能力建模研究. 中国沙漠, 30(5): 1174-1181.
许世远, 王军, 石纯, 等. 2006. 沿海城市自然灾害风险研究. 地理学报, 61(2): 127-138.
薛桂芳, 徐向欣. 2017. 国际海底管理局适应性管理办法的推行及中国的应对. 中国海商法研究, 28(2): 52-59.
严治. 2012. 港口的经济适应性评价研究. 武汉理工大学硕士学位论文.
杨大海. 2008. 海洋空间资源可持续开发利用对策研究——以大连为例. 海洋开发与管理,

25(1): 29-32.
杨多贵, 周志田, 李士. 2008. “国家健康” 的内涵及其评估. 科技导报, 26(7): 96-97.
杨国桢. 2000. 论海洋人文社会科学的概念磨合. 厦门大学学报(哲学社会科学版), (1): 95-101, 145.
叶笃正, 符淙斌, 董文杰. 2002. 全球变化科学进展与未来趋势. 地球科学进展, 17(4): 467-469.
叶瑜, 方修琦, 葛全胜, 等. 2004. 从动乱与水旱灾害的关系看清代山东气候变化的区域社会响应与适应. 地理科学, 24(6): 680-686.
殷克东. 2016. 中国海洋经济周期波动监测预警研究. 北京: 人民出版社.
于长永, 何剑. 2011. 脆弱性概念、分析框架与农民养老脆弱性分析. 农村经济, (8): 88-91.
于江龙. 2012. 我国国有林场发展脆弱性形成机理及影响因素研究. 北京林业大学博士学位论文.
于瑛英. 2011. 城市脆弱性评估体系. 北京信息科技大学学报, 26(1): 57-72.
俞立平, 潘云涛, 武夷山. 2009. 学术期刊综合评价数据标准化方法研究. 图书情报工作, 53(53): 136-139.
约翰 · H. 霍兰. 2006. 涌现从混沌到有序. 陈禹译. 上海: 上海科学技术出版社.
詹巍, 徐福留, 赵臻彦. 2004. 区域生态系统景观结构演化定量评价方法. 生态学报, 24(10): 2263-2268.
张华, 韩广轩, 王德, 等. 2015. 基于生态工程的海岸带全球变化适应性防护策略. 地球科学进展, 30(9): 996-1005.
张健, 濮励杰, 陈逸, 等. 2007. 区域经济可持续发展趋势及空间分布特征. 地理学报, 62(10): 1041-1050.
张俊香, 卓莉, 刘旭拢. 2010. 广东省台风暴潮灾害社会经济系统脆弱性分析——模糊数学方法. 自然灾害学报, 19(1): 116-121.
张克让. 2001. 甘肃省工业(产业)结构及其适应性调整. 开发研究, (1): 62-65.
张平宇, 李鹤, 佟连军, 等. 2011. 矿业城市人地系统脆弱性——理论 · 方法 · 实证. 北京: 科学出版社.
张炜熙. 2006. 区域发展脆弱性研究与评估. 天津大学博士学位论文.
张炜熙. 2011. 区域脆弱性与系统恢复机制. 北京: 经济科学出版社.
张小飞, 彭建, 王仰麟, 等. 2017. 全球变化背景下景观生态适应性特征. 地理科学进展, 36(9): 1167-1175.
张晓. 1993. 中国环境政策的总体评价. 中国社会科学, (3): 88-99.
张艳玲, 赵晓雯. 2017. 促进港口资源整合 辽宁沿海港口发展步入“新常态” . http://news.ifeng.com/a/20170629/51342256_0.shtml[2017-06-29]
张耀光. 2008. 从人地关系地域系统到人海关系地域系统——吴传均院士对中国海洋地理学的贡献. 地理科学, 28(1): 6-9.
张耀光, 刘锴, 王圣云. 2006. 关于我国海洋经济地域系统时空特征研究. 地理科学进展, 25(5): 47-56.
张玉洁, 林香红, 赵锐. 2015. 复杂适应系统视角下的海洋经济系统区域网络模型. 中国科技论坛, (4): 106-111.
赵成柏, 毛春梅. 2012. 基于 ARIMA 和 BP 神经网络组合模型的我国碳排放强度预测. 长江流域资源与环境, 21(6): 665-671.
赵克勤. 1994. 集对分析及其初步应用. 大自然探索, 13(47): 67-72.
赵雪雁, 薛冰. 2015. 干旱区内陆河流域农户对水资源紧缺的感知及适应——以石羊河中下游为例. 地理科学, 35(12): 1622-1630.
赵宗金. 2011. 人海关系与现代海洋意识建构. 中国海洋大学学报(社会科学版), (1): 25-30.
中国海洋经济发展趋势与展望课题组. 2005. 中国海洋经济预测研究. 统计与决策, (24): 43-46.
周德田, 郭景刚. 2012. 基于 VAR 模型的青岛市经济增长与环境污染的实证研究. 中国石油大学学报(社会科学版), 6: 28-31.
周广胜, 许振柱, 王玉辉. 2004. 全球变化的生态系统适应性. 地球科学进展, 19(4): 642-649.
周曙东, 张家峰, 葛继红, 等. 2010. 经济增长与大气污染排放关系研究——基于江苏省行业面板数据. 江苏社会科学, 4: 227-232.
周松秀, 田亚平, 刘兰芳. 2015. 南方丘陵区农业生态系统适应能力及其驱动因子——以衡阳盆地为例. 生态学报, 35(6): 1991-2002.
周阳, 李志刚. 2016. 区隔中融入: 广州"中非伴侣"的社会文化适应. 中央民族大学学报(哲学社会科学版), 43(1): 70-79.
周永娟, 仇江啸, 王效科, 等. 2010. 三峡库区消落带崩塌滑坡脆弱性评价. 资源科学, 32(7): 1301-1307.
朱从坤. 2006. 西部公路网交通适应性评价指标与评价标准研究. 苏州科技学院学报(工程技术版), 19(2): 14-17.
Adger W N, Arnell N W, Tompkins E L. 2005. Successful adaptation to climate change across scales. Global Environmental Change, 15(2): 77-86.
Adrianto L, Matsuda Y. 2002. Developing economic vulnerability indices of environmental disasters in small island regions. Environmental Impact Assessment Review, 22(4): 393-414.
Ahlqvist O, Loffing T, Ramanathan J, et al. 2012. Geospatial human-environment simulation through integration of massive multiplayer online games and geographic information systems. Transactions in GIS, 16(3): 331-350.
Alfieri L, Feyen L, Baldassarre G D. 2016. Increasing flood risk under climate change: a pan-European assessment of the benefits of four adaptation strategies. Climatic Change, 136(3/4): 507-521.
Allison E H, Perry A L, Badjeck M C, et al. 2009. Vulnerability of national economies to the impacts of climate change on fisheries. Fish and Fisheries, 20(2): 173-196.
Andreoni J, Levinson A. 2001. The simple analytics of the environmental Kuznets curve. Journal of Public Economics, 80(2): 269-286.
Bandyopadhyay S, Shafik N. 1992. Economic growth and environmental: time series and cross-country evidence. World Bank: Background Paper for World Development Report.
Basso E B. 1972. Cultural ecology. Science, 175(4026): 1100-1101.
Berg M V D. 2012. Femininity as a city marketing strategy: gender bending rotterdam. Urban Studies, 49(1): 153-168.
Birk T, Rasmussen K. 2014. Migration from atolls as climate change adaptation: current practices, barriers and options in Solomon Islands . Natural Resources Forum, 38(1): 1-13.
Bohle H G . 2001. Vulnerability and criticality: perspectives from social geography. IHDP Update,

2 (1): 3-5.
Bradley M, Putten I V, Sheaves M. 2015. The pace and progress of adaptation: marine climate change preparedness in Australia's coastal communities. Marine Policy, 53: 13-20.
Briguglio L. 1995. Small island states and their economic vulnerabilities. World Development, 23 (9): 1615-1632.
Brooks N. 2003. Vulnerability, risk, and adaptation: a conceptual framework. Tyndall Center for Climate Change Research, Working paper.
Buser M. 2012. The production of space in metropolitan regions: a Lefebvrian analysis of governance and spatial change. Planning Theory, 11 (3): 279-298.
Button C. 2015. Vulnerability and adaptation to climate change on the South Australian coast: a coastal community perspective. Transactions of the Royal Society of South Australia Incorporated Incorporating the Records of the South Australian Museum, 139 (1): 38-56.
Button C, Harvey N. 2015. Vulnerability and adaptation to climate change on the South Australian coast: a coastal community perspective. Transactions of the Royal Society of South Australia, 139 (1): 38-56.
Buzinde C N, Manuel N D. 2013. The social production of space in tourism enclaves: Mayan children's perceptions of tourism boundaries. Annals of Tourism Research, 43: 482-505.
Calvo C, Dercon S. 2005. Measuring individual vulnerability. Oxford Economics Discussion Paper.
Chandra A, Gaganis P. 2016. Deconstructing vulnerability and adaptation in a coastal river basin ecosystem: a participatory analysis of flood risk in Nadi, Fiji Islands. Climate and Development, 8 (3): 256-269.
Chazal J D, Quétier F, Lavorel S, et al. 2008. Including multiple differing stakeholder values into vulnerability assessments of socio-ecological systems. Global Environmental Change, 18 (3): 508-520.
Clar C, Prutsch A, Steurer R. 2013. Barriers and guidelines for public policies on climate change adaptation: a missed opportunity of scientific knowledge-brokerage. Natural Resources Forum, 37 (1): 1-18.
Cooper R N. 2011. Climate Change 2001: the scientific basis/climate change 2001: impacts, adaptation, and vulnerability/climate change 2001: mitigation. Netherlands Journal of Geosciences, 87 (3): 197-199.
Cutter S L. 1996. Vulnerability to environmental hazards. Progress in Human Geography, (20): 529-539.
Cutter S L. 2001. A research agenda for vulnerability science and environmental hazards. IHDP Newsletter Update 2.
Cutter S L. 2003. The vulnerability of science and the science of vulnerability. Annals of the Association of American Geographers, 93 (1): 1-12.
Cutter S L, Mitchell J T, Scott M S. 2000. Revealing the vulnerability of people and places: a case study of Georgetown County, South Carolina. Annals of the Association of American Geographers, 90 (4): 713-737.
de Bruyn S M. 2000. Economic Growth and the Environment: An Empirical Analysis. Dordrect Boston and London: Kluwer Academic Publishers.

Dearing J A, Battarbee R W, Dikau R, et al. 2006. Human-environment interactions: learning from the past. Regional Environmental Change, 6(1/2): 1-16.

Demetrius L. 1977. Adaptedness and fitness. American Naturalist, 111(982): 1163-1168.

Denevan W M. 1983. Adaptation, variation, and cultural geography. Professional Geographer, 35(4): 399-407.

Dobzhansky T. 1968. Adaptedness and fitness // Lewontin R C. Population Biology and Evolution. Syracuse: Syracuse University Press: 109-121.

Doney S C, Fabry V J, Feely R A, et al. Ocean acidification: the other CO_2 problem. Annual Review of Marine Science: 169-192.

Downing T E. 2000. Human dimensions research: towards a vulnerability science? International Human Dimensions Program Update, (3):16-17.

Eakin H, Luers A L. 2006. Assessing the vulnerability of social-environment systems. Annual Review of Environment and Resources, 31(1): 365-394.

Eastman J R, Jin W, Kyem P A K, et al. 1995. Raster procedure for multi-criteria/multi-objective decisions. Photogrammetric Engineering and Remote Sensing, 61(5): 539-547.

Elsharouny M R M M. 2016. Planning coastal areas and waterfronts for adaptation to climate change in developing countries. Procedia Environmental Sciences, 34: 348-359.

Eriksen S. 2009. Sustainable adaptation: emphasising local and global equity and environmental integrity. IHDP Update, (2): 40-44.

European Environment Agency. 2017. Climate change, impacts and vulnerability in Europe 2016. https://www.eea.europa.eu/publications/climate-change-impacts-and-vulnerability-2016[2017-06-25]

Fabry V J , Seibel B A , Feely R A, et al . 2008. Impacts of ocean acidification on marine fauna and ecosystem processes. Ices Journal of Marine Science, 65(3): 414-432.

Ferreira J G. 2000. Development of an estuarine quality index based on key physical and biogeochemical features. Ocean and Coastal Management, 43(1): 99-122.

Folke C. 2006. Resilience: the emergence of a perspective for social-ecological systems analyses. Global Environmental Change, 16(3): 253-267.

Folke C, Hahn T, Olsson P, et al. 2005. Adaptive governance of social-ecological systems. Annual Review of Environment and Resources, 30(11): 441-473.

Fu Y, Grumbine R E, Wilkes A, et al. 2012. Climate change adaptation among Tibetan pastoralists: challenges in enhancing local adaptation through policy support. Environmental Management, 50(4): 607-621.

Gallopin G C, Gutman P, Maletta H. 1989. Global impoverishment sustainable development and the environment: a conceptual approach . Internation Social Science Journal, 121: 375-397.

Gallopin G C. 2006. Linkages between vulnerability, resilience, and adaptive capacity. Global Environmental Change, 16(3): 293-303.

Gao C, Lei J, Jin F. 2013. The classification and assessment of vulnerability of man-land system of oa-sis city in arid area. Frontiers of Earth Science, 7(4): 406-416.

Giannecchini M, Twine W, Vogel C. 2007. Land-cover change and human-environment interactions in a rural cultural landscape in South Africa. The Geographical Journal, 173(1): 26-42.

Gibbs M T. 2016. Why is coastal retreat so hard to implement? Understanding the political risk of coastal adaptation pathways. Ocean and Coastal Management, 130: 107-114.

Gimblett R, Daniel T, Cherry S, et al. 2001. The simulation and visualization of complex human-environment interactions. Landscape and Urban Planning, 54(1): 63-79.

Glor E D. 2007. Assessing organizational capacity to adapt. Emergence Complexity and Organization, 9(3): 33-46.

Gornitz V. 1995. Sea-level rise: a review of recent past and near-future trends. Earth Surface Processes and Landforms, 20(1): 7-20.

Grebmeier J M, Cooper L W, Feder H M, et al. 2006. Ecosystem dynamics of the Pacific-influenced Northern Bering and Chukchi Seas in the Amerasian Arctic. Progress in Oceanography, 71(2/4): 331-361.

Green A L, Fernandes L, Almany G, et al. 2014. Designing marine reserves for fisheries management, biodiversity conservation and climate change adaptation. Coastal Management , 42(2): 143-159.

Grossman G M, Krueger A B. 1991. Environment impacts of a north American free trade agreement. NBER, Working Paper.

Guo K, Wang L Q. 2015. Change of resource environmental bearing capacity of Beijing-Tianjin-Hebei region and its driving factors. Chinese Journal of Applied Ecology, 26(1): 3818-3826.

Halpern B S, Walbridge S , Selkoe K A, et al. 2008. A global map of human impact on marine ecosystems. Science, 319(5865): 948-952.

Hoegh guldberg O, Mumby P J, Hooten A J, et al. 2007. Coral reefs under rapid climate change and ocean acidification. Science, 318(5857): 1737-1742.

Holbrook N J, Johnson J E. 2014. Climate change impacts and adaptation of commercial marine fisheries in Australia: a review of the science. Climatic Change, 124(4): 703-715.

Holdschlag A, Ratter B M W. 2016. Caribbean island states in a social-ecological panarchy? Complexity theory, adaptability and environmental knowledge systems. Anthropocene, 13: 80-93.

Holling C S. 1973. Resilience and stability of ecological systems. Annual Review of Ecology and Systematics, 7 (4): 1-23.

Holling C S. 1978. Adaptive Environmental Assessment and Management. London: John Wiley.

Holling C S. 1984. Adaptive environmental assessment and management. Fire Safety Journa, 42(1): 11-24.

Holling C S. 1986. The resilience of terrestrial ecosystems: local surprise and global change//Clark W C, Munn R E. Sustainable Development of the Biosphere. Cambridge: Cambridge University Press: 292-317.

Hulme M, Doherty R, Ngara T, et al. 2001. African climate change: 1900-2100. Climate Research, 17(2): 145-168.

IPCC. 2001. Climate Change 2001: the Science of Climate Change. Cambridge: Cambridge University Press.

IPCC. 2013. Climate change 2013: the Physical Science Basis. Cambridge: Cambridge University Press.

Janssen M A, Schoon M L, Ke W, et al. 2006. Scholarly networks on resilience, vulnerability and adaptation within the human dimensions of global environmental change. Global Environmental Change, 16(3): 240-252.

Kates R W, Clark W C, Corell R, et al. 2001. Sustainability science. Science, 292(5517): 641-642.

Kaufmann R. 1998. The determinants of atmospheric SO_2 concentrations: reconsidering the environmental kuznets curve. Ecological Economics, (25): 209-210.

Kingsborough A, Borgomeo E, Hall J W. 2016. Adaptation pathways in practice: mapping options and trade-offs for London's water resources. Sustainable Cities and Society, 27: 386-397.

Kintisch E. 2013. For researchers, IPCC leaves a deep impression. Science, 342(6154): 24.

Kloepffer W. 2007. Life-cycle based sustainability assessment as part of LCM. Proceedings of the 3rd International Conference on Life Cycle Management: 27-29.

Korhonen J, Seager T P. 2008. Editorial beyond eco-efficiency: a resilience perspective. Business Strategy and the Environment, (17): 411-419.

Li J, Michael M, Jennifer H. 2014. Improving the practice of economic analysis of climate change adaptation. Journal of Benefit-Cost Analysis, 5(3): 445-467.

Liu X Q, Wang Y L, Peng J, et al. 2013. Assessing vulnerability to drought based on exposure, sensitivity and adaptive capacity: a case study in middle Inner Mongolia of China. Chinese Geographical Science, 23(1): 13-25.

Liu Y F, Cui J X, Kong X S, et al. 2016. Assessing suitability of rural settlements using an improved technique for order preference by similarity to ideal solution. Chinese Geographical Science, 26(5): 638-655.

Lucas R E B, Wheeler D, Hettige H. 1992. Economic development, environmental regulation and the international migration of toxic industrial pollution: 1960-1988. Policy Research Working Paper, 2007(04): 13-18.

Luers A L, Lobell D B, Sklar L S, et al. 2003. A method for quantifying vulnerability, applied to the agricultural system of the Yaqui Valley, Mexico. Global Environmental Change, 13(4): 255-267.

Lynch K. 1958. Environmental adaptability. Journal of the American Planning Association, 24(1): 16-24.

Malczewski J. 2004. GIS-based land-use suitability analysis: a critical overview. Progress in Planning, (62): 3-65.

Mcleod E, Weis S W M, Wongbusarakum S, et al. 2015. Community-based climate vulnerability and adaptation tools: a review of tools and their applications. Coastal Management, (4): 439-458.

Mokrech M, Kebede A S, Nicholls R J, et al. 2015. An integrated approach for assessing flood impacts due to future climate and socio-economic conditions and the scope of adaptation in Europe. Climatic Change, 128(3/4): 245-260.

Muller R A, Stone G W. 2001. A climatology of tropical storm and hurricane strikes to enhance vulnerability prediction for the southeast US coast. Journal of Coastal Research, 17(4): 949-956.

Nelson D R. 2007. Adaptation to environmental change: contributions of a resilience framework. Social Science Electronic Publishing, 32: 395-419.

O' Brien K, Leichenkob R, Kelkar U, et al. 2004. Mapping vulnerability to multiple stressors: climate change and globalization in India. Global Environmental Change, 14(4): 303-313.

O'Brien M J, Holland T D. 1992. The role of adaptation in archaeological explanation. American Antiquity, 57(1): 36-59.

Panayotou T. 1993. Empirical tests and policy analysis of environmental degradation at different stages of economic development. International Labour Office, Technology and Employment Programme, Working Paper.

Papadopoulos G A , Caputo R, McAdoo B, et al. 2006. The large tsunami of 26 December 2004: field observations and eyewitnesses accounts from Sri Lanka , Maldives Is. and Thailand. Earth Planets And Space, 58(2): 233-241.

Pielke R, Prins G , Rayner S, et al. 2007. Lifting the taboo on adaptation. Nature, 445: 597-598.

Roberts C A, Stallman D, Bieri J A. 2002. Modeling complex human-environment interactions: the grand ganyon river trip simulator. Ecological Modelling, 153(1): 181-196.

Sanchez-Rodriguez R, Seto K, Simon D, et al. 2005. Science plan. Urbanization and global environmental change. IHDP Report, No. 15.

Sims C A. 1980. Macroeconomics and Reality. Econometrica, 48: 1-48.

Smit B J, Wandel J. 2006. Adaptation, adaptive capacity and vulnerability. Global Environmental Change, 16(3): 282-292.

Smit B, Burton I, Klein R J T, et al. 1999. The science of adaptation: a framework for assessment. Mitigation and Adaptation Strategies for Global Change, 4(3): 199-213.

Smithers J, Smit B. 1997. Human adaptation to climatic variability and change. Global Environmental Change, 7(2): 129-146.

Song X Q, Deng W, Liu Y, et al. 2017. Residents' satisfaction with public services in mountainous areas: an empirical study of southwestern Sichuan Province, China. Chinese Geographical Science, 27(2): 311-324.

Stern D L, Common M S. 2001. Is there an environmental Kuznets curve for sulfur. Journal of Environmental Economics and Management, (41): 162-178.

Stewart M G. 2015. Risk and economic viability of housing climate adaptation strategies for wind hazards in southeast Australia. Mitigation and Adaptation Strategies for Global Change, 20(4): 1-22.

Sun C Z, Zhang K L, Zou W, et al. 2015. Assessment and evolution of the sustainable development ability of human-ocean systems in coastal regions of China. Sustainability, 7(8): 10399-10427.

Swanstrom T. 2008. Resilience: a critical examination of the ecological framework. University of California, Berkeley: Institute of Urban and Regional Development (IURD) Working Paper.

Turner B L, Kasperson R E, Matson P A, et al. 2003a. A framework for vulnerability analysis in sustainability science. Proceedings of the National Academy of Sciences of the United States of America, 100(14): 8074-8079.

Turner B L, Matson P A, Mccarthy J, et al. 2003b. Illustrating the coupled human-environment system for vulnerability analysis: three case studies. Proceedings of the National Academy of Sciences of the United States of America, 100(14): 8080-8085.

Walker B. 2006. A handful of heuristics and some propositions for understanding resilience in social-ecological systems. Ecology and Society, 11(1): 709-723.

Werry J M, Planes S, Berumen M L, et al. 2014. Reef-fidelity and migration of tiger sharks, Galeocerdo cuvier, across the Coral Sea. Plos One, 9(1): e83249.

Young O R, Agrawal A, King L A, et al. 2005. Science plan: institutional dimensions of global environmental change. IHDP Report No. 16.

Ziad A M, Amjad A. 2009. Intrinsic vulnerability, hazard and risk mapping for karst aquifers: a case study. Journal of Hydrology, 364(3/4): 298-310.